*Herausgegeben von*
*Stavros Kromidas*

**Das HPLC-MS-Buch
für Anwender**

*Herausgegeben von*
*Stavros Kromidas*

# Das HPLC-MS-Buch für Anwender

Verlag GmbH & Co. KGaA

**Herausgeber**

*Stavros Kromidas*
Consultant, Saarbrücken
Breslauer Str. 3
66440 Blieskastel
Deutschland

■ Alle Bücher von Wiley-VCH werden sorgfältig erarbeitet. Dennoch übernehmen Autoren, Herausgeber und Verlag in keinem Fall, einschließlich des vorliegenden Werkes, für die Richtigkeit von Angaben, Hinweisen und Ratschlägen sowie für eventuelle Druckfehler irgendeine Haftung.

**Bibliografische Information der Deutschen Nationalbibliothek**
Die Deutsche Nationalbibliothek verzeichnet diese Publikation in der Deutschen Nationalbibliografie; detaillierte bibliografische Daten sind im Internet über http://dnb.d-nb.de abrufbar.

© 2017 WILEY-VCH Verlag GmbH & Co. KGaA, Boschstr. 12, 69469 Weinheim, Germany

Alle Rechte, insbesondere die der Übersetzung in andere Sprachen, vorbehalten. Kein Teil dieses Buches darf ohne schriftliche Genehmigung des Verlages in irgendeiner Form – durch Photokopie, Mikroverfilmung oder irgendein anderes Verfahren – reproduziert oder in eine von Maschinen, insbesondere von Datenverarbeitungsmaschinen, verwendbare Sprache übertragen oder übersetzt werden. Die Wiedergabe von Warenbezeichnungen, Handelsnamen oder sonstigen Kennzeichen in diesem Buch berechtigt nicht zu der Annahme, dass diese von jedermann frei benutzt werden dürfen. Vielmehr kann es sich auch dann um eingetragene Warenzeichen oder sonstige gesetzlich geschützte Kennzeichen handeln, wenn sie nicht eigens als solche markiert sind.

**Umschlaggestaltung** Formgeber, Mannheim, Deutschland
**Satz** le-tex publishing services GmbH, Leipzig, Deutschland
**Druck und Bindung**

**Print ISBN** 978-3-527-34291-4
**ePDF ISBN** 978-3-527-80805-2
**ePub ISBN** 978-3-527-80803-8
**Mobi ISBN** 978-3-527-80804-5
**oBook ISBN** 978-3-527-80802-1

Gedruckt auf säurefreiem Papier.

# Inhaltsverzeichnis

**Vorwort** *XI*

**Zum Aufbau des Buches** *XIII*

**Liste der Autoren** *XV*

**Teil I  Überblick, Fallstricke, Hardwareanforderungen** *1*

**1** **Stand der Technik in der LC-MS-Kopplung** *3*
*O. Schmitz*
1.1 Einleitung  *3*
1.2 Ionisationsmethoden bei Atmosphärendruck-Massenspektrometern  *5*
1.2.1 Übersicht API-Methoden  *5*
1.2.2 ESI  *6*
1.2.3 APCI  *8*
1.2.4 APPI  *10*
1.2.5 APLI  *10*
1.2.6 Bestimmung der Ionensuppression  *11*
1.2.7 Beste Ionisationsmethode für die jeweilige Fragestellung  *12*
1.3 Massenanalysatoren  *13*
1.4 Zukünftige Entwicklungen  *14*
1.5 Worauf sollten Sie beim Kauf eines Massenspektrometers achten?  *16*
Literatur  *17*

**2** **Technische Aspekte und Fallstricke der LC-MS-Kopplung** *21*
*M. M. Martin*
2.1 Instrumentelle Voraussetzungen für LC-MS-Analytik – die richtige Anlage zum Analysenproblem  *22*
2.1.1 (U)HPLC und Massenspektrometrie – nicht bloß „irgendein Frontend"  *22*

2.1.2 UHPLC-Systemoptimierung – Gradientenverzögerung und Außersäulenvolumina  *23*
2.1.3 Das passende Massenspektrometer zur analytischen Fragestellung  *35*
2.1.4 Datenraten und Zyklenzeiten von Massenspektrometern  *40*
2.1.5 Komplementäre Informationen durch zusätzliche Detektoren oder: Massenspektrometrie ist kein Allheilmittel  *41*
2.2 LC-MS-Methodenentwicklung und HPLC-Methodenanpassung – wie mache ich meine Trennung fit für LC-MS?  *45*
2.2.1 Methodenentwicklung LC-MS – die Trennchemie passt sich an  *46*
2.2.2 Umrüsten von klassischen HPLC-Methoden auf LC-MS  *55*
2.3 Fehlerquellen und Fallstricke – wenn es mal nicht richtig läuft  *56*
2.3.1 Kein Signal  *57*
2.3.2 Schlecht angepasste Quellenbedingungen und ihre Auswirkung auf das Chromatogramm  *58*
2.3.3 Ionensuppression  *60*
2.3.4 Unbekannte Massensignale im Massenspektrum  *61*
2.3.5 Apparative Gründe für Fehlinterpretation von Massenspektren  *67*
2.4 Fazit  *70*
2.5 Abkürzungen  *71*
Literatur  *72*

## 3 Aspekte der Methodenentwicklung bei der LC-MS-Kopplung  *75*
*T. Teutenberg, T. Hetzel, C. Portner, S. Wiese, C. vom Eyser und J. Türk*

3.1 Einleitung  *75*
3.2 Von der Targetanalytik zu Screeninguntersuchungen  *76*
3.2.1 Targetanalytik  *76*
3.2.2 Suspected-target screening  *76*
3.2.3 Non-target screening  *77*
3.2.4 Vergleichende Übersicht der verschiedenen Akquisitionsmodi  *77*
3.3 Optimierung chromatografischer und massenspektrometrischer Parameter  *78*
3.3.1 Anforderungen und Empfehlungen zur HPLC-MS-Analyse am Beispiel der DIN 38407-47  *78*
3.3.2 Definition kritischer Peakpaare im Kontext der HPLC-MS-Kopplung  *80*
3.3.3 Abtrennung polarer Komponenten von der Durchflusszeit  *81*
3.3.4 Festlegung der HPLC-Methodenparameter am Beispiel der Trennung ausgewählter Pharmazeutika  *83*
3.3.5 Durchführung der Screeningexperimente  *88*
3.3.6 Auswertung der Daten und Diskussion der Einflussparameter  *90*
3.3.7 Nutzung von Simulationssoftware für Feinoptimierung  *102*
3.3.8 Auswahl des chromatografischen Trägermaterials  *104*
3.3.9 Einfluss des Innendurchmessers und der Flussrate  *108*
3.3.10 Einfluss des Injektionsvolumens  *109*

| | | |
|---|---|---|
| 3.3.11 | Festlegung der massenspektrometrischen Parameter | *121* |
| 3.3.12 | Optimierung der massenspektrometrischen Parameter | *123* |
| 3.4 | Quantifizierung mittels LC-MS | *128* |
| 3.5 | Screening mittels LC-MS | *135* |
| 3.6 | Miniaturisierung – LC-MS quo vadis? | *139* |
| | Literatur *143* | |

**Teil II   Tipps, Beispiele, Trends**   *145*

| | | |
|---|---|---|
| 4 | **LC-MS für alle(s)? – LC-MS-Tipps**   *147* | |
| | *F. Mandel* | |
| 4.1 | Einführung | *147* |
| 4.2 | Tipp 1 | *148* |
| 4.2.1 | Die Qual der Wahl des LC-MS-Interfaces | *148* |
| 4.3 | Tipp 2 | *154* |
| 4.3.1 | Welche mobilen Phasen passen zu LC-MS? | *154* |
| 4.4 | Tipp 3 | *156* |
| 4.4.1 | Phosphatpuffer – die Ausnahme | *156* |
| 4.5 | Tipp 4 | *157* |
| 4.5.1 | Gepaarte Ionen | *157* |
| 4.5.2 | Welches Gegenmittel gibt es? | *157* |
| 4.5.3 | Fazit | *158* |
| 4.6 | Tipp 5 | *159* |
| 4.6.1 | Verbesserte Elektrospray-Ionisation durch Additive | *159* |
| 4.6.2 | Additive für APCI | *160* |
| 4.6.3 | Fazit | *160* |
| 4.7 | Tipp 6 | *161* |
| 4.7.1 | Wie kann ich die Nachweisempfindlichkeit steigern? | *161* |
| 4.8 | Tipp 7 | *162* |
| 4.8.1 | Nicht linear und wenig dynamisch? | *162* |
| 4.8.2 | Die Gründe | *163* |
| 4.8.3 | Lösungsansätze | *163* |
| 4.8.4 | Fazit | *164* |
| 4.9 | Tipp 8 | *164* |
| 4.9.1 | Wieviel MS brauchen Sie? | *164* |
| 4.9.2 | Lösungsansätze | *165* |
| 4.9.3 | Fazit | *165* |
| 4.10 | Noch mehr Hilfe | *174* |
| | Literatur *175* | |

## Teil III  Anwender berichten  177

**5  Ein praktisches Beispiel aus der Ionenchromatografie**  179
A. Muller und A. Hofmann
Literatur  183

**6  Problemlösungen mittels HPLC-MS aus der Praxis für die Praxis**  187
E. Fleischer
6.1  Einführung und Aufgabenstellungen  187
6.2  Fallbeispiel 1  191
6.2.1  Aufklärung der Methohexitalverunreinigungen und Zersetzungsprodukte  191
6.2.2  Probenvorbereitung  191
6.3  Fallbeispiel 2  193
6.3.1  Oligomerentrennung aus Caprolactam, Mehrkomponententrennung von Verunreinigungen im Grammbereich  193
6.4  Fallbeispiel 3  194
6.4.1  Herstellung und Isolierung von Bis-Nalbuphin aus Nalbuphin  194
6.5  Fallbeispiel 4  197
6.5.1  Isolierung und Aufklärung von Dopaminverunreinigungen  197

**7  LC-MS aus Sicht eines Wartungsingenieurs**  199
O. Müller
7.1  Einleitung und historischer Abriss  199
7.2  Spraytechniken  200
7.3  Durchgang durch den Ionenpfad  201
7.4  Der Analysator  202
7.5  Wartung  203
Literatur  210

## Teil IV  Hersteller berichten  211

**8  Agilent Massenspektrometrie, Vergangenheit, Gegenwart und Zukunft ...**  213
T. L. Sheehan und F. Mandel

**9  Hersteller berichten – SCIEX**  217
D. Schleuder

| | | |
|---|---|---|
| **10** | **Hersteller berichten – Thermo Fisher Scientific** *223* | |
| | *M. M. Martin* | |
| 10.1 | Flüssigchromatografie (LC) für LC-MS *224* | |
| 10.2 | Massenspektrometrie (MS) für LC-MS *225* | |
| 10.3 | Integrierte LC-MS-Lösungen *227* | |
| 10.4 | Software *227* | |
| | Literatur *229* | |

**Über die Autoren** *231*

**Sachverzeichnis** *237*

## Vorwort

Aus einem Verfahren für Spezialisten in der Forschung entwickelt sich die LC-MS-Kopplung immer schneller auch zu einer bewährten Technik für Anwender in der Routine. Vorliegendes Buch ist ausschließlich der LC-MS-Kopplung gewidmet.

Unser Ziel ist es, LC-MS-Anwendern möglichst detaillierte Informationen zu geben, damit sie *ihre* LC-MS-Applikation optimal durchführen können. Dazu haben Kollegen, die in früheren Büchern von mir LC-MS-Beiträge verfasst haben, ihre Beiträge überarbeitet und aktualisiert. Ferner wurden in das Buch neue Beiträge von LC-MS-Praktikern aufgenommen. Beim Verfassen des Textes hatten wir zweifelsohne die Praxis im Blick, aber auch theoretisches Hintergrundwissen wird verdichtet behandelt. Ich hoffe, dass sowohl der Analytiker in der Entwicklung als auch der Anwender in der Routine Anregungen und Tipps zum optimalen Einsatz von LC-MS-Kopplungen finden werden.

Mein besonderer Dank gilt Wolfgang Dreher für seine kritischen Hinweise zum Manuskript, ferner meinen Autorenkollegen dafür, dass sie trotz ihren äußerst knappen Zeitressourcen es möglich gemacht haben, ihre Erfahrung und ihr Wissen zu Papier zu bringen. WILEY-VCH und speziell Reinhold Weber danke ich für die gute und enge Zusammenarbeit sowie seine Flexibilität.

Blieskastel, März 2017 *Stavros Kromidas*

## Zum Aufbau des Buches

Das Buch enthält zehn Kapitel, die wie folgt aufgeteilt sind:
- 1–3: Teil I Überblick, Fallstricke, Hardwareanforderungen
- 4: Teil II Tipps, Beispiele
- 5–7: Teil III Anwender berichten
- 8–10: Teil IV Hersteller berichten, Trends

**Teil I**

Oliver Schmitz gibt im Einführungskapitel einen Überblick über den **Stand der Technik in der LC-MS-Kopplung** und stellt die unterschiedlichen Modi vor. Im zweiten Kapitel **Instrumentelle Voraussetzungen für LC-MS-Analytik – die richtige Anlage zum Analysenproblem** geht Markus Martin zunächst auf apparative Gesichtspunkte ein, bevor er sich mit LC-MS-Methodenentwicklung und -übertragung sowie schließlich mit Fallstricken beschäftigt. Das Autorenteam um Thorsten Teutenberg macht in Kap. 3 (**Anforderungen an LC-Hardware bei der Kopplung mit unterschiedlichen Massenspektrometern**) eine Reihe von Vorschlägen, um eine LC-MS-Kopplung möglichst optimal umzusetzen. Komplexe Proben und Miniaturisierung spielen dabei u. a. eine wichtige Rolle.

**Teil II**

Friedrich Mandel hat im Kap. 4 eine Reihe von **LC-MS-Tipps** zu unterschiedlichen Themen zusammengestellt.

**Teil III**

Alban Muller und Andreas Hofmann zeigen im Kap. 5 als etwas ungewohnte Anwendung der LC-MS-Kopplung **ein praktisches Beispiel aus der Ionenchromatografie**. Im Kap. 6 zeigt Edmond Fleischer anhand von vier Beispielen aus dem

Bereich der Synthese und Isolierung, wie unterschiedliche Fragestellungen angegangen werden können (**Problemlösungen mittels HPLC-MS aus der Praxis für die Praxis**). Oliver Müller (**LC-MS aus Sicht eines Wartungsingenieurs**) unternimmt mit den Augen eines Technikers im Kap. 7 einen virtuellen Gang durch einen MS-Detektor und gibt zum Schluss Tipps, wie mit Verschmutzungen umzugehen ist.

**Teil IV**

In Kap. 8–10 schließlich (**Gerätehersteller berichten**) stellen die Firmen Agilent, SCIEX und ThermoScientific ihre neuesten Produkte kurz vor und tun ihre Einschätzung zur Zukunft der LC-MS-Kopplung kund.

Das Buch muss nicht linear gelesen werden. Die einzelnen Kapitel wurden so verfasst, dass sie abgeschlossene Module darstellen – ein „Springen" ist jederzeit möglich. Damit haben wir versucht, dem Charakter des Buches als Nachschlagewerk für LC-MS-Anwender gerecht zu werden. Wir hoffen, die Leser profitieren davon.

## Liste der Autoren

**Dr. Claudia vom Eyser**
Institut für Energie- und
Umwelttechnik e. V.
Bliersheimer Straße 58–60
47229 Duisburg
Deutschland

**Dr. Edmond Fleischer**
Rheingaustraße 190–196
Haus E512
65203 Wiesbaden
Deutschland

**Terence Hetzel**
Institut für Energie- und
Umwelttechnik e. V.
Bliersheimer Straße 58–60
47229 Duisburg
Deutschland

**Dr. Andreas Hofmann**
Novartis
Institutes for BioMedical Research
Novartis Campus
4056 Basel
Schweiz

**Dr. Friedrich Mandel**
Friedrich-Speidel-Straße 43
76307 Karlsbad
Deutschland

**Dr. Markus M. Martin**
Thermo Fischer Scientific
Dornierstraße 4
82110 Germering
Deutschland

**Oliver Müller**
Fischer Analytics GmbH
Duhlwiesen 32
55413 Weiler bei Bingen
Deutschland

**Alban Muller**
Novartis
Institutes for BioMedical Research
Novartis Campus
4056 Basel
Schweiz

**Dr. Christoph Portner**
Tauw GmbH
Richard-Löchel-Straße 9
47441 Moers
Deutschland

**Dr. Detlev Schleuder**
AB SCIEX Deutschland GmbH
Landwehrstraße 54
64293 Darmstadt
Deutschland

**Prof. Dr. Oliver J. Schmitz**
University of Duisburg-Essen
Faculty of Chemistry
Applied Analytical Chemistry
Campus Essen, S05 T01 B35
Universitätsstraße 5
45141 Essen
Deutschland

**Dr. Terry Sheehan**
Director MS Business Development
Agilent Technologiesy
5301 Stevens Creek Blvd, 3U-WI
Santa Clara, CA 95051
USA

**Dr. Thorsten Teutenberg**
Institut für Energie- und
Umwelttechnik e. V.
Bliersheimer Straße 58–60
47229 Duisburg
Deutschland

**Dr. Jochen Türk**
Institut für Energie- und
Umwelttechnik e. V.
Bliersheimer Straße 58–60
47229 Duisburg
Deutschland

**Dr. Steffen Wiese**
Institut für Energie- und
Umwelttechnik e. V.
Bliersheimer Straße 58–60
47229 Duisburg
Deutschland

**Teil I**
**Überblick, Fallstricke, Hardwareanforderungen**

# 1
## Stand der Technik in der LC-MS-Kopplung
*O. Schmitz*

### 1.1
#### Einleitung

Die drastisch gestiegenen Anforderungen an qualitative und quantitative Analysen von immer komplexeren Proben stellen eine immense Herausforderung für die moderne instrumentelle Analytik dar. Für komplexe organische Proben (z. B. Körperflüssigkeiten, natürliche Produkte oder Umweltproben) erfüllen nur chromatografische oder elektrophoretische Trennungen mit anschließender massenspektrometrischer Detektion diese Anforderungen. Aktuell ist jedoch ein Trend zu beobachten, bei dem eine komplexe Probenvorbereitung und Vortrennung durch hochauflösende Massenspektrometer mit Atmosphärendruck-Ionenquellen ersetzt werden.

Dabei sind jedoch zahlreiche Ionen-Molekül-Reaktionen in der Ionenquelle – vor allem bei komplexen Proben, aufgrund einer unvollständigen Trennung – möglich, weil die Ionisation in typischen Atmosphärendruck-Ionisationsquellen unspezifisch ist [1]. Somit führt diese Vorgehensweise oft zu einer Ionensuppression und Artefaktbildung in der Ionenquelle, vor allem bei der Elektrospray-Ionisation (ESI) [2].

Trotzdem können Quellen wie die ASAP (atmospheric pressure solids analysis probe), DART (direct analysis in real time) und DESI (desorption electrospray ionization) oft sinnvoll eingesetzt werden. In ASAP wird ein heißer Stickstofffluss aus einer ESI oder APCI (atmospheric pressure chemical ionization)-Quelle als Energiequelle für die Verdampfung eingesetzt und die einzige Änderung gegenüber einer APCI-Quelle ist die Installation einer Einschubmöglichkeit, um die Probe in den heißen Gasstrom innerhalb der Ionenquelle zu platzieren [3]. Diese Ionenquelle ermöglicht eine schnelle Analyse von flüchtigen und schwerflüchtigen Verbindungen und wurde beispielsweise eingesetzt, um biologische Gewebe [3], Polymeradditive [3], Pilze und Zellen [4] und Steroide [3, 5] zu analysieren. ASAP hat viele Gemeinsamkeiten mit DART [6] und DESI [7]. Die DART-Ionenquelle erzeugt einen Gasstrom, der langlebige elektronisch angeregte Atome enthält, die mit der Probe interagieren können und so eine Desorption mit anschließender Ionisation der Probe mittels Penning-Ionisation [8] oder Proto-

*Das HPLC-MS-Buch für Anwender*, 1. Auflage. Stavros Kromidas (Hrsg.).
© 2017 WILEY-VCH Verlag GmbH & Co. KGaA. Published 2017 by WILEY-VCH Verlag GmbH & Co. KGaA.

nentransfer von protonierten Wasserclustern [6] induzieren. Die DART-Quelle wird für die direkte Analyse von festen und flüssigen Proben eingesetzt. Ein großer Vorteil dieser Quelle ist die Möglichkeit der Analyse von Verbindungen auf Oberflächen, wie z. B. illegale Substanzen auf Dollarnoten oder Fungizide auf Weizen [9]. Im Gegensatz zu ASAP und DART ist der große Vorteil von DESI, dass – wie bei der klassischen ESI – die Flüchtigkeit der Analyten keine Voraussetzung für eine erfolgreiche Analyse ist. DESI ist am empfindlichsten für polare und basische Verbindungen und weniger empfindlich für Analyten mit einer geringen Polarität [10]. Diese sehr nützlichen Ionenquellen haben einen gemeinsamen Nachteil. Alle oder fast alle in der Probe befindlichen Substanzen sind in der Gasphase und während der Ionisation zeitgleich in der Ionenquelle vorhanden. Die Analyse komplexer Proben kann daher zu einer Ionensuppression und Artefaktbildung in der Atmosphärendruck-Ionenquelle aufgrund von Ionen-Molekül-Reaktionen auf dem Weg zum MS-Einlass führen. Aus diesem Grund werden einige ASAP-Anwendungen mit steigender Temperatur des Stickstoffgases in der Literatur beschrieben [5, 11, 12]. Auch wurden DART-Analysen mit verschiedenen Heliumtemperaturen [13] oder mit einem Heliumtemperaturgradienten [14] eingesetzt, um eine teilweise Trennung von Analyten aufgrund der unterschiedlichen Dampfdrücke der Analyten zu realisieren. Eine mit DART und ASAP verwandte und erst 2012 beschriebene Ionenquelle, die direct inlet probe-APCI (DIP-APCI) der Firma Scientific Instruments Manufacturer GmbH (SIM) nutzt eine temperierbare Schubstange zum Direkteinlass von festen und flüssigen Proben mit anschließender chemischer Ionisation bei Atmosphärendruck [15]. Abbildung 1.1 zeigt eine DIP-APCI-Analyse einer Safranprobe (Feststoff, Gewürz) ohne Probenvorbereitung mit den safranspezifischen Biomarkern Isophoron und Safranal. Als Detektor wurde ein Agilent Technologies 6538 UHD

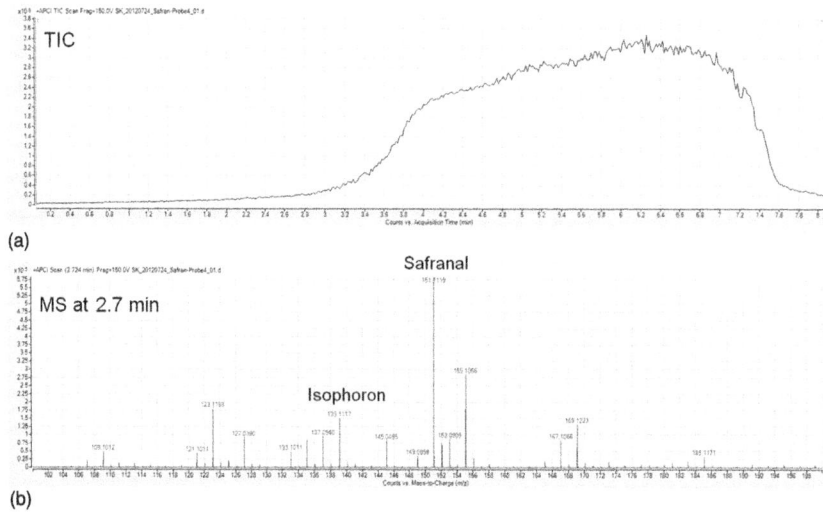

Abb. 1.1 Analyse von Safran mittels DIP-APCI und einem hochauflösenden qTOF-MS.

Accurate-Mass Q-TOF eingesetzt. In Abb. 1.1a ist der TIC der gesamten Analyse und in Abb. 1.1b exemplarisch das Massenspektrum zum Zeitpunkt 2,7 min dargestellt. Die Analyse wurde bei 40 °C gestartet und die Probe mit 1 °C/s auf eine finale Temperatur von 400 °C aufgeheizt.

So nützlich und zeitsparend diese Ionenquellen auch sein mögen, um komplexe Proben qualitativ und quantitativ analysieren zu können, ist eine chromatografische oder elektrophoretische Vortrennung sinnvoll. Neben der Reduzierung von Matrixeffekten ermöglicht der Vergleich der Retentionszeiten zudem noch eine Analyse von Isomeren (eine entsprechend leistungsstarke Trennung vorausgesetzt).

## 1.2
### Ionisationsmethoden bei Atmosphärendruck-Massenspektrometern

In den letzten zehn Jahren wurden einige neue Ionisationsmethoden für Atmosphärendruck (AP)-Massenspektrometer entwickelt. Davon stehen manche nur in einigen Arbeitskreisen zur Verfügung, weshalb hier lediglich vier kommerziell erhältliche Ionenquellen näher vorgestellt werden sollen.

Die am weitesten verbreitete Atmosphärendruck-Ionisierungstechnik (API) ist ESI, gefolgt von APCI und APPI (atmospheric pressure photoionisation). Eine deutlich geringere Bedeutung hat die APLI (atmospheric pressure laser ionization), die allerdings für aromatische Verbindungen hervorragend geeignet ist und für z. B. die PAK (polyzyklische aromatische Kohlenwasserstoffe)-Analytik den Goldstandard darstellt. Dieses Ranking spiegelt mehr oder weniger die chemischen Eigenschaften der Analyten, die mit API-MS bestimmt werden, wider:

Die meisten Analyten aus dem pharmazeutischen und biowissenschaftlichen Bereich sind eher polar, wenn nicht sogar ionisch, und werden somit effizient mit ESI ionisiert (Abb. 1.2). Es besteht jedoch auch ein beträchtliches Interesse an API-Techniken zur effizienten Ionisierung von weniger oder gar nicht polaren Verbindungen. Für die Ionisation solcher Substanzen ist ESI weniger geeignet.

### 1.2.1
**Übersicht API-Methoden**

Ionisationsmethoden, die bei Atmosphärendruck arbeiten, wie z. B. die „atmospheric pressure chemical ionization" (APCI) und die „electrospray ionization" (ESI), haben den Anwendungsbereich der Massenspektrometrie sehr stark erweitert [17–20]. Durch diese API-Techniken können chromatografische Trennverfahren wie beispielsweise die Flüssigchromatografie (LC) leicht an Massenspektrometer gekoppelt werden.

Ein fundamentaler Unterschied zwischen APCI und ESI besteht im Ionisationsmechanismus. Bei der APCI erfolgt die Ionisierung des Analyten in der Gasphase nach der Verdampfung des Lösungsmittels. Bei ESI erfolgt die Ionisierung bereits in der flüssigen Phase. Beim ESI-Prozess werden i. d. R. durch Protonierung

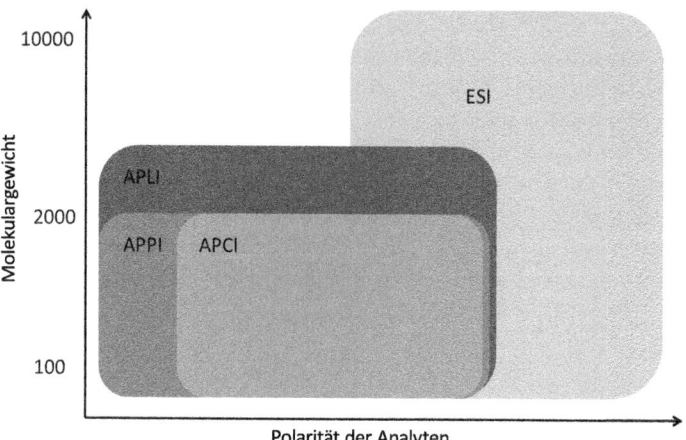

**Abb. 1.2** Geeigneter Polaritätsbereich von Analyten für die Ionisation mit verschiedenen API-Techniken. Hinweis: Der erweiterte Massenbereich der APLI gegenüber APPI und APCI ergibt sich aus der Ionisation von unpolaren aromatischen Analyten in einem Elektrospray.

Reproduziert mit freundlicher Genehmigung von O.J. Schmitz, T. Benter, Advances in LC-MS Instrumentation: Atmospheric pressure laser ionization, Journal of Chromatography Library, Vol. 72 (2007), Chapter 6, Pages 89–113.

bzw. Deprotonierung Quasimolekülionen aus stark polaren Analyten gebildet. Eine Fragmentierung wird selten beobachtet. Dagegen erfolgt die Ionisierung von weniger polaren Substanzen bevorzugt mittels APCI durch Reaktion von Analyten mit Primärionen, die mithilfe einer Koronaentladung erzeugt werden. Die Ionisierungseffizienz von unpolaren Analyten ist mit beiden Techniken sehr gering.

Für diese Substanzklassen wurden andere Methoden entwickelt, wie beispielsweise die Kopplung der ESI mit einer elektrochemischen Vorstufe [21–32], das „coordination ionspray" [32–47] oder die „dissociative electron capture ionization" [38–42]. Die von Syage *et al.* [43, 44] vorgestellte Atmosphärendruck-Fotoionisation (APPI) bzw. die von Robb *et al.* [45, 46] als dopant-assisted (DA) APPI weiterentwickelte Methode stellen ein relativ neues Verfahren zur Fotoionisation (PI) von unpolaren Substanzen mittels Vakuum-UV (VUV)-Strahlung dar. Beide Techniken basieren auf der Einphotonenionisation, die schon seit Längerem in der Ionenmobilitätsmassenspektrometrie [47–50] und im Fotoionisationdetektor (PID) [51–53] eingesetzt wird.

## 1.2.2
### ESI

In der Vergangenheit war eines der Hauptprobleme massenspektrometrischer Analysen von Proteinen oder anderen Makromolekülen, dass deren Massen außerhalb des Massenbereiches der meisten Massenspektrometer lag. Um größere Moleküle wie beispielsweise Proteine analysieren zu können, musste eine Hydrolyse von Proteinen und dann die Analyse dieser Peptidmischungen durchgeführt werden. Durch ESI ist es nun möglich, auch große Biomoleküle ohne vorherige Hydrolyse ionisieren und mittels MS analysieren zu können.

Basierend auf Vorarbeiten von Zeleny [54], Wilson und Taylor [55, 56] im 20. Jahrhundert erzeugten Dole und Mitarbeiter hochmolekulare Polystyrolionen in der Gasphase aus einer Benzol-Aceton-Mischung des Polymers mittels Elektrospray [57]. Diese Ionisationsmethode wurde schließlich durch die Arbeiten von Fenn 1984 [58] etabliert und 2002 mit dem Nobelpreis für Chemie belohnt.

Um den gesamten Vorgang der Ionenbildung bei ESI zu beschreiben, ist eine Unterteilung der Abläufe in drei Abschnitte sinnvoll:

- Bildung ladungstragender Tropfen
- Verkleinerung der Tropfen
- Bildung gasförmiger Ionen.

Um positive Ionen zu erzeugen, wird an die enge Kapillarspitze ($10^{-4}$ m Außendurchmesser) eine Spannung von 2–3 kV zwischen Kapillare und dem MS-Eingang (Gegenelektrode) angelegt. In der aus der Kapillare austretenden Elektrolytlösung erfolgt eine Ladungstrennung, bei der Kationen an der Flüssigkeitsoberfläche angereichert und zur Gegenelektrode gezogen werden. Anionen wandern dagegen zum positiv geladenen Kapillarende und werden dort entladen bzw. oxidiert. Die Anreicherung von positiver Ladung an der Flüssigkeitsoberfläche ist Ursache der Bildung eines Flüssigkeitskonus, da die Kationen zum negativen Pol (Kathode) gezogen werden. Dieser sogenannte *Taylor-Konus* (Taylor cone) resultiert einerseits aus dem elektrischen Feld und andererseits aus der Oberflächenspannung der Lösung. Ab einer bestimmten Distanz zum Kapillarende erfolgt eine zunehmende Destabilisierung, und es werden Tropfen mit positiver Überschussladung in einem stabilen Spray emittiert. Die Größe der gebildeten Tropfen hängt ab von:

- der Flussrate der mobilen Phase und der Hilfsgase,
- der Oberflächenspannung,
- der Viskosität,
- der angelegten Spannung und
- der Konzentration des Elektrolyten.

Diese Tropfen verlieren durch Verdampfen Lösungsmittelmoleküle, und bei Erreichen des Raleigh-Limits (elektrostatische Abstoßung der Oberflächenladungen > Oberflächenspannung) werden viel kleinere Tropfen (sogenannte Mikrotropfen) emittiert. Dies geschieht aufgrund von elastischen Oberflächenvibrationen der Tropfen die zur Bildung *Taylor cone*-ähnlicher Strukturen führen, s. Abb. 1.3.

Am Ende solcher Ausstülpungen werden kleine Tropfen gebildet, deren Masse-Ladungs-Verhältnis deutlich kleiner als beim „Muttertropfen" sind. Durch diesen ungleichen Zerfall der „Muttertropfen" erhöht sich pro Durchlauf von Tropfenbildung und Verdampfung bis zum Raleigh-Limit das Verhältnis von Oberflächenla-

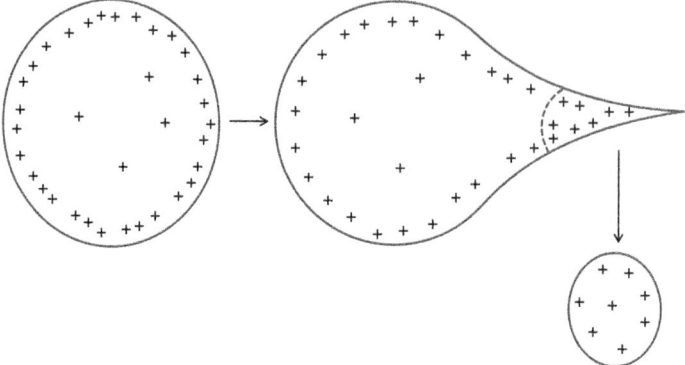

**Abb. 1.3** Reduzierung der Tröpfchengröße.

dung zur Zahl gepaarter Ionen im Tropfen dramatisch. Somit sind nur die hochgeladenen Mikrotropfen für die letztlich erfolgende Ionenbildung verantwortlich.

Charakteristisch für den ESI-Prozess ist die Bildung von mehrfach geladenen Ionen bei großen Analytmolekülen. Daher findet man beispielsweise für Peptide und Proteine entsprechend ihrer Masse eine Serie von Ionensignalen, die sich jeweils um eine Ladung (normalerweise eine Addition eines Protons im Positivmodus oder Subtraktion eines Protons im Negativmodus) unterscheiden.

Für die eigentliche Bildung der gasförmigen Analytionen werden zurzeit zwei Mechanismen diskutiert. Zum einen der von Cole [59] und Kebarle und Peschke [60] vorgeschlagene „charged residue mechanism" (CRM) und zum anderen der von Thomson und Iribarne [61] postulierte „ion evaporation mechanism" (IEM). Beim CRM werden die Tropfen so lange reduziert, bis nur noch ein Analytmolekül im Mikrotropfen vorhanden ist, an das dann ein oder mehrere Ladungsträger addiert werden. Beim IEM werden die Tropfen bis zu einem sogenannten kritischen Radius ($r < 10\,\text{nm}$) reduziert, und dann werden geladene Analytionen aus diesen Tropfen emittiert [62].

Essenziell für den Anwender ist, dass genügend Ladungsträger im Eluat vorhanden sind. Dies kann durch Zugabe von z. B. Ammoniumformiat zum Eluenten oder Eluat realisiert werden. Ohne diese Zugabe ist ESI zwar in Acetonitril-Wasser-Mischungen prinzipiell möglich (in MeOH/Wasser jedoch nicht), ein stabileres und reproduzierbareres Elektrospray mit einer höheren Ionenausbeute gelingt aber nur durch Zugabe von Ladungsträgern vor oder nach der HPLC (hight performance liquid chromatography)-Trennung.

### 1.2.3
### APCI

Bei dieser von Horning 1974 [63] eingeführten Ionisationsmethode wird das Eluat durch einen Verdampfer (400–600 °C) in die Ionenquelle eingebracht. Trotz der hohen Temperatur des Verdampfers wird nur selten eine Zersetzung der Probe

$N_2 + e^- \rightarrow N_2^{+\cdot} + 2e^-$
$N_2^{+\cdot} + 2N_2 \rightarrow N_4^{+\cdot} + N_2$
$N_4^{+\cdot} + H_2O \rightarrow H_2O^{+\cdot} + 2N_2$
$H_2O^{+\cdot} + H_2O \rightarrow H_3O^+ + OH^-$

$H_3O^+ + n\,H_2O \rightarrow H_3O^+ \cdot (H_2O)_n$

**Abb. 1.4** Reaktionsmechanismus bei der APCI.

beobachtet, da die Energie für die Verdampfung des Lösungsmittels verbraucht wird und die Probe sich normalerweise nicht über 80–100 °C erwärmt [64]. Im Austrittsbereich des Gasstroms (Eluat und Analyt) ist eine Metallnadel (Korona) angebracht, an der eine Hochspannung angelegt ist. Gelangen die Lösungsmittelmoleküle in den Bereich der Hochspannung, bildet sich ein Reaktionsplasma nach dem Prinzip der chemischen Ionisation. Ist der Energieunterschied zwischen Analyten und Reaktantionen groß genug, werden die Analyten z. B. durch Protonentransfer oder Adduktbildung in der Gasphase ionisiert.

In der APCI wird anstelle des bei der GC-MS vorhandenen Filaments (CI) eine Koronaentladung zur Emission von Elektronen eingesetzt (Atmosphärendruck plus Sauerstoff würden zum schnellen Durchbrennen des Filamentes führen).

Mit Stickstoff als Sheath- und Nebulizer-Gas und atmosphärischem Wasserdampf (ist auch in Stickstoff 5.0 in ausreichender Menge vorhanden) in der APCI-Quelle werden durch Elektronenionisation primär $N_2^+$ und $N_4^+$-Ionen gebildet. Diese kollidieren mit den verdampften Lösungsmittelmolekülen und formen sekundäre Reaktantgasionen wie z. B. $H_3O^+$ und $(H_2O)_n H^+$ (Abb. 1.4).

Das häufigste Sekundärclusterion ist $(H_2O)_2 H^+$ zusammen mit signifikanten Mengen an $(H_2O)_3 H^+$ und $H_3O^+$. Diese geladenen Wassercluster kollidieren mit den Analytmolekülen, wodurch es zur Bildung von Analytionen kommt:

$$H_3O + M \rightarrow [M + H]^+ + H_2O \quad (1.1)$$

Die hohe Kollisionsfrequenz resultiert in einer hohen Ionisationseffizienz der Analyten und führt zu Adduktionen mit nur wenig Fragmentierung.

Im Negativmodus bilden die Elektronen, die bei der Koronaentladung emittiert werden, mit Wassermolekülen in Gegenwart großer Menge von $N_2$ Hydroxidionen. Da die Gasphasenazidität von $H_2O$ sehr gering ist, bilden die $OH^-$-Ionen in der Gasphase durch Protonentransferreaktion mit den Analyten $H_2O$ und $[M-H]^-$ (mit M = Analyt) [64].

Problematisch bei der APCI ist die simultane Bildung von unterschiedlichen Adduktionen. So können je nach Eluentzusammensetzung und Matrixkomponenten beispielsweise $Na^+$- und $NH_4^+$-Addukte neben protonierten Analytmolekülen auftreten, wodurch die Auswertung erschwert wird. Und: MS/MS von $Na^+$-Addukten liefert keine geladenen Fragmente.

## 1.2.4
## APPI

Die APPI ist für die Ionisation von unpolaren Analyten geeignet, wobei die Fotoionisation eines Moleküls M zur Bildung des Molekülradikalkations $M^{\bullet+}$ führt. Wenn die Ionisierungspotenziale (IP) aller anderen Matrixbestandteile größer als die Photonenenergie sind, ist dieser Ionisationsprozess spezifisch für den Analyten. In der APPI können allerdings sehr unterschiedliche Prozesse die Detektion von $M^{\bullet+}$ stark beeinflussen. Zum einen können in der Gegenwart von Lösungsmittelmolekülen und/oder anderen im großen Überschuss vorhandenen Komponenten Ionen-Molekül-Reaktionen ablaufen. Zum anderen werden VUV-Photonen effizient von der Gasphasenmatrix absorbiert. So wurde z. B. beobachtet, dass in der APPI in Gegenwart von Acetonitril (häufiger Eluent in der HPLC) hauptsächlich $[M + H^+]$ gebildet wird, obwohl das IP von $CH_3CN$ mehr als 2,2 eV über der vorhandenen Photonenenergie liegt [65]. Generell wird in der APPI bei polaren, in $CH_3CN-H_2O$-Mischungen gelösten Verbindungen meistens die Bildung von $[M + H^+]$ beobachtet, während unpolare Verbindungen, wie beispielsweise Naphthalin, normalerweise $M^{\bullet+}$ bilden [66]. Ein detaillierter Mechanismus zur Bildung von $[M + H]^+$ wurde von Syage vorgeschlagen [67]. Die Ionenausbeute ist bei der APPI aufgrund des limitierten VUV-Photonenflusses und den Wechselwirkungen mit Lösungsmittelmolekülen eingeschränkt. Daher wurde von Bruins und Mitarbeitern die „dopant-assisted atmospheric-pressure photoionization" (DA-APPI) [66] als neue Ionisationsmethode eingeführt. Hier wird die Gesamtzahl an Ionen, die durch die VUV-Strahlung gebildet wird, durch Zugabe einer direkt zu ionisierenden Komponente (Dopant) deutlich erhöht. Wird der Dopant so ausgewählt, dass die resultierenden Dopant-Fotoionen eine relativ hohe Rekombinationsenergie bzw. eine geringe Protonenaffinität haben, dann kann das Dopantion durch Ladungsaustausch oder Protonentransfer die zu analysierenden Verbindungen ionisieren. Neben Aceton und Toluol erwies sich Anisol als sehr effektiver Dopant bei der APPI [68]. Durch Zugabe eines Dopants kann zwar die Sensitivität erhöht werden, aber die möglichen Adduktbildungen führen oftmals zu deutlich komplizierteren APPI-Massenspektren [45, 66, 68]. Neuere Untersuchungen deuten darauf hin, dass der direkte Protonentransfer von primär gebildeten Dopantionen nur eine sehr untergeordnete Rolle spielt. Vielmehr scheint eine sehr komplexe, thermodynamisch kontrollierte Clusterchemie zu dominieren [69].

## 1.2.5
## APLI

Die „atmospheric pressure laser ionization" (APLI) wurde 2005 entwickelt [70]. Dabei handelt es sich um eine weiche Ionisierungsmethode mit einfach zu interpretierenden Spektren für unpolare aromatische Substanzen, bei der Fragmentierungen der Analyten nur untergeordnet auftreten. APLI basiert auf der resonanzverstärkten Mehrphotonenionisation (REMPI), allerdings bei Atmosphärendruck.

Die REMPI-Methode erlaubt die empfindliche und selektive Ionisierung von zahlreichen Verbindungen. Dabei wird z. B. folgender Ansatz genutzt:

$$M + mh\nu \rightarrow M^* \qquad (1.2)$$

$$M^* + nh\nu \rightarrow M^{\cdot +} + e^- \qquad (1.3)$$

Die Gln. (1.2) und (1.3) repräsentieren einen klassischen $(m + n)$ resonanzverstärkten Mehrphotonenionisation (REMPI)-Prozess, der mit $n = m = 1$ häufig sehr vorteilhaft zur Ionisierung von polyaromatischen Kohlenwasserstoffen (PAK) eingesetzt wird. Da die Absorptionsbanden von PAK bei Raumtemperatur relativ breit sind, können aufgrund der hohen molekularen Absorptionskoeffizienten im nahen UV und der relativ langen Lebensdauer der $S_1$- und $S_2$-Zustände häufig Festfrequenzlaser für die Anregung genutzt werden, beispielsweise die 248 nm-Linie eines KrF-Excimerlasers. Unter diesen Bedingungen kann eine nahezu selektive Ionisation von aromatischen Kohlenwasserstoffen erreicht werden. Ein großer Vorteil der APLI im Vergleich zur APPI ist, dass weder Stickstoff und Sauerstoff noch die typischerweise in der HPLC eingesetzten Lösungsmittel (z. B. Wasser, Methanol, Acetonitril) im verwendeten Wellenlängenbereich merkliche Absorptionsquerschnitte aufweisen. Eine Schwächung der Photonendichte innerhalb der Ionenquelle, d. h. eine merkliche Einkopplung von elektronischer Energie in die Matrix, wie in der APPI beobachtet, findet in der APLI nicht statt. Die APLI ist sehr sensitiv bei der Bestimmung von PAK und stellt daher eine wertvolle Alternative zu APCI und APPI dar. Die APLI ist aber nicht nur auf die Analyse solcher einfachen aromatischen Verbindungen beschränkt. Es können auch komplexere oligo- oder polymere Strukturen sowie metallorganische Verbindungen analysiert werden [71]. Zudem besteht die Möglichkeit, Analyten über ihre funktionelle Gruppe mit sogenannten Ionisationsmarkern – in Analogie zu Fluoreszenzderivatisierung – zu modifizieren und dann über den aromatischen Ionisationsmarker auch nicht aromatische Substanzen mittels APLI zu ionisieren [72–74]. Dabei profitiert man von der Selektivität der Ionisierung (nur aromatische Systeme) und der herausragenden Sensitivität der Methode. Auch wurde bereits die parallele Ionisation von Probenbestandteilen mit ESI bzw. APCI und APLI realisiert [75, 76]. Dadurch können sowohl polare (ESI) bzw. nicht aromatische mittelpolare Analyten (APCI) gemeinsam mit Aromaten (APLI) einer massenspektrometrischen Detektion zugänglich gemacht werden.

### 1.2.6
**Bestimmung der Ionensuppression**

Bei vielen massenspektrometrischen Analysen von komplexen Proben erschwert die Ionensuppression die Quantifizierung und erfordert oftmals eine aufwendige Probenvorbereitung. Es sollte deshalb immer im Vorfeld untersucht werden, ob es zu einem Signal reduzierenden Einfluss der Matrix kommt.

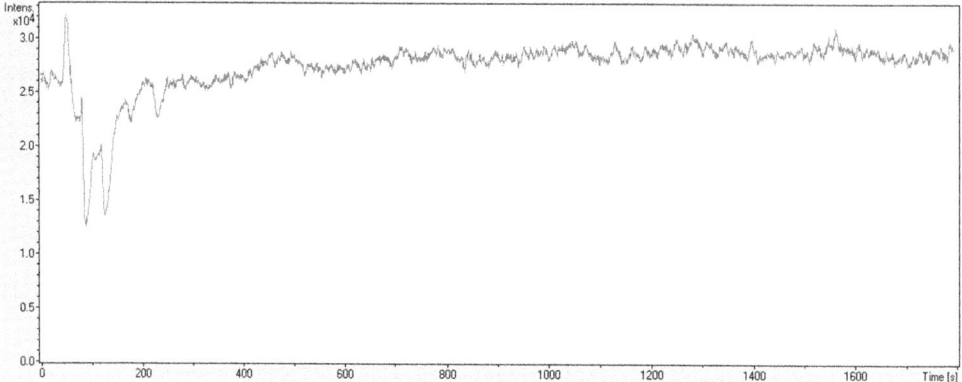

**Abb. 1.5** Ionensuppression von PAK im Urin bei APCI-MS Analysen.

Für diese Untersuchung wird hinter der Trennsäule über ein T-Stück eine mittels HPLC-Pumpe geförderte Analytlösung mit dem durch die Trennsäule transportierten Eluat-Matrix-Gemisch vermengt und die Massenspur des Analyten detektiert. Nach dem Passieren der Säule werden die getrennten Matrixbestandteile im T-Stück mit der Analytlösung vermischt und gelangen dann gemeinsam in die Ionenquelle. Die Intensitätsänderung der Analytmassenspur während der Elution der Matrix gibt Auskunft über eine eventuell stattfindende Ionensuppression. Abbildung 1.5 zeigt die Ionensuppressionsbestimmung einer PAK-Analyse in Urin mit APCI-qTOF. Im Analysenbereich von 80 und 400 s sinkt die Massenspur deutlich ab und erreicht erst ab ca. 450 s wieder das normale Niveau. Somit eluieren zwischen 80 und 400 s störende, also Ionensuppression verursachende Matrixbestandteile des Urins von der Trennsäule.

### 1.2.7
**Beste Ionisationsmethode für die jeweilige Fragestellung**

Anhand von Abb. 1.2 kann grob abgeschätzt werden, mit welcher Methode die interessierenden Analyten am effektivsten ionisiert werden können. Je nach Polarität werden die Analyten dabei sinnvollerweise mit ESI (polare), APCI (mittelpolare), APPI (unpolare) oder mit APLI (Aromaten) ionisiert. Allerdings spielt auch die Matrix bei dieser Entscheidung eine wichtige Rolle. Bei komplexen Proben ist eine mögliche Ionensuppression bei der Elektrospray-Ionisation wahrscheinlicher bzw. stärker ausgeprägt als bei den anderen hier besprochenen Ionisationsmethoden. Auch spielt die Ionenstrahlführung im Einlassbereich des Massenspektrometers eine wichtige Rolle. So zeigen ESI-Ionenquellen mit einem Z-Sprayeinlass oftmals weniger Ionensuppression als normale ESI-Ionenquellen. Auch der Eluatfluss muss der jeweiligen Ionenquelle angepasst werden. So können bei APCI-Quellen oftmals etwas höhere Flüsse als bei ESI-Quellen eingesetzt werden. Auch wenn Gerätehersteller andere Flussraten versprechen, so ist es hinsichtlich Spraystabilität, Reproduzierbarkeit und Ionensuppression sicherlich sinnvoll, ESI-Quellen mit Flüssen unter 300 µL/min und APCI-, APPI- und APLI-Quellen mit Flüssen unter 500 µL/min zu betreiben. Natürlich können applikationsbedingt auch größere Flüsse eingesetzt werden, woraus sich allerdings oftmals die genannten Probleme ergeben. Durch Derivatisierung kann die Empfindlichkeit in Einzelfällen signifikant gesteigert werden.

## 1.3
**Massenanalysatoren**

Am häufigsten werden folgende Massenspektrometer routinemäßig mit der LC gekoppelt:

- Quadrupol
- Triple-Quadrupol
- ion trap
- oaTOF
- Orbitrap

Hinsichtlich Empfindlichkeit und Preis-Leistungs-Verhältnis (inkl. Wartung) ist ein Quadrupol-MS eine sehr sinnvolle Anschaffung. Im single ion mode (SIM) werden sehr gute Sensitivitäten erreicht, und bei einem schnellen Quadrupol (ab ca. 25–50 Hz) kann sogar die UHPLC (ultra high performance liquid chromatography) als schnelle Trennmethode mit dem Quadrupol gekoppelt werden.

Eine auf Quadrupol-MS basierende Weiterentwicklung stellen die Triple-Quadrupol-Massenspektrometer dar, die vor allem bei der Targetanalytik in komplexen Proben eine große Rolle spielen. Es wird weitestgehend auf Probenvorbereitung und Vortrennung verzichtet, und die Potenziale des ersten und dritten Quadrupols werden so eingestellt, dass jeweils nur ein bestimmtes ($m/z$) durchgelassen wird. Dabei handelt es sich beim ersten Quadrupol um das Ion des Targetanalyten und beim dritten Quadrupol um ein charakteristisches Fragment dieses Ions, welches im zweiten Quadrupol (eigentlich eine Stoßkammer) durch Stöße mit Argon oder Stickstoff induziert wird. Durch die Analyse des Fragmentions wird das chemische Rauschen (Matrix) stark reduziert, und Triple-Quadrupol-Massenspektrometer zählen somit zu den sensitivsten und selektivsten Massenspektrometern. Für einige Analyten sind bereits Nachweisgrenzen im Zeptomolbereich (Stoffmenge auf der Trennsäule) realisiert worden. Meist werden 2–3 Fragmente gemessen, um die Intensitätsverhältnisse zu vergleichen und somit Überlagerungen auszuschließen (quantifier und qualifier).

Ähnlich wie ein Quadrupol ist eine Ionenfalle oder Ion-trap-MS aufgebaut. Die Ionen werden allerdings in der trap gesammelt, und dann kann entweder ein Massenscan oder eine ein- bzw. mehrfache Fragmentierung des Targetanalyten durchgeführt werden. Moderne Ion-trap-MS-Systeme zeichnen sich durch eine sehr gute Linearität und Sensitivität und eine schnelle Datenaufnahme (z. B. 20 Hz) aus und können somit sogar mit der UHPLC gekoppelt werden. Besonders geeignet sind sie für Strukturaufklärung von Biomolekülen (Zucker, Peptide etc.). Zu beachten wäre hier der „low mass cutoff"

Time-of-flight (TOF)-Massenspektrometer erfahren seit mehr als ca. 20 Jahren eine ungebrochene Renaissance, was mit der orthogonalen Ionenstrahlführung im Gerät zusammenhängt. Dadurch wurde es möglich, auch kontinuierliche Ionenquellen wie z. B. ESI und APCI ohne Auflösungsverlust an ein TOF-MS zu koppeln. In letzter Zeit wurde durch die Einführung von Repellern, ion funnels, leistungsstärkere Elektronik etc. die Auflösung immer weiter verbessert, sodass mittlerweile mehrere Hersteller TOF-MS-Systeme mit Auflösungen zwischen 40 000–70 000 anbieten und dabei Aufnahmeraten von 20 Hz und mehr realisieren. Somit sind diese Geräte hervorragend für die Kopplung von schnellen Trennverfahren wie UHPLC geeignet und können aufgrund der hohen Auflösung und Massengenauigkeit (< 1 ppm) auch Hilfestellungen bei der Identifizierung von unbekannten Probenbestandteilen geben.

Der neueste Massenanalysator ist das LTQ-Orbitrap-Massenspektrometer (LTQ = linear trap quadrupole). Bei diesem wird die handelsübliche LTQ mit einer von Makarov entwickelten Ionenfalle gekoppelt [77, 78]. Die Ionen werden in der Orbitrap nicht wie bei üblichen Fr-ICR-Ionenfallen mit magnetischen, sondern mit elektrischen Feldern gesammelt. Aufgrund des Auflösungsvermögens (bis ca. 800 000) und der hohen Massengenauigkeit (1–3 ppm) kann die Orbitrap beispielsweise zur Identifikationen von Peptiden in Proteinanalysen oder für Metabolomstudien eingesetzt werden. Zusätzlich kann die Selektivität durch MS/MS-Experimente noch stark verbessert werden. Allerdings ist die Kopplung mit der UHPLC für eine schnelle chromatografische Vortrennung nicht sinnvoll, da die Datenaufnahmerate zu gering ist, um die schmalen Signale der UHPLC reproduzierbar integrieren zu können.

Neben einigen weiteren Massenspektrometern werden auch noch FT-ICRMS-Geräte eingesetzt. Letztere haben neben sehr hohen Anschaffungs- und Betriebskosten (z. B. Helium) den Nachteil einer geringen Datenaufnahmerate (gleiches Problem wie beim Orbitrap), weshalb die Kopplung mit einer schnellen Chromatografie wie beispielsweise der UHPLC nicht realisiert werden kann. Allerdings sind sie hinsichtlich Auflösung (> 800 000) ungeschlagen und ein extrem nützliches Werkzeug in der Metabolomforschung.

## 1.4
### Zukünftige Entwicklungen

Der Trend im Bereich Massenspektrometer geht zurzeit eindeutig in Richtung höherer Auflösung und schnellerer Datenaufnahme.

Bei TOF-MS werden zukünftig sicher Auflösungen von über 100 000 Spektren pro Sekunde und Datenraten von 20–40 erzielt werden können. Bei der Orbitrap ist zu vermuten, dass durch eine noch präzisere Produktion der Zelle routinemäßig Auflösungen über 500 000 möglich sein werden. Dadurch könnte dann durch eine Verkürzung der Scangeschwindigkeit, die mit einem Auflösungsverlust einhergeht, auch eine schnelle Vortrennung (UHPLC) eingesetzt werden, die hinsichtlich Auflösung mit den TOF-MS-Systemen konkurrieren kann.

Im Bereich der Non-target-Analytik stellt die Kombination der Ionenmobilitätsspektrometrie (IMS) mit einem hochauflösenden qTOF-MS eine leistungsstarke Analysenplattform dar. Zurzeit sind zwei ausgereifte kommerzielle Systeme mit unterschiedlichen Spielarten der Ionenmobilität, die drift-time ion mobility spectrometry (DTIMS) beim Agilent 6560 und die traveling wave ion mobility spectrometry (TWIMS) beim Vion IMS qTOF von Waters kommerziell erhältlich. Durch die strukturabhängige Driftzeit in der Driftröhre des IMS können auch vor der Ionisation nicht getrennte isobare Substanzen voneinander separiert werden. Abbildung 1.6 zeigt die Trennung der isobaren Substanzen Glukose und Fruktose im IM-qTOF-MS-System (Agilent 6560) durch die unterschiedliche Wanderungszeit (Driftzeit in Millisekunden) durch die 80 cm lange Driftröhre des Systems. Besonders erwähnenswert ist, dass anhand der Driftzeit die collision cross section (CCS) direkt (beim Agilent-System) und indirekt über Vergleich mit einem Standard (beim Waters-System) der Substanzen bestimmt werden kann. Beim Einsatz einer Datenbank aus CCS-Werten und der präzisen Masse kann dann eine schnelle und zuverlässige Identifizierung der Signale bei einer Non-target-Analyse durchgeführt werden. Dazu gibt es interessante Lösungen seitens der Hersteller zur Reduzierung vom Untergrund bei der Quantifizierung (FA/MS von Thermo, Selex Ion von SCIEX).

Ein weiterer Schwerpunkt in den zukünftigen Entwicklungen wird die Optimierung der Ionenquellen hinsichtlich Ionenerzeugung und Ionentransport bei

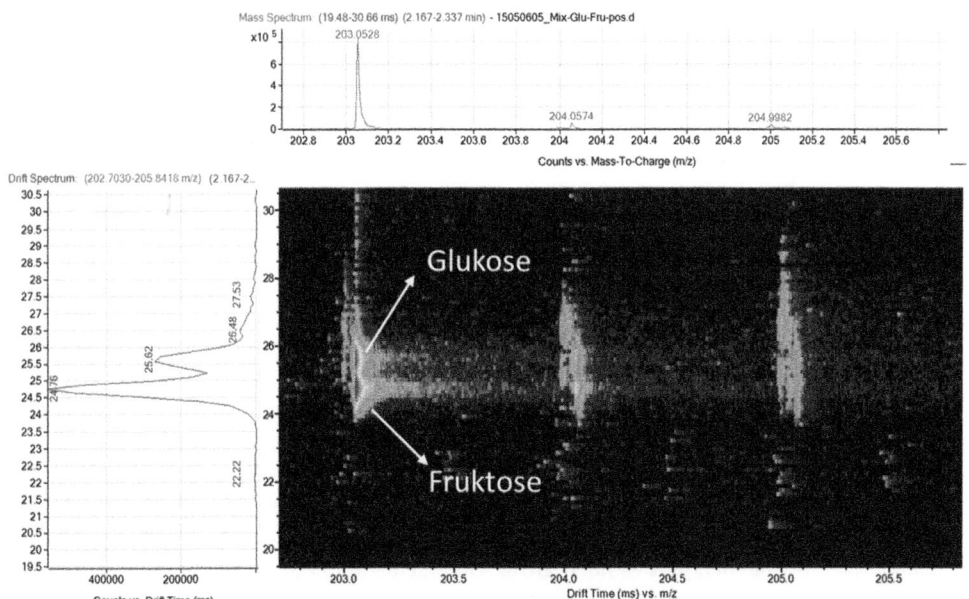

**Abb. 1.6** Analyse einer Mischung aus Glukose und Fruktose mittels IM-qTF-MS.

unterschiedlichen Flüssen (Nano-, Mikro-HPLC, LC × LC) und für den Einsatz der wieder an Bedeutung gewinnenden supercritical fluid chromatography (SFC) sein, um die Sensitivität weiter zu verbessern.

## 1.5
### Worauf sollten Sie beim Kauf eines Massenspektrometers achten?

Neben dem zur Verfügung stehenden Budget spielen meiner Auffassung nach folgende Punkte bei der Kaufentscheidung eine zentrale Rolle:

a) soll eine Targetanalyse oder eine umfassende Analyse der Probe zur Strukturaufklärung durchgeführt werden;
b) notwendige Sensitivität;
c) Software;
d) Probendurchsatz;
e) MS-Analyse mit oder ohne vorgeschalteter Trennverfahren.

Sollten nur Targetanalysen (also z. B. Analytik von bekannten Verunreinigungen in einem Produkt oder Pestizidanalytik) geplant sein, so würde ein Quadrupol- oder Triplequad-MS die beste Wahl darstellen. Mit diesen Geräten kann eine sehr sensitive Analyse gewährleistet werden (SIM, MRM = multiple reaction monitoring), und auch eine schnelle Vortrennung (z. B. UHPLC) ist bei vielen Geräten mittlerweile möglich.

Sollen unbekannte Proben auf Inhaltsstoffe untersucht werden („full scan"), würden hochauflösende Massenspektrometer wie das qTOF oder die Orbitrap die Analyse merklich erleichtern. Aufgrund der zusätzlichen Trenndimension, der CCS-Bestimmung und der damit einhergehenden Identifizierungsmöglichkeit sind auch die neuen Systeme mit einem vorgeschalteten Ionenmobilitätsspektrometer sicherlich eine interessante Alternative. Wenn auch noch ein hoher Probendurchsatz notwendig ist, würde das QTOF den Vorrang vor dem im hochauflösenden Modus langsamen Orbitrap bekommen. Hinsichtlich Auflösung ist die Orbitrap den QTOF-Systemen allerdings deutlich überlegen. Die Sensitivität eines QTOF und der Orbitrap ist ca. Faktor 10–50 schlechter als die eines Quadrupols bzw. Triplequads, aber Nachweisgrenzen im unteren ppb-Bereich sind sehr wohl möglich. Dies gilt im SIM oder MRM-Modus; im Falle von full scan sind QTOF empfindlicher als Triplequads.

Wenn – z. B. aufgrund eines hohen Probenaufkommens – auf eine Vortrennung verzichtet werden soll, so sollte darauf geachtet werden, dass geeignete sogenannte ambient desorption ionization techniques wie DESI, DART, ASAP, DIP-APCI etc. an das MS gekoppelt werden können. Einen guten Überblick ermöglichen einige Reviewartikel [79–82].

Schließlich gibt es noch große Unterschiede bei der jeweiligen MS-Software. Hier sollte sich der User vorab einen Überblick über die Stärken und Schwächen der Software geben lassen.

Neben dem Anschaffungspreis sollten auch die Betriebskosten bei der Anschaffung berücksichtigt werden. Neben einem hohen Stickstoffverbrauch sollten die Massenspektrometer jährlich gewartet werden. Alleine die Wartung führt je nach Aufwand und Hersteller zu jährlichen Kosten in Höhe von 5000 bis 20 000 Euro.

## Literatur

1 Matuszewski, B.K., Constanzer, M.L. und Chavez-Eng, C.M. (2003) *Anal. Chem.*, **75**, 3019–3030.
2 Annesley, T.M. (2003) *Clin. Chem.*, **49**, 1041–1044.
3 McEwen, C.N., Mckay, R.G. und Larsen, B.S. (2005) *Anal. Chem.*, **77**, 7826–7831.
4 McEwen, C. und Gutteridge, S. (2007) *J. Am. Soc. Mass. Spec.*, **18**, 1274–1278.
5 Ray, A.D., Hammond, J. und Major, H. (2010) *Eur. J. Mass. Spectrom.*, **16**, 169–174.
6 Cody, R.B., Laramee, J.A. und Durst, H.D. (2005) *Anal. Chem.*, **77**, 2297–2302.
7 Takats, Z., Wiseman, J.M., Gologan, B. und Cooks, R.G. (2004) *Science*, **306**, 471–473.
8 Laramee, J.A. und Cody, R.B. (2007) In: Gross ML, Caprioli RM (eds) The Encyclopedia of Mass Spectrometry, vol. 6, Elsevier
9 Schurek, J., Vaclavik, L., Hooijerink, H., Lacina, O., Poustka, J., Sharman, M., Caldow, M., Nielen, M.W.F. und Hajslova, J. (2008) *Anal. Chem.*, **80**, 9567–9575.
10 Lloyd, J.A., Harron, A.F. und Mcewen, C.N. (2009) *Anal. Chem.*, **81**, 9158–9162.
11 Ahmed, A., Cho, Y.J., No, M.H., Koh, J., Tomczyk, N., Giles, K., Yoo, J.S. und Kim, S. (2011) *Anal. Chem.*, **83**, 77–83.
12 Pan, H.F. und Lundin, G. (2011) *Eur. J. Mass. Spectrom.*, **17**, 217–225.
13 Malekni, S.D., Vail, T.M., Cody, R.B., Sparkman, D.O., Bell, T.L. und Adams, M.A. (2009) *Rapid Commun. Mass Spectrom.*, **23**, 2241–2246.
14 Edison, S.E., Lin, L.A., Gamble, B.M., Wong, J. und Zhang, K. (2011) *Rapid Commun. Mass Spectrom.*, **25**, 127–139.
15 Krieger, S., von Trotha, A., Leung, K.S.-Y. und Schmitz, O.J. *Anal. Bioanal. Chem.*, doi:10.1007/s00216-012-6531-4.
16 Schmitz, O.J. und Benter T (2007) In *Advances in LC–MS Instrumentation, Atmospheric pressure laser ionization*, (Hrsg. A. Cappiello), 72. Aufl., Kapitel 6, Journal of Chromatography Library, S. 89–113.
17 Cole, R.B. (Hrsg.) (1997) Electrospray Ionization Mass Spectrometry, John Wiley & Sons, Inc., New York.
18 Cech, N.B. und Enke, C.G. (2001) *Mass Spectrom. Rev.*, **20**, 362–387.
19 Kebarle, P. (2000) *J. Mass. Spectrom.*, **35**, 804–817.
20 Niessen, W.M.A. (Hrsg.) (1999) Liquid Chromatography – Mass Spectrometry, Marcel Dekker, Inc., New York.
21 Van Berkel, G.J., McLuckey, S.A. und Glish, G.L. (1991) *Anal. Chem.*, **63**, 2064–2068.
22 Van Berkel, G.J., McLuckey, S.A. und Glish, G.L. (1992) *Anal. Chem.*, **64**, 1586–1593.
23 Van Berkel, G.J. und Asano, K.G. (1994) *Anal. Chem.*, **66**, 2096–2102.
24 Van Berkel, G.J. und Zhou, F. (1995) *Anal. Chem.*, **67**, 2916–2923.
25 Van Berkel, G.J. und Zhou, F. (1995) *Anal. Chem.*, **67**, 3958–3964.
26 Van Berkel, G.J., Quirke, J.M.E., Tigani, R.A., Dilley, A.S. und Covey, T.R. (1998) *Anal. Chem.*, **70**, 1544–1554.
27 Van Berkel, G.J., Quirke, J.M.E. und Adams, C.L. (2000) *Rapid Commun. Mass Spectrom.*, **14**, 849–858.
28 Williams, D. und Young, M.K. (2000) *Rapid Commun. Mass Spectrom.*, **14**, 2083–2091.
29 Quirke, J.M.E., Hsz, Y.-L. und Van Berkel, G.J. (2000) *Nat. Prod.*, **63**, 230–237.

30 Williams, D., Chen, S. und Young, M. K. (2001) *Rapid Commun. Mass Spectrom.*, **15**, 182–186.
31 Quirke, J.M.E. und Van Berkel, G.J. (2001) *J. Mass Spectrom.*, **36**, 179–187.
32 Kauppila, T.J., Kostiainen, R. und Bruins, A.P. (2004) *Rapid Commun. Mass Spectrom.*, **18**, 808–815.
33 Rentel, C., Strohschein, S., Albert, K. und Bayer, E. (1998) *Anal. Chem.*, **70**, 4394–4400.
34 Bayer, E., Gfrörer, P. und Rentel, C. (1999) *Angew. Chem. Int. Ed.*, **38**, 992–995.
35 Takino, M., Daishima, S., Yamaguchi, K. und Nakahara, T. (2001) *J. Chromatogr. A*, **928**, 53–61.
36 Roussis, S.G. und Proulx, R. (2002) *Anal. Chem.*, **74**, 1408–1414.
37 Marwah, A., Marwah, P. und Lardy, H. (2002) *J. Chromatogr. A*, **964**, 137–151.
38 Singh, G., Gutierrez, A., Xu, K. und Blair, I.A. (2000) *Anal. Chem.*, **72**, 3007–3013.
39 Higashi, T., Takido, N., Yamauchi, A. und Shimada, K. (2002) *Anal. Sci.*, **18**, 1301–1307.
40 Higashi, T., Takido, N. und Shimada, K. (2003) *Analyst*, **128**, 130–133.
41 Hayen, H., Jachmann, N., Vogel, M. und Karst, U. (2002) *Analyst*, **127**, 1027–1030.
42 Zwiener, C. und Frimmel, F.H. (2004) *Anal. Bioanal. Chem.*, **378**, 851–861.
43 Syage, J.A. und Evans, M.D. (2001) *Spectroscopy*, **16**, 15–21.
44 Syage, J.A., Hanold, K.A., Evans, M.D. und Liu, Y. (2001) Atmospheric pressure photoionizer for mass spectrometry, Patent no. WO0197252
45 Robb, D.B., Covey, T.R., und Bruins, A.P. (2000) *Anal. Chem.*, **72**, 3653–3659.
46 Robb, D.B. und Bruins, A.P. (2001) Atmospheric pressure photoionization (APPI): A new ionization method for liquid chromatography–mass spectrometry, Patent No. WO0133605.
47 Baim, M.A., Eartherton, R.I. und Hill; H.H. Jr. (1983) *Anal. Chem.*, **55**, 1761–1766.
48 Leasure, C.S., Fleischer, M.E., Anderson, G.K. und Eiceman, G.A. (1986) *Anal. Chem.*, **58**, 2142–2147.
49 Spangler, G.E., Roehl, J.E., Patel, G.B. und Dorman, A. (1994) U.S. Patent no. 5 338 931.
50 Kauppila, T.J., Kuuranne, T., Meurer, E.C., Eberlin, M.N., Kotiaho, T. und Kostiainen, R. (2002) *Anal. Chem.*, **74**, 5470–5479.
51 Discroll, J.N. (1976) *Am. Lab.*, **8**, 71–75.
52 Discroll, J.N. (1977) *J. Chromatogr.*, **134**, 49–55.
53 Locke, D.C., Dhingra, B.S. und Baker, A.D. (1982) *Anal. Chem.*, **54**, 447–450.
54 Zeleny, J. (1917) *Phys. Rev.*, **10**, 1–6.
55 Wilson, C.T.R. und Taylor, G. (1925) *Proc. Cambridge Philos. Soc.*, **22**, 728–730.
56 Taylor, G. (1964) *Proc. R. Soc. Lond. Ser. A*, **280**, 383–397.
57 Dole, M., Mack, L.L., Hines, R.L., Mobley, R.C., Ferguson, L.D. und Alice, M.B. (1968) *J. Chem. Phys.*, **49**, 2240–2249.
58 Yamashita, M. und Fenn, J.B. (1984) *J. Phys. Chem.*, **88**, 4451–4459.
59 Cole, R.B. (2000) *J. Mass Spectrom.*, **35**, 763–772.
60 Kebarle, P. und Peschke, M. (1994) *Anal. Chem.*, **66**, 712–718.
61 Thomson, B.A. und Iribarne, J.V. (1979) *J. Chem. Phys.*, **71**, 4451–4463.
62 Molin, L. und Traldi, P. (2007) In *Advances in LC–MS Instrumentation, Basic Aspects of Electrospray Ionization*, (Hrsg. A. Cappiello), 72. Aufl., Kapitel 1, Journal of Chromatography Library, S. 1–9.
63 Carrol, D.I., Dzidic, I., Stillwell, R.N., Horning, M.G. und Horning, E.C. (1974) *Anal. Chem.*, **46**, 706–710.
64 Moini, M. (2007) In *The Encyclopedia of Mass Spectrometry, Atmospheric Pressure Chemical Ionization: Principles, Instrumentation, and Applications*, (Hrsg. M.L. Gross und R.M. Caprioli), 6. Aufl., Elsevier, S. 344–354.
65 Lias, S.G. (2003) Ionization energy evaluation. In *NIST Chemistry WebBook, NIST Standard Reference Database Number 69*, (Hrsg. P.J. Linstrom und W.G. Mallard), March 2003, National Institute of Standards and Technology, Gaithersburg MD, 20899 (http://webbook.nist.gov), February 2017.

66 Raffaelli, A. und Saba, A. (2003) *Mass Spectrom. Rev.*, **22**, 318–331.
67 Syage, J.A. (2004) *J. Am. Soc. Mass Spectrom.*, **15**, 1521–1533.
68 Kauppila, T.J., Kotiaho, T., Kostiainen, R. und Bruins, A.P. (2004) *J. Am. Soc. Mass Spectrom.*, **15**, 203–211.
69 Klee, S., Albrecht, S., Derpmann, V., Kersten, H. und Benter, T. (2013) *Anal. Bioanal. Chem.*, **405**, 6933–6951.
70 Constapel, M., Schellenträger, M., Schmitz, O.J., Gäb, S., Brockmann, K.-J., Giese, R. und Benter, T. (2005) *Rapid Communication in Mass Spectrometry*, **19**, 326–336.
71 Tian, N., Thiessen, A., Schiewek, R., Schmitz, O.J., Hertel, D., Meerholz, K. und Holder, E. (2009) *J. Organic Chem.*, **74**, 2718–2725.
72 Schiewek, R., Mönnikes, R., Wulf, V., Gäb, S., Brockmann, K.J., Benter, T. und Schmitz, O.J. (2008) *Angew. Chemie Int. Ed.*, **47**, 9989–9992.
73 Schiewek, R., Mönnikes, R., Wulf, V., Gäb, S., Brockmann, K.J., Benter, T. und Schmitz, O.J. (2008) *Angew. Chemie*, **120**, 10138–10142.
74 Deibel, E., Klink, D. und Schmitz, O.J. (2015) *Anal. Bioanal. Chem.*, **407**, 7425–7434.
75 Schiewek, R., Schellenträger, M., Mönnikes, R., Lorenz, M., Giese, R., Brockmann, K.-J., Gäb, S., Benter, T., Schmitz, O.J. (2007) *Anal. Chem.*, **79**, 4135–4140.
76 Schiewek, R., Lorenz, M., Brockmann, K.J., Benter, T., Gäb, S. und Schmitz, O.J. (2008) *Anal. Bioanal. Chem.*, **392**, 87–96.
77 Makarov A. (2000) *Anal.Chem.*, **72**, 1156–1162.
78 Perry R.H., *et al.* (2008) *Mass Spectrom. Rev.*, **27**, 661–699.
79 Fengguo, X., Li, Z., Ying, L., Zunjian, Z. und Choom N.O. (2011) *Mass Spectrom. Rev.*, **30**, 1143–1172, Wiley Periodicals Inc.
80 Truffeli, H., Palma, P., Famiaglini, G. und Capiello, A. (2011) *Mass Spectrom. Rev.*, **30**, 491–509, Wiley Periodicals Inc.
81 Lapthorn, C., Pullen, F. und Chowdhry, B.Z. (2013) *Mass Spectrom. Rev.*, **32**, 43–71, Wiley Periodicals Inc.
82 Donato, P., Cacciola, F., Tranchida, P.Q., Dugo, P. und Mondello, L. (2012) *Mass Spectrom. Rev.*, **31**, 523–559, Wiley Periodicals Inc.

## 2
## Technische Aspekte und Fallstricke der LC-MS-Kopplung
*M. M. Martin*

Seit fast zwei Dekaden ist die Kopplung der Flüssigchromatografie (LC) mit der Massenspektrometrie (MS) nun kommerzialisiert. Erforderten die ersten marktverfügbaren Anlagen noch ausgeprägtes Expertenwissen und kamen dadurch ausschließlich in hochspezialisierten Forschungslaboratorien zum Einsatz, so wurden über die Jahre durch intensive Forschungs- und Entwicklungsarbeit die Robustheit und Benutzerfreundlichkeit von LC-MS-Systemen so sehr verbessert, dass LC-MS-Techniken auch aus vielen Routineanwendungen heutzutage nicht mehr wegzudenken sind. Dies ist umso bemerkenswerter, wenn man sich vor Augen führt, wie unterschiedlich die Welten der Trennung in der Flüssigphase via LC und in der Gasphase via MS sind. Sowohl Flüssigchromatografen als auch Massenspektrometer haben heutzutage einen hohen Grad an technischer Perfektion erreicht, der es auch dem weniger erfahrenen Anwender ermöglicht, in moderater Einarbeitungszeit zu verlässlichen Ergebnissen zu kommen, und doch ist die Liste der möglichen Fehlerquellen in der LC-MS-Kopplung bis heute umfangreich. Sie beginnt mit der Auswahl einer ungeeigneten Instrumentierung und endet mit der falschen Interpretation von Messergebnissen. Während manche Fehlerquellen instrumenten-, methoden- oder anwendungsspezifisch sind – man denke als Beispiel nur an die zahllosen Varianten von Matrixeffekten im Bereich der Lebensmittelanalytik –, deren individuelle Behandlung den Umfang dieses Abschnitts sprengen würde, sind andere Aspekte eher grundlegender Natur. Beginnend mit Betrachtungen zu den apparativen Voraussetzungen für eine LC-MS-Analytik soll dieses Kapitel den Bogen spannen über Herangehensweisen zur LC-MS-Methodenentwicklung und -anpassung hin zu den mannigfaltigen denkbaren Ursachen und Fehlerquellen für ein LC-MS-Analysenergebnis, das nicht den Erwartungen oder früheren Erfahrungen entspricht.

*Das HPLC-MS-Buch für Anwender*, 1. Auflage. Stavros Kromidas (Hrsg.).
© 2017 WILEY-VCH Verlag GmbH & Co. KGaA. Published 2017 by WILEY-VCH Verlag GmbH & Co. KGaA.

## 2.1
### Instrumentelle Voraussetzungen für LC-MS-Analytik – die richtige Anlage zum Analysenproblem

#### 2.1.1
#### (U)HPLC und Massenspektrometrie – nicht bloß „irgendein Frontend"

Ganz am Anfang jeder Methodenentwicklung steht stets die Frage nach dem Ziel – hierin unterscheiden sich (U)HPLC- und LC-MS-Analytik nicht im Geringsten voneinander, und doch entscheidet die Antwort auf diese Frage bereits darüber, mit welcher Art von LC-System die Aufgabenstellung sinnvoll bearbeitet werden kann. Soll es sich um eine hochauflösende Trennung handeln, bei der ein komplexes Stoffgemisch so vollständig wie möglich in einzelne Substanzzonen aufgetrennt wird, oder geht es um eine schnelle, hochdurchsatztaugliche Trennung mit möglichst kurzer Zykluszeit? Für die hochauflösende Analytik ist UHPLC jenseits der 800–1000 bar klar im Vorteil. Systeme dieser Kategorie haben ausreichende Leistungsreserven, um mit langen Trennstrecken von 25–100 cm mittels verketteter Trennsäulen, kleinen Partikeln der Säulenpackung (Sub-2 µm-Teilchen) und langen, flachen Gradienten die chromatografische Auflösung bzw. die Peakkapazität zu maximieren und so bestmögliche Voraussetzungen für eine massenspektrometrische Detektion zu schaffen. Eine schnelle Hochdurchsatztrennung wird im Gegenzug schon aus Zeitgründen meist auf kurzen Trennsäulen (20–50 mm) gefahren. Zur Trennung mäßig komplexer Probengemische, z. B. in der Kontrollanalytik chemischer Synthesereaktionen, sind zudem auch noch stationäre Phasen auf der Basis von 3 µm großen Packungsteilchen ausreichend effizient. In der Summe führt dies bei Flussraten von 1 mL/min und darüber, was für LC-MS-Trennungen schon viel ist, nur zu vergleichsweise moderatem Druck während der Trennung, sodass für solche Analysen bereits UHPLC-Systeme der 600 bar-Kategorie effektiv verwendet werden können. Herkömmliche HPLC-Systeme hingegen sind häufig wegen ihres Gradientenverzögerungsvolumens (GDV) und ihres Außersäulenvolumens (ECV) nicht gut für die LC-MS-Analytik geeignet. Für die Hochauflösung sind sie zu leistungsschwach; für den hohen Durchsatz können ihnen je nach Bauart die Bandenverbreiterung und die starke Gradientenverzögerung im Weg stehen. Konsequenterweise haben sich daher UHPLC-Systeme für LC-MS-Applikationen, vor allem im Forschungs- und Entwicklungsbereich weitgehend durchgesetzt. Die LC-MS-Analytik profitiert stark von den erweiterten Möglichkeiten der UHPLC: Hohe LC-Auflösung verbessert das massenspektrometrische Ergebnis, indem sie die Koelution von Substanzen vermeidet und damit Konkurrenzionisation und Ionensuppressionseffekte bei der Signalentstehung in der MS-Quelle verringert, was eine empfindlichere Detektion im Massenspektrometer zur Folge hat. Schnelle Trennungen hingegen lasten ein kostspieliges MS besser aus und verringern so die Leerlaufzeit sowie die Amortisierungsfrist eines Massenspektrometers. Gerade aber die hohe Analysengeschwindigkeit und Effizienz der UHPLC erfordern eine sorgfältige Optimierung der Geräte, um die hohe Trennleistung einer UHPLC-Säule möglichst verlustfrei in ein LC-MS-Chromatogramm zu übersetzen.

## 2.1.2
### UHPLC-Systemoptimierung – Gradientenverzögerung und Außersäulenvolumina

Technisch betrachtet zeichnen sich UHPLC-Systeme nicht nur durch den maximalen Druck aus, den sie zu überwinden imstande sind, auch wenn dies der auffälligste und populärste Leistungsparameter ist, der, ähnlich wie die Motorleistung eines Sportwagens, am ehesten im Gedächtnis haften bleibt. Nur der Druck alleine, der es ermöglicht, hocheffiziente UHPLC-Säulenmaterialien mit Packungsteilchen von weniger als 2 µm mittlerem Teilchendurchmesser einzusetzen, führt allerdings nicht zu einer hocheffizienten und schnellen Trennung. Die UHPLC-Anlage muss in ihrem gesamten fluidischen Volumen, also in allen von mobiler Phase bzw. Probe durchströmten Bauteilen auf die Anforderungen der hocheffizienten UHPLC-Trennsäulen abgestimmt und optimiert sein. Im Fokus stehen hier das Gradientenverzögerungsvolumen und das Außersäulenvolumen einer Anlage (s. Abb. 2.1). Das *Gradientenverzögerungsvolumen* (engl. *gradient delay volume, GDV*) bezeichnet die Summe aller Volumina innerhalb einer (U)HPLC-Apparatur, die zwischen dem Ort der Gradientenerzeugung und dem Säulenkopf liegen. Das GDV ist maßgeblich verantwortlich für die Gestalt einer chromatografischen Trennung; schließlich beginnt dadurch jede Gradientenelution mit einer isokratischen Trennphase, deren Dauer davon abhängt, wie lange eine geänderte Zusammensetzung der mobilen Phase benötigt, um am Säulenkopf in die Trennung einzugreifen. Zugleich ist abhängig von der eingestellten Flussrate das GDV auch ein zeitkritischer Parameter bei einer Methodenbeschleunigung. Das *Außersäulenvolumen* (engl. *extra-column volume, ECV*) hingegen besteht aus allen Volumenbeiträgen, die die Probenzone außerhalb der Trennsäule durchwandert. Es reicht damit vom Ort der Probenaufgabe bis zum Detektor, der das Trennergebnis in Form des Chromatogramms aufzeichnet, abzüglich des Durchflussvolumens der Trennsäule selbst. Das ECV bestimmt weniger die Geschwindigkeit der Trennung, dafür umso mehr die Qualität des erhaltenen Chromato-

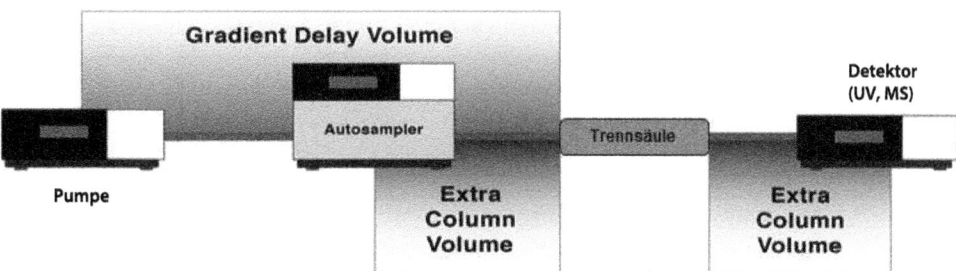

**Abb. 2.1** Schematische Darstellung des Gradientenverzögerungsvolumens (GDV) und des Außersäulenvolumens (ECV) einer LC-Anlage.

gramms. Alle Volumina, die von der Probe durchströmt werden, tragen durch Diffusion und Ausspüleffekte zu einer Verbreiterung der Substanzzone und damit des Peaks im Chromatogramm bei. Je effizienter die Trennsäule selbst ihre Arbeit verrichtet, also schmale, hochfokussierte Substanzzonen erzeugt, umso wichtiger ist die Minimierung des Außersäulenvolumens, um die analytische Trennung *in* der Säule nicht *außerhalb* der Säule durch Dispersionseffekte und damit eine Peakverbreiterung wieder teilweise zunichtezumachen. Durch die speziellen apparativen Gegebenheiten der LC-MS-Kopplung, bei der schon allein räumlich betrachtet die Distanz zwischen zwei separaten Teilsystemen – der UHPLC-Anlage und dem Massenspektrometer – überwunden werden muss, spielen das GDV und das ECV bei LC-MS-Applikationen eine große Rolle, auf die im Folgenden eingegangen wird.

#### 2.1.2.1 LC-MS-Analytik und Geschwindigkeit I: der Kampf um die Gradientenverzögerung

Hochdurchsatzanalytik ist ein Schwerpunkt von LC-MS-Applikationen, so z. B. in der Wirkstoffforschung und -entwicklung in der pharmazeutischen Industrie. Analysenzeiten, die für Proben mittlerer Komplexität unter 2–5 min liegen, ermöglichen im ununterbrochenen Routinebetrieb das zügige Abarbeiten großer Probenmengen, z. B. aus der kombinatorischen Synthese oder aus Metabolisierungs- und Pharmakokinetikstudien (DMPK). Bei solch kurzen Analysenzyklen kommt dem Gradientenverzögerungsvolumen einer UHPLC-Anlage hohe Bedeutung zu. Gerade die LC-MS-Kopplung verlangt nach Trennsäulen mit kleinem Innendurchmesser (typischerweise 2,1 mm für analytisch dimensionierte Trennungen, bis hin zu einigen Dutzend bis Hunderten Mikrometern bei Nano- und Kapillar-LC-Anwendungen) und dementsprechend angepassten, niedrigen Flussraten, die in der Regel bei analytischen Trennungen deutlich unter 1 mL/min, meist zwischen 50 und 500 µL/min betragen. Ein geringes GDV ist hier sehr von Vorteil: Das schnellste Gradientenprogramm ist wertlos, wenn bei einem GDV von 500 µL und einer Flussrate von 500 µL/min die geänderte Abmischung mit 1 min Verzögerung den Kopf der Trennsäule erreicht. Man lasse sich dabei nicht vom Marketing der Hersteller in die Irre führen: Das GDV schließt zwar den Eluentenmischer ein, besteht aber darüber hinaus auch aus allen Volumina von der Mischung der Komponenten der mobilen Phase bis zur Säule. Dazu trägt die Probenschleife des Autosamplers ebenso bei wie Anschlusskapillaren oder bei Niederdruckgradientenpumpen der gesamte Pumpenkopf. Ein kleinvolumiger Mischer ist daher nur dann sinnvoll, wenn auch der Rest der UHPLC-Anlage darauf abgestimmt wurde und zugleich die Mischeffizienz noch gewahrt ist.

#### Pumpentyp und Mischervolumen

Nahezu alle modernen UHPLC-Anlagen bieten ein systemweites GDV von 250 µL oder weniger – das GDV deutlich unter 100 µL zu drücken ist jedoch für analytische UHPLC-Anlagen generell eine Herausforderung. Bauartbedingt sind binäre Hochdruckgradientenpumpen (*high-pressure gradient pump*, HPG) hier klar im Vorteil, sodass eine LC-MS-Anlage bevorzugt mit einer HPG ausgestattet sein sollte. Die Verwendung einer Niederdruckgradientenpumpe (*low-pressure gradient pump*, LPG) setzt der Trennmethodenbeschleunigung in der LC-MS Grenzen, die nur durch Verringerung der GDV-Beiträge sinnvoll überwunden werden können, so z. B. durch Einbau kleinerer Eluentenmischer. Manche Anwender scheuen gerade diesen Schritt, weil sie um die Effizienz der Eluentenabmischung fürchten. Dazu muss man unterscheiden, welche Form der Mischung durch ein verkleinertes Mischervolumen beeinträchtigt würde: die *radiale* Durchmischung der mobilen Phase (im Querschnitt der durchströmten Kapillaren und der Säule) bzw. die *axiale* (oder *longitudinale*, längs der Fließrichtung). Radiale Durchmischung erzielt man meist durch komplexe Strömungsführung, z. B. mittels einer Mischerhelix in einer speziellen Mischkapillare oder verzweigter Kanalstrukturen auf Mischern mit Chipdesign. Sie erfordert ein vergleichsweise geringes Mischvolumen und ist aufgrund des Förderprinzips besonders bei HPG-Pumpen wichtig. Die axiale Mischeffizienz hingegen ist diejenige, die am effektivsten über ein großes Mischvolumen erfolgt. Aufgrund des Funktionsprinzips ist axiale Durchmischung bei LPG-Pumpen besonders vonnöten. Eine Verringerung des reinen Mischervolumens macht sich demnach bei HPG-Pumpen weniger kritisch bemerkbar als bei LPG-Systemen. Zugleich ist die MS-Detektion hinsichtlich der Stabilität der Basislinie (betrifft sowohl Basisliniendrift als auch Stärke des Rauschens) sehr viel weniger anfällig gegenüber Schwankungen in der axialen Mischung als viele UV-detektionsbasierte LC-Methoden. Die erwähnte Zurückhaltung beim Einbau kleinerer Mischsysteme in der LC-MS-Analytik ist daher in der Regel, je nach verwendetem Pumpentyp, nicht berechtigt.

Die GDV-Problematik ist besonders für Pumpen kritisch, die nicht auf einen Membranpulsationsdämpfer verzichten können – bei ihnen ist das GDV zusätzlich druck- und damit (auch) flussabhängig [1]. Während moderne UHPLC-Pumpen aller namhaften Hersteller in der Geräteoberklasse und den meisten Standardsystemen durch Regelmechanismen auf Pulsationsdämpfer verzichten können, sind diese in manchen Einstiegsmodellen und in älteren Pumpentypen noch eher anzutreffen. Ihr Einsatz in der LC-MS-Analytik ist nur bedingt zu empfehlen.

Ein Notbehelf bei einem großen GDV kann die verzögerte Probeninjektion darstellen, bei der die Probe zeitverzögert nach dem Start des Gradientenprogramms injiziert wird. Formal ist dies zunächst ein gangbarer Weg, wenn es gilt, ein kleineres GDV an einer LC-Anlage zu simulieren, verkürzt sich so doch der Effekt der isokratischen Vortrennung. Zur Durchsatzsteigerung erweist sich diese Möglichkeit allerdings als eine Mogelpackung: Man verkürzt zwar die im Chromatogramm wiedergegebene Zeitspanne – das Chromatogramm beginnt mit der Datenaufzeichnung stets zum Zeitpunkt der Injektion, unabhängig davon, wie lange bereits zuvor ein Pumpenprogramm lief –, es ändert aber nichts an der gesamten Dauer eines analytischen Laufs, der sogenannten Zyklenzeit. Zur Durchsatzerhöhung ist eine solche *delayed injection* daher keine Option.

**Probeninjektion**
Auch dem Probengeber sollte man seine Aufmerksamkeit schenken. Je nach verwendetem UHPLC-Gerät kann der Anwender meist zwischen mehreren Proben-

schleifengrößen (und damit Volumenbeiträgen zum GDV) und auch Injektionsspritzengrößen wählen, sofern der Probengeber nicht mit einem motorisierten Kolbendosierungssystem (wie dem sogenannten *metering device*, *MD* in Systemen von Thermo Scientific und Agilent Technologies) arbeitet. Die vorinstallierte Probengeberfluidik ist vom Hersteller so universell gewählt, dass sie Injektionsvolumina von wenigen Mikroliter bis hinauf zu 100 µL oder mehr abdeckt, was meist zwangsläufig mit Probenschleifen von deutlich über 100 µL Eigenvolumen einhergeht. Gerade bei UHPLC-MS-Trennungen, die bevorzugt mit Säuleninnendurchmessern von 2,1 mm (oder weniger) durchgeführt werden (s. auch Abschn. 2.1.1), wird man im Allgemeinen mit deutlich weniger als 10 µL Injektionsvolumen arbeiten, um eine Volumen- und ggf. Massenüberladung der stationären Phase zu vermeiden. Eine angemessen kleine Probenschleife von unter 30 µL vermindert hier den Beitrag zum GDV spürbar. Bei Probengebern mit teilbarer Probenschleife (sogenanntes *Split-loop*-Prinzip, gelegentlich auch *Flow-through-needle*-Prinzip genannt) kann zudem eine möglichst kleinvolumige Nadelsitzkapillare dabei helfen, den Beitrag des Probengebers zum GDV im Vergleich zum Auslieferungszustand weiter einzudampfen. Sollte der UHPLC-Probengeber über eine motorisierte Hochdruckspritze (das erwähnte metering device) als Teil der Probenschleife verfügen, trägt auch deren Volumen zum System-GDV bei. Eine Besonderheit bieten hierbei die Vanquish UHPLC-Systeme von Thermo Scientific: Bei ihnen kann der Benutzer die Ausgangsposition des Kolbens des metering device in weiten Grenzen frei variieren und damit den Volumenbeitrag des MD zum System-GDV verringern oder erhöhen. Diese Funktionalität vereinfacht den Transfer von (U)HPLC-Methoden auf ein Vanquish-System erheblich, da so das GDV des Ausgangssystems sehr einfach fluidisch nachgebildet wird. Zuletzt bieten viele LC-Steuersoftwares einen Bypassmodus, bei dem optional das Injektionsventil kurz nach abgeschlossener Injektion wieder in die „Load"-Position zurückgeschaltet wird. So wird die Probenschleife und damit ihr Beitrag zum GDV für den Rest der LC-Trennung aus dem Flusspfad ausgeblendet. Nachteilig bei dieser Lösung ist, dass dabei der Betrag eines Schleifenvolumens am Gradientenvolumen fehlt. Dies kann unter Umständen das Ergebnis der Trennung beeinflussen und muss deshalb im Einzelfall untersucht werden.

**Systemkapillaren**
Häufig überschätzt wird der Beitrag der Kapillarverbindungen zwischen Pumpe und Säule zum GDV. Gerade bei einem aufsteigenden Flusspfad mit Pumpe oder Probengeber am Sockel des (U)HPLC-Turms wird diese Kapillare mitunter etwas länger als beim konventionellen Aufbau (z. B. wenn der Entgaser nicht in die Pumpe integriert ist, wie in Abb. 2.2a dargestellt), was auf manche Anwender abschreckend wirkt. Aber keine Sorge – selbst 50 cm einer Kapillare mit 0,18 mm Innendurchmesser machen „nur" knapp 15 µL aus, mithin meist weit weniger als ein Zehntel des gesamten GDV einer UHPLC-Anlage. Schmerzlicher scheint dies auf den ersten Blick als bandenverbreiternder Beitrag zum Außersäulenvolumen zu sein – logischerweise betrifft dies nur die Fluidik von der Probenschleife zur Säule, die Verbindung zwischen Pumpe und Probengeber bekommt ja die Probe

nie zu Gesicht. Die meisten LC-MS-Trennungen arbeiten jedoch mit einem Elutionsgradienten. Dieser verringert durch die niedrige Eingangssolvensstärke die Bandenverbreiterung erheblich, da das Probengemisch dank einer zu Beginn quasi unendlich hohen Retention am Kopf der Trennsäule sehr effektiv refokussiert wird. Insgesamt macht sich damit der Volumenbeitrag der Kapillarverbindungen *vor* der Säule weder bei der Gradientenverzögerung noch der Bandenverbreiterung gravierend bemerkbar. Diese Aussage gilt in dieser Deutlichkeit für analytisch dimensionierte Trennungen – bei Kapillar- und Nano-UHPLC-Anwendungen ist die Bedeutung dieser Volumina ungleich größer.

**Merke**

- Möglichst kleine Gradientenverzögerungsvolumina (GDV) verkürzen die Analysengeschwindigkeit spürbar. Hochdruckgradientensysteme sind hier bauartbedingt im Vorteil.
- Das GDV ist mehr als nur der Pumpenmischer. Alle Volumina von der Gradientenformung bis zum Säulenkopf sind dabei zu minimieren, ohne die Mischeffizienz zu beeinträchtigen.
- Der Beitrag von Verbindungskapillaren zum GDV ist im analytischen Maßstab in der Regel nicht spürbar.

### 2.1.2.2 Außersäulenvolumina

Wie bei UHPLC-Anlagen allgemein, so spielen auch in der LC-MS-Kopplung die Außersäulenvolumina (*extra-column volume*, ECV) eine große Rolle. Die allgemeine Empfehlung, das gesamte Außersäulenvolumen zwischen Probenaufgabe und Detektion solle nicht mehr als 10–15 % des Peakvolumens einer eluierenden Substanz betragen, ist hier genauso gültig wie bei Stand-alone-Anlagen. Ein Zahlenbeispiel veranschaulicht das Problem: Ein Substanzpeak, der bei einer Flussrate von 500 µL/min an der Basis 10 s breit ist, eluiert in einem Peakvolumen von rund 83 µL, sodass das empfohlene Außersäulenvolumen 8–10 µL nicht überschreiten sollte. Die neuesten UHPLC-Anlagen machen selbst Trennungen mit Peakbasisbreiten von unter 2 s möglich. Dies zeigt, wie kritisch eine Minimierung des ECV bereits für eine Stand-alone-UHPLC-Trennung ist. Diese Problematik wird durch die Kopplung zwischen LC-Auslass und MS-Einlass noch verschärft. Der LC-MS-Anwender muss diese Distanz mit einer Verbindungskapillare überbrücken, die ein möglichst kleines Volumen besitzen muss, um die Probenzone nicht unnötig zu verbreitern. Dies erreicht man am einfachsten durch eine englumige Kapillare, die zudem so kurz wie möglich gehalten werden sollte. Aufgrund der Konstruktionsweise der verschiedenen MS-Geräte kann eine solche Kapillare aber nicht beliebig kurz werden. Gleichzeitig bedeutet eine englumige Kapillare automatisch auch einen höheren Rückdruck im System – erinnert sei an das Gesetz von Hagen-Poiseuille (Gl. 2.1), demzufolge der Druck einer Kapillare umgekehrt proportional zur vierten Potenz des Kapillarradius steigt:

$$F = \frac{V}{t} = \frac{\Delta p \cdot \pi \cdot r^4}{8 \cdot \eta \cdot L} \tag{2.1}$$

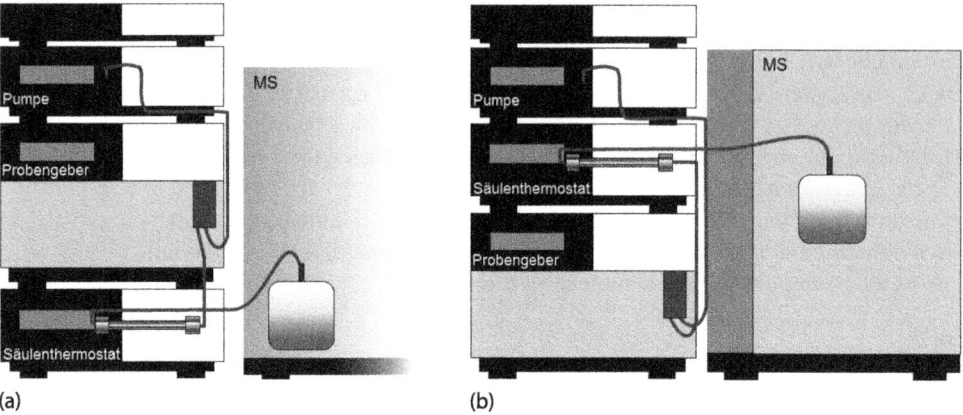

**Abb. 2.2** Absteigender (a) bzw. aufsteigender (b) Flusspfad zur Minimierung der Kapillarverbindung Säule–Massenspektrometerquelle.

mit $F$ = Flussrate, $V$ = Volumen, $t$ = Zeit, $\Delta p$ = Druckdifferenz, $r$ = Kapillarradius, $\eta$ = Viskosität des fluidischen Mediums, $L$ = Kapillarlänge.

Aus diesen Randbedingungen lassen sich drei Empfehlungen ableiten.

**Systemaufbau auf die clevere Art**

Bereits bei der Installation einer UHPLC-Anlage lässt sich der Verbindungsweg zwischen LC und MS minimieren. Klassische LC-Aufbauten folgen dem Flusspfad der mobilen Phase von oben nach unten (Abb. 2.2a): Auf dem LC-Stack stehen die Eluentenflaschen, darunter folgen Entgaser, Pumpe, Probengeber, Säulenthermostat und Detektor. Die meisten handelsüblichen MS-Geräte besitzen den fluidischen Anschluss ihrer Quelle jedoch in einer gewissen Höhe über der Laborbankoberfläche, meist zwischen 30 und 60 cm. Hier hilft es, den Flusspfad aufsteigend von unten nach oben abzubilden, idealerweise mit der Pumpe am Sockel, darüber in steigender Reihenfolge Probengeber, Säulenthermostat und, falls vorhanden, Detektor (Abb. 2.2b). Moderne Kompaktanlagen sind häufig bereits so konstruiert. Bei modularen LC-Systemen kann der Anwender die Konfiguration mit gewissen Einschränkungen frei wählen, wodurch sich die Länge der LC-MS-Verbindungskapillare durchaus um 20–30 cm gegenüber einem herkömmlichen Systemaufbau verkürzen lässt. Dies spart z. B. bei einer Kapillare mit einem Innendurchmesser von 100 µm bereits bis zu 2,4 µL ein. Je nach Bauweise der Module bedingt dieses Vorgehen geringfügig längere Kapillarverbindungen zwischen Probenaufgabe und Trennsäule. Wie bereits in Abschn. 2.2.1 angesprochen, wirkt sich dies bei einer Gradientenelution jedoch nicht messbar auf die Qualität der Trennung aus.

**Verbindungskapillaren – kurz und eng soll es sein**

Die Verbindungskapillare zum Massenspektrometer sollte den kleinstmöglichen Innendurchmesser besitzen, ohne zu viel von der Druckreserve des UHPLC-

Systems in Anspruch zu nehmen. Eine 750 mm lange Verbindungskapillare mit einem Innendurchmesser von 0,13 mm erzeugt bei 25 °C, einer Viskosität von $1,2 \cdot 10^{-4}$ Pa · s (etwas mehr als das Viskositätsmaximum von Wasser-Acetonitril-Gemischen) und einer Flussrate von 0,5 mL/min einen Rückdruck von moderaten 11 bar, besitzt zugleich aber ein Volumen von 10 µL. Bei einem Innendurchmesser von 0,10 mm sinkt das Volumen auf 5,9 µL, während der Druck bereits auf 31 bar ansteigt. Bei 0,075 mm Innendurchmesser liegen die Werte gar bei nur 3,3 µL Volumen, aber auch erheblichen 97 bar Rückdruck. Eine Modellrechnung hierzu ist in Tab. 2.1. zusammengefasst. Eine deutliche Beschleunigung der LC-Trennung mit Flussraten von 1 mL/min ist hier nur noch eingeschränkt möglich (unabhängig von der Frage, ob dies hinsichtlich der Empfindlichkeit bei hohen Flussraten sinnvoll ist). Wenn vor dem Massenspektrometer noch ein UV-Detektor eingebunden wird, ist zudem das Drucklimit der UV-Messzelle zu beachten. Dies gilt besonders, wenn zwischen LC-Zuführung und MS-Quelle noch ein Schaltventil eingesetzt wird, wie es manche Massenspektrometer zur Einspeisung von Kalibrationslösungen verwenden. Wenn dieses Schaltventil betätigt wird, blockiert es für Sekundenbruchteile den Flusspfad vollständig, was zu einer sehr kurzen, aber heftigen Druckspitze in der Fluidik vor dem Ventil führt. Bei Detektoren mit druckempfindlicher Messzelle kann es unter Umständen ratsam sein, diesen mittels eines Splits parallel statt seriell zum Massenspektrometer zu betreiben. Alternativ kann man auch das Schaltventil umgehen und die UHPLC-Auslasskapillare direkt am Einlass der ESI- bzw. APCI-Sprayeinheit anschließen. Während der erste Ansatz tendenziell mit leicht erhöhter Peakbreite aufgrund des eingebauten T-Stücks einhergeht, führt der zweite zu einer verbesserten Trenneffizienz, da das Schaltventil mit seinen Bohrungen und den Rotorkerbungen selbst merklich zur Bandenverbreiterung beiträgt. Allerdings beraubt man sich dann der Möglichkeit, automatisiert eine Kalibrierung während einer Probensequenz durchzuführen. Wie kritisch dieser Verlust ist, hängt auch vom verwendeten Massenspektrometer ab, wie in Abschn. 1.3 diskutiert – manche Massenspektrometertypen brauchen eine regelmäßige, wenn nicht gar permanente Kalibranteninfusion, andere kommen mit einer täglichen bis zu wöchentlichen Rekalibrierung aus.

Um das Bild wieder ein wenig zurechtzurücken sei nochmals betont, dass der Kapillardurchmesser, obwohl er bezüglich des Rückdrucks kritisch diskutiert wurde, die wesentlich effektivere Stellgröße zur Verringerung von Außersäulenvolumina und damit für effizientere Trennungen darstellt. Bekanntlich wächst das Volumen eines Rohrs mit dem Quadrat des Innendurchmessers, aber nur linear mit der Länge. Als Beispiel sei wieder die Kapillare von 0,13 mm Innendurchmesser und 75 cm Länge herangezogen – eine recht typische Abmessung für LC-MS-Verbindungskapillaren. Sie besitzt mit diesen Maßen ein rechnerisches Innenvolumen von rund 10 µL. Um dieses auf die Hälfte zu verkleinern, müsste die Kapillare auf die Hälfte, also 37,5 cm verkürzt werden. Dies wäre dann allerdings meist zu kurz, um die Distanz zwischen UHPLC-Auslass und MS-Quelleneinlass zu überbrücken. Wählt man jedoch stattdessen bei gleicher Länge einen Kapillarinnendurchmesser von 0,1 mm (−23 %), schrumpft das Volumen auf

**Tab. 2.1** Volumen und Rückdruck einer 750 mm-Kapillare verschiedener Innendurchmesser in den Viskositätsmaxima von Wasser-Acetonitril- und Wasser-Methanol-Gemischen.

|  | Volumen | 0,13 mm Innendurchmesser 10,0 µL | 0,10 mm Innendurchmesser 5,9 µL | 0,075 mm Innendurchmesser 3,3 µL |
|---|---|---|---|---|
| Wasser/Acetonitril 91/9 v/v, $\eta = 1{,}06$ cP 25 °C | Rückdruck bei $F = 0{,}5$ mL/min | 9,5 bar | 27 bar | 85 bar |
|  | Rückdruck bei $F = 1{,}0$ mL/min | 19 bar | 54 bar | 171 bar |
| Wasser/Methanol 40/60 v/v, $\eta = 1{,}56$ cP 25 °C | Rückdruck bei $F = 0{,}5$ mL/min | 14 bar | 40 bar | 125 bar |
|  | Rückdruck bei $F = 1{,}0$ mL/min | 28 bar | 80 bar | 251 bar |

5,9 µL, was dem gewünschten Faktor 2 schon ziemlich nahekommt, ohne dass der Geräteaufbau kompromittiert wird. Alternativ könnte eine Kapillare von 0,1 mm Innendurchmesser mit denselben 10 µL Innenvolumen $(0{,}13/0{,}1)^2 = 1{,}7$-mal länger sein als das 75 cm-Ausgangsexemplar, mithin also 127,5 cm. Hieran sieht man sehr anschaulich, dass für die Belange des Außersäulenvolumens und des Gradientenverzögerungsvolumens der Kapillarinnendurchmesser eine erheblich größere Rolle spielt als die Kapillarlänge.

**Aufgepasst bei der Qualität der Kapillaren und Verschraubungen!**
Neben dem Volumen der Kapillarverbindung selbst ist auch die Qualität der Verschraubung von großer Bedeutung – ein Aspekt, dem in der Praxis häufig zu wenig Beachtung geschenkt wird. Meist wird für die Verbindung zwischen UHPLC und MS eine Kapillare aus PEEK-Meterware eingesetzt, die auf Länge zugeschnitten und mit PEEK-Fingertight-Verschraubungen befestigt wird. Durch unsaubere Schnittkanten und nicht exakt rechtwinklige Schnittflächen wird dabei ebenso unnötiges Totvolumen eingebaut wie durch nachlässige Verschraubung. Totvolumenoptimierte Verbindungssysteme werden von verschiedenen Herstellern angeboten, zumeist sind diese aber speziell zugeschnitten auf die jeweils eigene Gerätehardware. Universelle UHPLC-Fittingsysteme mit minimiertem Totvolumen sind rar. Vier Systeme sind hier mittlerweile zu nennen: die Viper™ Fittingtechnologie von Thermo Scientific [2] (max. Druck bis 1500 bar), das A-Line™ Fittingsystem von Agilent Technologies (max. Druck bis 1300 bar) [3], Sure-Fit™ von MicroSolv Technology Corporation [4] (mittlerweile IDEX, max. Druck bis 413 bar) und MarvelX™ [5] (ebenfalls von IDEX, max. Druck bis 1310 bar). Mit solchen Verbindungen erreicht man einen deutlichen Gewinn an Auflösung, wie Abb. 2.3 eindrucksvoll veranschaulicht: Das obere LC-MS-Chromatogramm wurde mit einer handelsüblichen PEEK-Kapillare erzeugt, die mittels Schneid-

## 2.1 Instrumentelle Voraussetzungen für LC-MS-Analytik – die richtige Anlage zum Analysenproblem | 31

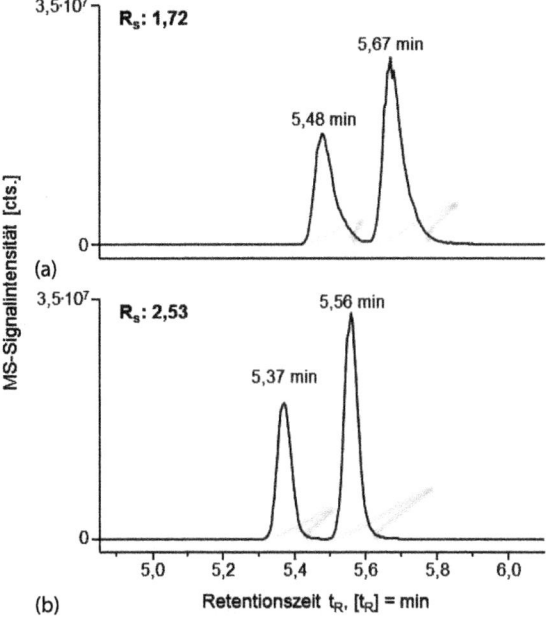

**Abb. 2.3** LC-MS-Chromatogramm zweier Isomere mit $m/z = 240{,}10$; (a) Kapillare nach der Säule PEEK-Meterware (130 µm Innendurchmesser), PEEK-Fingertight-Verschraubungen; (b) Edelstahlkapillare nach der Säule mit totvolumenfreier Verschraubungstechnik (Viper™ Fingertight-Fittingtechnologie, 130 µm Innendurchmesser).

werkzeug zugeschnitten und mit PEEK-Fingertights zwischen LC-Säule und MS-Einlass montiert wurde. Das untere Chromatogramm zeigt die gleiche Trennung unter identischen Bedingungen, allerdings wurde die Verbindungskapillare durch eine Viper-Edelstahlkapillare mit identischen Abmessungen (Länge und Innendurchmesser) ersetzt. Der Anstieg an chromatografischer Auflösung $R$ um 47 % von 1,72 auf 2,53 sowie die sichtlich verringerte Peakasymmetrie zeigen deutlich, wie viel Trennleistung in den meisten LC-MS-Installationen allein durch unzureichend gefertigte Verbindungskapillaren verschenkt wird.

### Merke

- Bereits beim Systemaufbau ist das Augenmerk auf kürzestmögliche Distanz zwischen LC-Säulenauslass und MS-Quelleneinlass zu richten.
- Der bandenverbreiternde Effekt des Außersäulenvolumens *vor* der Trennsäule ist im Gradientenmodus dank Probenrefokussierung meist zu vernachlässigen.
- Hinter der Säule gilt: je kürzer und englumiger die Fluidik, desto besser. Man beachte allerdings den Rückdruck sehr enger Kapillaren, insbesondere, wenn eine druckempfindliche Messzelle vor dem Massenspektrometer verwendet wird.
- Jeglicher unkontrollierte Beitrag zum Außersäulenvolumen durch unpräzise Kapillarverbindungen etc. sollte so gut als möglich vermieden werden.

### 2.1.2.3 LC-MS-Analytik und Geschwindigkeit II: Gesamtzyklenzeit, oder: Wie schnell kann ich überhaupt werden?

Wie zuvor bei der *delayed injection* bereits angesprochen, spielt für die Zyklenzeit nicht die Geschwindigkeit der Trennung allein eine Rolle. Vielmehr addieren sich zu der eigentlichen Trennung, in der Regel mittels eines Gradientenprogramms, auch alle Schritte des Probenhandlings wie Probenaufziehen oder Waschen der Probengeberfluidik (Injektionsnadel und ggf. Injektorspritze) sowie die Säulenreäquilibrierung.

Bereits die Vorbereitung des Injektionsvorgangs ist vergleichsweise zeitaufwendig und zudem von mehreren instrumentellen Gegebenheiten abhängig. Schnelle Probengeber sind heute in der Lage, unter günstigsten Bedingungen eine Injektionsdauer von 10–30 s zu erzielen. Diese beeindruckende Geschwindigkeit ist jedoch nur mit schneller Probenaufzugsgeschwindigkeit und unter Verzicht auf externe Nadelreinigung möglich, was sich ungünstig auf die Injektionspräzision sowie die Probenverschleppung (*carryover*) auswirkt. Manche UHPLC-Steuersoftwares bieten die Möglichkeit, die Probe bereits in die Probenschleife aufzuziehen, während die vorangehende Trennung noch läuft und die Probenschleife in den Nebenstrom geschaltet ist. Diese teilweise Parallelisierung von Injektionsvorbereitung und LC-Trennung erlaubt durchaus eine kurze Dauer der eigentlichen Injektionsphase und gibt zudem auch gründlicheren Waschprozeduren der Injektionseinheit genügend Zeit, sodass eine minimale Probenverschleppung nicht zulasten der Zyklenzeit gehen muss. Allerdings erfordert diese Verschachtelung, dass zu einem beliebigen Zeitpunkt der aktuell laufenden Trennung die Probenschleife bereits wieder von der *Inject*- auf die *Load*-Position und damit aus dem Flusspfad herausgeschaltet wird. Moderne Split-loop-Sampler, deren niedrige Probenverschleppung darauf fußt, dass die Probenschleife während der gesamten Trenndauer von mobiler Phase durchspült wird, bedingen, dass dies zu einem Zeitpunkt geschieht, an dem die Probenschleife mit mobiler Phase der Gradientenanfangszusammensetzung gefüllt ist, um die nächste Trennung nicht negativ zu beeinflussen und um nicht ein bestimmtes Volumensegment des laufenden Gradientenprogramms herauszuschneiden. Sinnvollerweise legt man daher diesen Schritt in die Rekonditionierungsphase der analytischen Säule zum Ende der Trennung hin. Sofern man von dieser Parallelisierung von Probenaufzug und laufender Trennung nicht Gebrauch machen kann, wird in der Praxis aber ein präziser und zugleich verschleppungsarmer Injektionsvorgang nicht sinnvoll in unter 30 s zu erzielen sein.

Die Zeit, die zum Befüllen der Probenschleife benötigt wird, kann sowohl über die Kolbengeschwindigkeit der Injektionsspritze als auch über ihr Volumen beeinflusst werden. Dank der kleinen Injektionsvolumina von unter 1–5 µL erlaubt bereits eine moderate Kolbenaufzugsgeschwindigkeit von 250 nL/s selbst bei höherviskosen Proben oder leichtsiedenden Probenlösungsmitteln eine zügige und trotzdem reproduzierbare Probendosierung. Soll aber nach erfolgter Injektion, während das Injektionsventil noch in der *Inject*-Position verharrt, der Teil der Probengeberfluidik mit der Probenspritze gespült werden, der zuvor mit Probe in Kontakt kam und nicht durch die mobile Phase ausgewaschen wird (vor allem bei *Split-loop*-Samplern), so dauern diese Waschschritte umso länger, je kleiner die Injektorspritze ist. Das Waschen einer Samplerfluidik von 40 µL, die mit dem vierfachen Eigenvolumen, mithin 160 µL, gespült werden soll, dauert bei Verwendung einer 25 µL-Injektionsspritze viermal so lange wie bei Verwendung einer 100 µL-Spritze. Im ungünstigsten Fall, sprich große Probenschleife in Verbindung mit kleinem Kolbenhubvolumen bei Trennungen von unter 2 min Dauer, kann das Reinigen der Probengeberfluidik länger dauern als die eigentliche analytische Trennung.

Nicht nur vor, sondern auch nach der eigentlichen Trennung lauert noch ein heimlicher Zeitfresser, und sogar ein beträchtlicher: die Säulenreäquilibrierung. Bei Gradiententrennungen ist es unvermeidlich, die stationäre Phase nach Erreichen der Endzusammensetzung der mobilen Phase wieder auf die Ausgangsbedingungen zu konditionieren. Nur so befindet sich das Phasensystem eingangs in einem Gleichgewicht, das eine reproduzierbare Trennung sicherstellt. Als Faustregel empfiehlt sich generell, die Trennsäule vor der Injektion mit mindestens dem fünffachen Durchflussvolumen $V_m$ an mobiler Phase zu spülen, um einen stabilen Gleichgewichtszustand herzustellen. Bei besonders kritischen Trennungen, die z. B. mit sehr niedrigen Organikgehalten von unter 5 % oder mit Analyten einhergehen, deren Retention sehr empfindlich auf geringe Schwankungen in der Phasenkonditionierung reagiert – häufig betrifft dies Analyten mit geringen Retentionsfaktoren $k < 1$ oder pH-sensitive Trennungen –, ist das Acht- bis Zehnfache des Durchflussvolumens erforderlich. Was dies an Zeit ausmacht, ist in Tab. 2.2 an zwei Beispielen durchgerechnet. Zur Berechnung des Durchflussvolumens $V_m$ aus dem geometrischen Säulenvolumen $V_c$ gilt:

$$V_m = \varepsilon_t \cdot V_c \tag{2.2}$$

mit $\varepsilon_t$ = totale Porosität, $r$ = Säulenradius, $L$ = Säulenlänge und $V_c = \pi r^2 \cdot L$.

Man sieht leicht, dass selbst eine Hochdurchsatztrennsäule der Dimensionen 2,1 × 50 mm und einer totalen Porosität von $\varepsilon_t = 0{,}65$, wie sie für Sub-2 min-Trennungen mit einer MS-tauglichen Flussrate von 500 µL/min oft zum Einsatz kommt, unter den gegebenen Trennbedingungen zwischen 1,1 und 1,8 min Reäquilibrierungszeit benötigt. Für eine höherauflösende Trennsäule unter gleichen Bedingungen verfünffacht sich die Dauer entsprechend. Diese Zeitspanne addiert sich bei einem üblichen UHPLC-System zwangsläufig zu jeder einzelnen Tren-

**Tab. 2.2** Empfohlenes Reäquilibrierungsvolumen für eine Hochdurchsatz- und eine hochauflösende Trennsäule unter MS-tauglichen Bedingungen.

| Säulendimension Innendurchmesser × L (mm) | $V_m$ | Benötigtes Reäquilibrierungsvolumen (gerundet) | Zeitbedarf für 5–8 · $V_m$ bei 0,5 mL/min |
|---|---|---|---|
| 2,1 × 50 | 113 µL | 570–900 µL | 1,1–1,8 min |
| 2,1 × 250 | 563 µL | 2800–4500 µL | 5,6–9,0 min |

nung hinzu, gleichgültig wie schnell das eigentliche Gradientenprogramm abläuft. Eine Gesamtanalysendauer von 2 min ist damit schon von vorneherein nahezu unmöglich. Abhilfe schafft bei dieser Problematik lediglich eine zweite, identische Trennsäule, die über eine zweite Pumpe und ein Schaltventil eine Konditionierung parallel zur Trennung auf der ersten Säule ermöglicht. Die Injektion der Proben erfolgt dadurch alternierend auf beiden Säulen, von denen eine immer zeitgleich zu der gerade aktiven Trennsäule äquilibriert wird (Abb. 2.4).

Betrachtet man abschließend alle Begleitschritte zu der eigentlichen (U)HPLC-Trennung, kommt man rasch zu einem eher nüchternen Ergebnis. Auch wenn sich manche dieser Abläufe parallel zu einer laufenden Trennung legen lassen, wie z. B. die Vorbereitung der folgenden Probeninjektion, so ist ein schnelles Trennprogramm allein noch längst kein Garant für einen hohen Probendurchsatz. Der zeitraubendste Schritt ist in der Regel die Säulenkonditionierung, an der sich aber nur zulasten der Reproduzierbarkeit sparen lässt. Lassen wir alle Prozessverschachtelungen einmal außen vor, so addieren sich zu jeder UHPLC-Hochdurchsatztrennung im Mittel etwa 0,5 min für die Injektionsvorbereitung und 1,5 min für die Säulenrekonditionierung – längere Zeiten sind je nach Art der Probeninjektion, Waschschritten und Säulenabmessung rasch erreicht. Ein

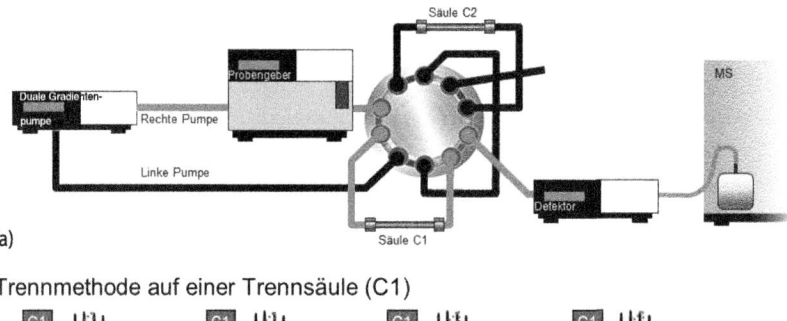
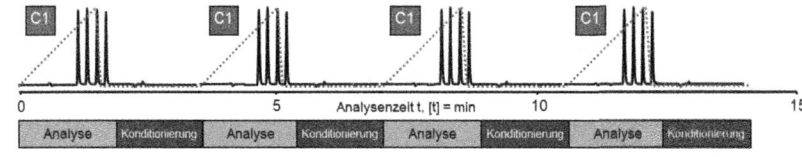
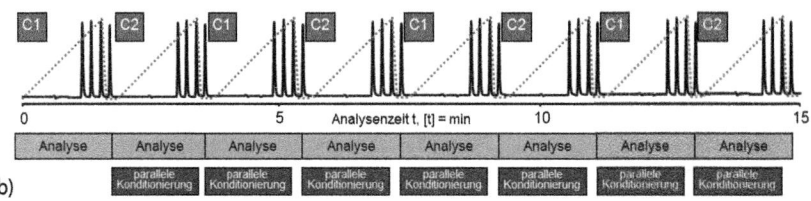

**Abb. 2.4** Verkürzung der Rekonditionierungszeit und Durchsatzerhöhung durch Verwendung einer zweiten Trennsäule und alternierender Probeninjektion (Tandem-LC); (a) Flussschema, (b) zeitliche Staffelung der Injektionen.

schnelles Analysenprogramm mit einer Trenndauer von 2 min (was schon recht ambitioniert ist) verdoppelt sich dadurch in seiner Gesamtlänge, und auch das Aufziehen der nächsten Probe in die Probenschleife, während die eigentliche Trennung noch läuft, spart hier nur mäßig Zeit ein. Eine minimale Zyklendauer von 4–5 min ist daher selbst bei UHPLC-Hochdurchsatzanalysen schwer zu unterbieten.

**Merke**

- Eine schnelle Trennung ist mehr als ein ultrakurzes Trennprogramm.
- Schnelle Probengeber verkürzen die Wartezeit zu Beginn eines Trennprogramms. Vorbereiten der nächsten Injektion, während die aktuelle Trennung noch läuft, kann den Zeitverlust durch die Injektion zusätzlich minimieren.
- Die Säulenrekonditionierung ist ein Zeitgrab, das sich allerdings kaum umgehen lässt.

### 2.1.3
**Das passende Massenspektrometer zur analytischen Fragestellung**

Jeder Handwerker weiß: Das richtige Werkzeug macht den Unterschied. Wer einmal versucht hat, eine zöllige Sechskantschraube mit einem metrischen Gabelschlüssel anzuziehen, wird diese Aussage aus eigener Erfahrung bestätigen. Gleiches gilt für den Analytiker im Laboralltag. Fünf verschiedene Funktionsprinzipien von Massenanalysatoren teilen sich gegenwärtig den Markt für LC-MS-Anwendungen:

- Quadrupol (Q)
- Ionenfalle (IT)
- Flugzeit (TOF)
- Orbitrap
- Ionenzyklotronresonanz (ICR)

Diese Lösungen bewähren sich in den meisten LC-MS-Instrumenten, häufig in unterschiedlicher Bauweise (z. B. sphärische Ionenfalle, QIT, versus lineare Ionenfalle, LIT) oder Kombination (wie Triple-Quadrupol, *QqQ*, Quadrupol-Flugzeit, *Qq-TOF*, Ionenfalle-Orbitrap, *LIT-Orbitrap*, oder Tribrids, die drei unterschiedliche Massenanalysatoren in einem Gerät vereinen). Jede Gerätelösung hat Stärken und Schwächen, die sie für bestimmte Einsatzzwecke mehr, für andere weniger empfehlen. Einen erschöpfenden Überblick über den gegenwärtigen Stand der Technik geben die Kap. 1 und 3 dieses Buches ebenso wie weiterführende Fachliteratur [6, 7]. Ungeachtet des jeweiligen Anwendungsgebietes lässt sich jedoch jede analytische Fragestellung, die nach massenspektrometrischer Detektion verlangt, auf eine der beiden folgenden Aspekte zurückführen:

- das möglichst empfindliche und selektive Detektieren bereits bekannter Verbindungen zur Quantifizierung

*oder*

- die Identifizierung und Strukturaufklärung unbekannter Verbindungen.

Kombiniert man diese Aufgaben mit den Möglichkeiten der UHPLC, also hohe Trennleistung und/oder hohe Analysengeschwindigkeit, so bekommen diese beiden Anwendungsszenarien den Charakter eines Screenings, bei dem komplexe Proben mit möglichst geringem Aufarbeitungsaufwand (*dilute-and-shoot*) und hohem Durchsatz untersucht werden. Mit der Komplexität der Probenzusammensetzung und der geforderten Analysengeschwindigkeit müssen auch die Fähigkeiten des verwendeten Massenspektrometers wachsen. Heutige LC-MS-Workflows fallen in der Regel in eine der beiden folgenden Kategorien für das Ziel einer Analytik: eine möglichst spezifische Detektion bei der Quantifizierung oder eine exakte Substanzinformation bei hoher Analysengeschwindigkeit. Der erste Fall wird häufig als *targeted screening* bezeichnet, der zweite, das „Fischen im Trüben nach Unbekanntem", als *screening for unknowns*. Für beide Gebiete werden Tandem-MS-taugliche Massenspektrometer unterschiedlicher Bauart eingesetzt.

Beim **targeted screening** liegt der Fokus vollständig auf der Quantifizierung der eingangs bekannten Zielanalyten. Hierzu empfehlen sich alle MS-Bautypen, bei denen zwei Massenanalysatoren eine Stoßzelle zur kollisionsinduzierten Fragmentierung (*collision-induced dissociation, CID*) flankieren – Geräte also, die *Tandem-MS im Raum* ermöglichen. Von allen MS/MS-Betriebsmodi, die diese Instrumente anbieten, kommt beim targeted screening das *selected reaction monitoring* (*SRM*, gelegentlich auch *multiple reaction monitoring, MRM* genannt) am häufigsten zum Einsatz. Kennt man die idealerweise spezifischen Zerfallsprodukte (*fragment ions*) der gesuchten Analytionen, nachdem diese in der Stoßzelle durch Kollision mit einem inerten Stoßgas (man bevorzugt hier das schwerere Argon gegenüber dem deutlich leichteren Stickstoff) zur Schwingung und Dissoziation angeregt wurden, so programmiert man die beiden Massenanalysatoren als Filter, und zwar den Filter vor der Stoßzelle auf die Masse des intakten Ions der gesuchten Verbindung (Vorläuferion, sogenanntes *precursor ion*) und den danach auf die Massen der Fragmentionen. Dadurch wird neben der Substanzspezifität der Detektion, dank der eindeutigen Kombination aus Precursor- und Fragmentionen auch eine außerordentliche Empfindlichkeit erzielt: Zum einen steht der gesamte Messzyklus des Massenspektrometers (*duty cycle*) nur dem ausgewählten Analyten zur Verfügung, womit mehr Ionen detektiert werden als in einem Full-scan-Betrieb. Zum anderen werden ungewünschte Störionen, die ansonsten zum Untergrundrauschen beitragen, bestmöglich ausgefiltert. Bis heute ist dieser Einsatzzweck die Domäne von Triple-Quadrupol-Massenspektrometern, die Qq-TOF-Geräten oder anderen Bautypen hinsichtlich Empfindlichkeit überlegen sind. Aufgrund ihres begrenzten linearen Messbereichs für Quantifizierungsaufgaben wenig geeignet sind Ionenfallenmassenspektrometer, obwohl sie prinzipiell dank ihrer Fähigkeit zu *Tandem-MS bzw. MS$^n$ in Zeit* ebenfalls sehr spezifisch Substanzinformationen sammeln können (s. auch die Erläuterungen zur Raumladung/*space charge* in Abschn. 2.3.5). Zudem versagen Ionenfallen prinzipbedingt bei allen MS/MS-Betriebsmodi, die als ersten MS-Experimentschritt einen Scanprozess voraussetzen. Wer für seine Analytik einen „echten" Vorläuferionenscan (*precursor ion scan*) oder Neutralverlustscan (*constant neutral loss scan*) einsetzen will oder muss (und keine softwareaufbereiteten Ergebnisse von sequenziellen MS$^n$-Experimenten einer Ionenfalle, die diese Modi simulieren sollen), ist auf ein Tandem-MS-in-Raum-Gerät vom Schlage eines Triple-Quadrupol-Massenspektrometers oder artverwandter Maschinen angewiesen. Ergänzend sei angemerkt, dass je nach Molekülgröße der Zielanalyten verschiedene MS/MS-Bauarten den Vorzug erhalten. Bei kleinen Molekülen, gemeinhin leichter als 1000–1200 Da, spielt ein Triple-Quadrupol-Massenspektrometer seine Vorteile hinsichtlich Robustheit, Empfindlichkeit und Kosten aus. Bei größeren und Makromolekülen hingegen erweist sich der nach oben hin recht begrenzte Massenbereich von Triple-Quadrupolen als Nachteil, sodass hier auch und gerade Qq-TOF- und Orbitrap-Maschinen für die Quantifizierung besser geeignet sind.

Einen anderen Schwerpunkt setzt das **screening for unknowns**. Hier gilt es primär, möglichst viele Informationen zu einer unbekannten Substanz aus dem Massenspektrum zu gewinnen. Die wichtigsten Angaben hierzu sind:

- die **Elementarzusammensetzung**, die aus einer möglichst exakten und hochaufgelösten Massenmessung (*HRAM, high resolution/accurate mass*) ermittelt werden kann,
- **molekulare Substrukturen**, die durch MS/MS- oder MS$^n$-Experimente nach CID bestimmt werden können,
- sowie die **Intensitätsverteilung der Isotopensignale** der Verbindung, die in Kombination mit der Akkuratmassenmessung die berechnete Elementarzusammensetzung absichert.

Wie bereits in Kap. 1 geschildert, sind bis heute zur HRAM-Messung nur Flugzeit (TOF)-, Orbitrap- und Ionenzyklotronresonanz (FTICR)-Massenanalysatoren mit hinreichender Massengenauigkeit (weniger als 5 ppm) und -auflösung imstande. In Kombination mit vorgeschalteten Quadrupolfiltern und einer Kollisionszelle wird zusätzlich die Messung von CID-Fragmentspektren möglich, welche Hinweise auf Teilstrukturen geben und damit eine Strukturaufklärung erleichtern. Messgeschwindigkeit und Auflösung $R$ verhalten sich bei diesen drei MS-Typen gegenläufig: Während TOF-Geräte bis heute die schnellsten MS-Geräte darstellen (bis zu 200 Hz), gefolgt von Orbitraps (bis zu 20 Hz) und FT-ICR (ggf. 1 Hz und darunter), sind Letztere die mit Abstand auflösungsstärksten ($R > 10^6$), gefolgt von Orbitraps (R bis zu 500 000) und TOF (R bis zu 80 000).

- *Flugzeitmassenanalysatoren* überzeugen mit hohen Scangeschwindigkeiten, hoher Massengenauigkeit und Massenauflösung bei moderaten Anschaffungskosten. Sie sind allerdings sehr anfällig gegenüber selbst minimalen Änderungen der Umgebungsbedingungen. Dehnt sich (oder schrumpft) durch Temperaturschwankungen das Flugrohr auch nur im Mikrometerbereich, so leidet die Genauigkeit der Massenbestimmung (korrekt: der Messung des Masse-Ladungs-Verhältnisses) darunter erheblich, ebenso die Auflösung. Eine exakte Massenbestimmung erfordert bei TOF-Geräten daher neben einer leistungsfähigen Raumthermostatisierung (Man beachte z. B. die Sonneneinstrahlung durch Laborfenster!) eine regelmäßige Kalibrierung, u. U. im Stundenrhythmus oder häufiger. Da die Massendrift bei Flugzeitgeräten oft aber schon innerhalb des Zeitfensters eines chromatografischen Laufs messbar wird, ist für höchste Genauigkeit neben der externen Kalibrierung der Massenzuordnung die interne Kalibrierung, bei der bekannte Massenkalibrationssubstanzen kontinuierlich der Messung zugeführt werden, meist unvermeidlich. Manche TOF-Geräte bieten dazu die Möglichkeit, mittels einer Revolverblende in der Ionenquelle kontinuierlich eine Massenkalibrationslösung als sogenanntes Lock-Spray zuzuführen. Alternativ wird die Kalibrationslösung über ein T-Stück nach der Trennsäule dem LC-Eluat beigemischt. Zur Auswertung wird dann quasi jedes $m/z$-Verhältnis innerhalb eines Spektrums bzw. eines LC-MS-Chromatogramms mit den zeitgleich gemessenen, bekannten $m/z$-Verhältnissen der Massenkalibranten abgeglichen. Nur so ist bei TOF-Geräten tatsächlich die höchste spezifizierte Massengenauigkeit gewährleistet.

- *Orbitrap-Geräte* zeichnen sich dagegen aufgrund ihrer fundamental anderen Bau- und Funktionsweise durch eine deutlich höhere Robustheit gegenüber wechselnden Umgebungsbedingungen aus, sodass in der Regel eine Kalibrierung pro Woche (je nach Anwendung) ausreicht. Zudem sind sie den TOF-Analysatoren hinsichtlich Massenauflösung und -genauigkeit in der Regel deutlich überlegen. Sie sind gegenwärtig praktisch der einzige Gerätetyp, der hinsichtlich Massengenauigkeit mit FTICR-Geräten mithalten kann und bezüglich der Massenauflösung ansatzweise in den Bereich von FTICR vorstößt, bei jedoch deutlich kompakterer und technisch anspruchsloserer Bauweise. Die meisten Orbitrap-Geräte sind heutzutage echte Benchtop-Geräte und benötigen dank ihrer Funktionsweise keine supraleitenden Magnete wie die FTICR-Geräte. Dies spiegelt sich nicht nur in niedrigeren Anschaffungskosten wider, sondern auch im kostengünstigeren Unterhalt.
- *FTICR-Massenspektrometer* sind zwar außerordentlich empfindlich, eine Detektion ist bis hinunter zu zehn einzelnen Ionen in der Messzelle möglich. Allerdings sorgen die meist sehr geringe Datenrate, der limitierte lineare Bereich, die beachtliche Gerätegröße und nicht zuletzt die massiven Anschaffungs- und Betriebskosten (Unterhalt des supraleitenden Magneten, ähnlich der Infrastruktur für ein NMR-Spektrometer) sowie der hohe technische Aufwand dafür, dass diese Geräte auf absehbare Zeit hochspezialisierte Expertensysteme bleiben, die keinen Einsatz in der Routineanalytik finden.

*Ionenfallenmassenspektrometer* eignen sich im Allgemeinen aufgrund ihrer begrenzten Massengenauigkeit (meist größer als 10 ppm) und -auflösung nicht zur HRAM-Messung. Sie ermöglichen allerdings Tandem-MS in Zeit und damit $MS^n$-Experimente mit $n \geq 2$ und sind damit die vielseitigsten Instrumente, wenn es um Gasphasenfragmentierungen und die Bestimmung von Substrukturen geht. Sie finden daher bevorzugt Anwendung bei Aufgaben, bei denen die allgemeine Struktur des Analyten aus einem begrenzten Repertoire an Teilstrukturen besteht, wie beispielsweise in der Peptid-, Protein- oder Nucleinsäureanalytik. Am weitesten verbreitet sind sie bis heute in der Proteomanalytik.

Eine Sonderstellung in der MS-Welt nehmen die eher schlichten *Single-Quadrupol*-Massenspektrometer ein. Mit einer vergleichsweise geringen Massengenauigkeit von mehr als 100 ppm und Auflösung ($R$ ca. 1000 bei $m/z = 1000$) eignen sie sich weder für Strukturaufklärung im *screening for unknowns* noch für ein spezifisches *targeted screening* im Ultraspurenbereich. Allerdings sind sie robust und günstig in der Anschaffung und liefern mit ihrer Massenaussage zumindest einen Negativbeweis, also im Rahmen ihrer Nachweisgrenze eine Aussage über das eventuelle Nichtvorhandensein eines gesuchten Analyten. Sie werden daher gerne als Screeningdetektor für wenig komplexe Proben, z. B. in der Prozesskontrolle kombinatorischer Syntheseansätze, eingesetzt. Aufgrund ihrer eingeschränkten Möglichkeiten werden sie von Anwendern oft nicht als vollwertiges Massenspektrometer, sondern als ein massenselektiver Detektor (MSD) wahrgenommen und daher von manchen Herstellern konsequenterweise als fortschrittlicher LC-Detektor vermarktet.

Tabelle 2.3 gibt einen groben Überblick über die Eignung der gängigsten Massenspektrometertypen in der Kombination mit (U)HPLC für verschiedene Einsatzzwecke. In Ergänzung zu den bereits angesprochenen Anwendungsszenarien des targeted screening bzw. des screening for unknowns sind hier zusätzlich die verallgemeinerte Eignung für die Aspekte der Strukturaufklärung und der Gehaltsbestimmung aufgeführt. Angemerkt sei, dass diese Tabelle zweifellos eine

**Tab. 2.3** Eignung und Einsatzzweck verschiedener Massenspektrometertypen; + = sehr gut geeignet, o = mäßig geeignet, – = ungeeignet.

|  | Strukturaufklärung | | Screening for unknowns | Quantifizierung | Targeted screening |
| --- | --- | --- | --- | --- | --- |
|  | Elementarzusammensetzung | Teilstrukturbestimmung |  |  |  |
| Q | – | – | – | + | o |
| QqQ | – | o | o | + | + |
| QIT | – | + | o | – | o |
| LIT | – | + | o | o | o |
| QTRAP | – | + | o | + | + |
| TOF | + | – | – | o | o |
| Qq-TOF | + | + | + | o | + |
| Orbitrap | + | o | o | + | o |
| Q-Orbitrap | + | + | + | + | + |
| LIT-Orbitrap | + | + | + | o | + |
| FTICR | + | + | – | o | – |

gewisse Pauschalisierung mit sich bringt. Die diversen Gerätehersteller haben bei der Vielzahl an MS-Geräten in unterschiedlichen Leistungsklassen vereinzelte Spitzenmodelle hervorgebracht, die dieser Kategorisierung zuwiderlaufen. Dies sollte aber an der allgemeinen Einschätzung, die für die breite Masse an Geräten eines Funktionsprinzips getroffen wurde und sich am jeweils durchschnittlichen Leistungsvermögen orientiert, nichts ändern.

### 2.1.4
### Datenraten und Zyklenzeiten von Massenspektrometern

Eine genaue Quantifizierung erfordert bekanntlich die möglichst exakte Berechnung des Flächenintegrals eines chromatografischen Peaks (und ggf. des von internen Standards etc.) – eine Gehaltsangabe basierend auf Berechnungen über die Peakhöhe ist in aller Regel zu sehr fehlerbehaftet. Dazu benötigt man ein möglichst häufig durch Messwerte des Detektors abgetastetes Elutionsprofil des jeweiligen Analyten. Um dies zu gewährleisten, sollte das Peakprofil der Substanz durch mindestens 25–30 Datenpunkte erfasst sein. Im Unterschied zu spektroskopischen Detektoren, bei denen Spitzenmodelle heute bereits eine Datenerfassungsrate von bis zu 250 Hz ermöglichen, bleiben Massenspektrometer oft deutlich hinter dieser Vorgabe zurück. Die Datenerfassungsrate sowie die Arbeitszyklen (*duty cycles*) des Massenspektrometers verhalten sich dabei gegenläufig zur Datenqualität: Hohe Datenraten und kurze Arbeitszyklen gehen je nach Art des Massenanalysators meist zulasten der Massenauflösung und der Massengenauigkeit. Insbesondere bei komplexen MS/MS- und $MS^n$-Experimenten steht die Zyklenzeit zur Abarbeitung der einzelnen MS-Fragmentierungsexperimente einer hohen Spektrenaufzeichnungsrate im Weg, da das Massenspektrometer in der Zeit der Prozessierung eines Analytionenpakets blind bleibt für die weiterhin von der Säule eluierenden Substanzen. Der Anwender muss daher für seine Anwendung den bestmöglichen Kompromiss finden zwischen LC-MS-*Chromatogrammen* hoher Qualität, die eine hohe Datenrate zur bestmöglichen Beschreibung der Konzentrationsverteilung in einer eluierenden Bande erfordern, und möglichst gut aufgelösten *Massenspektren*, die zu einer Substanzidentifizierung beitragen. Die genaue Spektrenaufzeichnungsrate eines Massenspektrometers hängt dabei von vielen Parametern ab, neben dem verwendeten Massenanalysator und technischen Eigenschaften des Massenspektrometers wie der Geräteelektronik auch von experimentellen Bedingungen wie dem Messprinzip (full scan, SIM, SRM, Vorläuferionenscan etc.), der Breite des Messbereichs oder der Art und Anzahl aufeinanderfolgender Gasphasenexperimente ($MS^n$-Schritte, datenabhängige bzw. -unabhängige MS/MS-Schritte). Als allgemeine Einschätzung mag hier gelten, dass Flugzeitmassenspektrometer bis heute die schnellsten Massenanalysatoren darstellen, mit spezifizierten Datenraten von nominell 200 Hz für MS- oder 100 Hz für MS/MS-Messungen [6]. In der Praxis wird bei solch hohen Datenraten jedoch nicht die höchste Massenauflösung bzw. Spektrenqualität erreicht. Die in der Routine zur Quantifizierung weitverbreiteten Triple-Quadrupol-Geräte erreichen typische Datenraten von 5–

15 Hz, was bereits für hochoptimierte konventionelle HPLC-Anwendungen eine Limitierung darstellen kann, für ultraschnelle Chromatografie aber eindeutig nicht mehr ausreicht.

### 2.1.5
**Komplementäre Informationen durch zusätzliche Detektoren oder: Massenspektrometrie ist kein Allheilmittel**

Gerne wird die Massenspektrometrie gelegentlich als eine der mächtigsten verfügbaren Analytikwerkzeuge angepriesen. Zweifellos sind die Menge, der Detailgrad und die Genauigkeit der Informationen, die Massenspektrometer bereitstellen, sehr beeindruckend – Wunder jenseits des gesunden Menschenverstandes (GMV) vollbringen diese Geräte aber keine. Hier eine Auswahl der am weitesten verbreiteten Pauschalurteile:

**„Ein Massenspektrometer ist ein universeller Detektor."**
Diese Aussage liest man immer wieder, doch leider wird sie auch durch häufige Wiederholung nicht korrekt. Zur Begründung dieses Satzes wird gerne die UV-Absorptionsmessung als Vergleich bemüht und darauf verwiesen, dass eine spektroskopische Detektion ja nur Substanzen erfassen könne, die mittels geeigneter Chromophore mit den eingestrahlten elektromagnetischen Wellen einer bestimmten Energie (ausgedrückt durch die Wellenlänge) in Wechselwirkung treten. Dies ist zwar völlig korrekt, aber nur ein Beleg für die Selektivität der UV-Detektion, nicht jedoch für die angebliche Universalität der MS-Detektion. Die Behauptung lässt leider eine ganz grundlegende Bedingung außer Acht: Die Detektionsfähigkeit in der Massenspektrometrie richtet sich immer nach der Ionisierbarkeit der gesuchten Analyten, und diese hängt neben dem Energieeintrag in der Ionenquelle auch maßgeblich von den zu bestimmenden Substanzen ab. Moleküle, die keine nennenswerte Protonenaffinität in der Gasphase besitzen, werden mittels ESI oder APCI nur mit geringer Ausbeute ionisiert, und so stehen auch kaum Ionen der Detektion zur Verfügung. Somit hat jeder Analyt im Massenspektrometer seinen individuellen Responsefaktor, und für zahlreiche Substanzen ist dieser, je nach gewähltem Ionisationsprinzip, leider zu gering, um mit der Massenspektrometrie erfasst zu werden. Vereinfacht kann man sagen, dass ESI und APCI selektiv für Moleküle mit einer bestimmten Gasphasenbasizität bzw. -acidität sind. Massenspektrometer sind sehr flexibel und breitbandig in ihrer Anwendung und können durch Wechsel des Ionisationsmodus auf unterschiedliche Erfordernisse angepasst werden – den Anspruch auf universelle Detektion erfüllen sie nicht.

Im allgemeinen Sprachgebrauch und in der Literatur wird gelegentlich nicht sauber unterschieden zwischen *universeller* und *uniformer* Detektion. Letztere beschreibt die Anforderung, für alle Analyten eine homogene, gleich große Response zu erbringen, die unabhängig ist von den molekularen Eigenschaften einer Substanz. Prinzipiell ist diese Forderung nicht an eine universelle Detektion geknüpft, sie tritt aber in der Praxis als eine erweiterte Eigenschaft von (quasi) universellen Detektoren auf. Ist ein Massenspektrometer schon nicht universell im strengeren Sinne, so detektiert es aufgrund der Unterschiede in der Ionisierbarkeit der Analytspezies erst recht nicht uniform. Dies impliziert, dass für eine Gehaltsaussage selbstverständlich auch Massenspektrometer für jeden einzelnen Analyten kalibriert werden müssen, was einen z. T. erheblichen Messaufwand nach sich zieht. Echte universelle Detektoren bzw. die Detektionstechniken, die diesem Ideal am nächsten kommen, wie Charged-Aerosol- (CAD) oder Lichtstreudetektion (ELSD), können zumindest für semiquantitative Aussagen auf den Kalibrierungsaufwand bei gleichbleibender Matrix weitgehend verzichten bzw. ihn für exakte Gehaltsaussagen deutlich verringern.

**„Ein Massenspektrometer ist der empfindlichste aller Detektoren."**
Dies berührt dieselbe Fehleinschätzung wie der vorangehende Punkt. Die Empfindlichkeit eines Massenspektrometers und damit die erreichbaren Nachweisgrenzen sind nicht per se so gut wie bei keinem anderen Detektor. Unter guten Voraussetzungen – leichte Ionisierbarkeit der Analyten, hohe Transmission durch den Massenanalysator zum Detektor etc. – sind Massenspektrometer tatsächlich sehr nachweisstark mit Nachweisgrenzen im Femto- bis Attomolbereich. Treffen hingegen im ungünstigsten Fall ein ungeeignetes Ionisationsprinzip und suboptimal konstruierte Instrumente aufeinander, so gibt es andere Detektionsverfahren, die der Massenspektrometrie überlegen sind, wie z. B. Elektrochemie oder Fluoreszenz.

**„Mit Massenspektrometrie kann man Substanzen zweifelsfrei identifizieren."**
Auch diese Aussage ist in dieser Pauschalität nicht zu halten. Bei allen ausgefuchsten Experimenten, die man mit modernen Massenspektrometern durchführen kann, bleibt ein solches Gerät zunächst einmal „nur" eine Art hochgenauer Waage für Molmassen. Gleiche (Mol-)Massen aber bedingen noch längst keine identische Gestalt, sprich Struktur. Bei isobaren Verbindungen, die gleichzeitig in ein Massenspektrometer gelangen, ist selbst das akkurateste Gerät zunächst einmal hilflos – jegliche Form von Isomeren, seien es $E$-/$Z$-Isomere, Enantiomere, Diastereomere o. a., sind durch ein MS-Experiment zunächst nicht zu unterscheiden, da alle Isomere eine identische Molmasse besitzen. Sofern die isomeren Spezies verschieden fragmentieren, bestünde eine gewisse Chance der Unterscheidbarkeit im Massenspektrum – oft ist dies aber nicht gegeben.

Diese Gesichtspunkte zeigen deutlich auf, dass andere, klassische Detektionsprinzipien durch Massenspektrometrie längst nicht obsolet werden. Gerade bei der Strukturaufklärung kleiner Moleküle liefern Spektroskopie (UV-Absorption, Fluoreszenz) oder Elektrochemie wertvolle, komplementäre Informationen, die helfen, die MS-Ergebnisse richtig zu interpretieren. Ein Beispiel zur Isobarenproblematik: Viele Isomere unterscheiden sich messbar in ihrem UV-Spektrum, und daneben natürlich in der RP-Chromatografie auch in ihrer Retentionszeit aufgrund der strukturellen Erkennung durch den Retentionsmechanismus. Das Fallbeispiel in Abb. 2.5 macht dies anschaulich. Hier galt es, die Reaktionsausbeute einer Arylkupplung zu verfolgen, bei der das Edukt (und damit potenziell auch

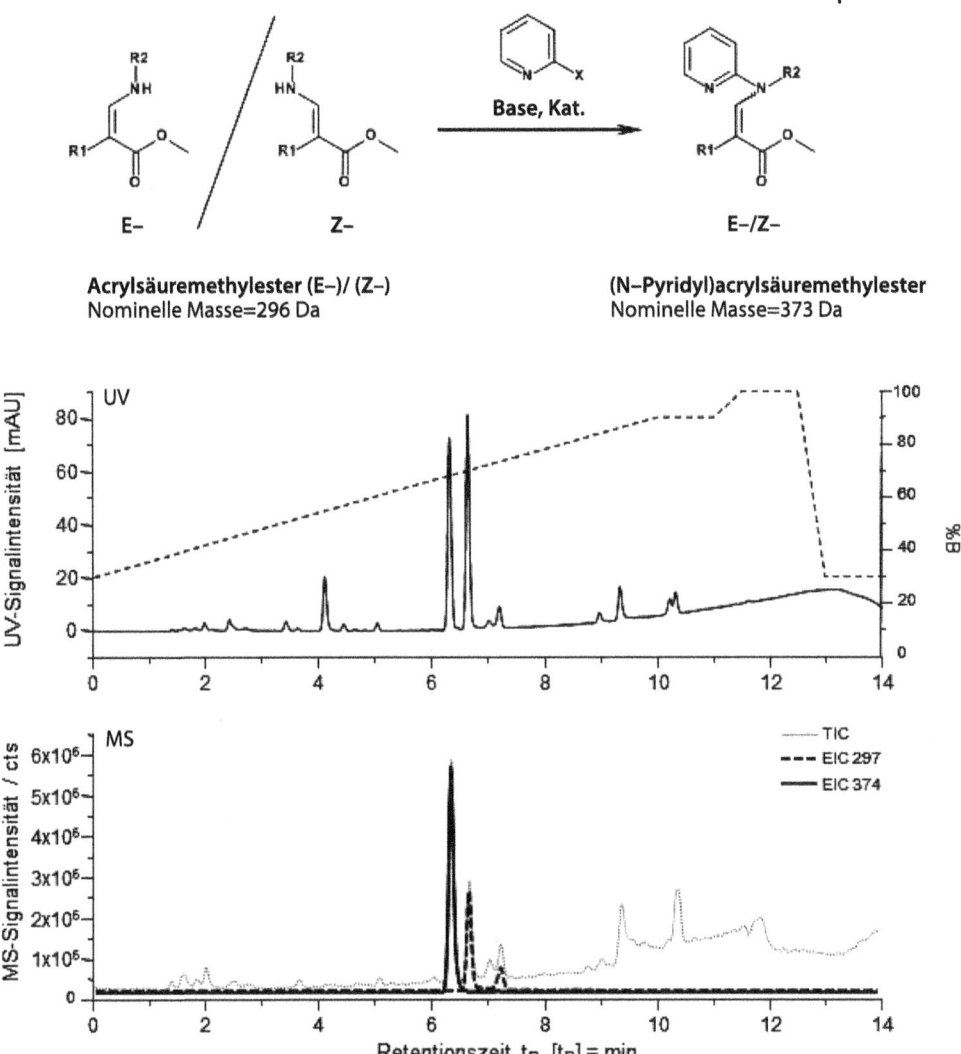

**Abb. 2.5** Isobarenunterscheidung mittels Chromatografie und UV-Detektion am Beispiel der Reaktionskontrolle einer N-Arylierung eines E-/Z-Acrylsäureestergemischs.

das Reaktionsprodukt) nicht vollständig isomerenrein vorliegt. Wie die LC-MS-Trennung belegt, verläuft die Kupplungsreaktion zwar stereoselektiv (es entsteht nachweislich nur ein Produkt), dennoch bleibt beim Screening des Reaktionsgemisches die Frage, welcher Peak welchem Eduktisomer entspricht – das extrahierte Ionenchromatogramm (EIC) zeigt ja nur zwei Peaks für *E*- und für *Z*-Spezies. Dank der chromatografischen Unterscheidung und der Bestätigung über die simultan in einem Diodenarraydetektor gemessenen UV-Spektren gelingt die Peakzuordnung mühelos.

Wie die Kombination eines Massenspektrometers mit einem weiteren Detektor realisiert wird, hängt maßgeblich vom verwendeten zweiten Detektionsprinzip ab. Da das Massenspektrometer die Probe bei der Detektion zerstört, muss es am Ende der Messkette stehen. Ein zerstörungsfreier Detektor – alle spektroskopischen Detektoren fallen hierunter – kann am einfachsten in Reihe zwischen Trennsäule und Massenspektrometer eingefügt werden. Dabei ist zu beachten, dass das Eigenvolumen handelsüblicher Messzellen einen merklichen Beitrag zur chromatografischen Bandenverbreiterung leistet. Die Zelle sollte daher so klein wie möglich bei optimaler Lichtweglänge sein. Mit klassischen Messzellen sind hier Volumina von etwa 2–5 µL erhältlich. Sehr für Furore in Bezug auf hohe Empfindlichkeit bei kleinem Innenvolumen sorgen in jüngerer Zeit Zelldesigns, die auf Lichtleitertechnik und innere Totalreflexion setzen. Damit lassen sich Lichtweglängen von bis zu 60 mm bei moderatem Innenvolumen erzielen, was sich in bemerkenswert niedrigen Nachweisgrenzen niederschlägt. Neben dem spürbar höheren Anschaffungspreis für solche Zellen bezieht sich der Terminus „hohe Empfindlichkeit" aber auch auf deren mechanische Stabilität, was insbesondere kritisch werden kann, wenn nach dem UV-Detektor noch ein Druck erzeugendes Gebilde, z. B. ein Massenspektrometer oder ein Fraktionensammler sitzt. Eine Alternative stellen speziell optimierte Kapillarmesszellen dar, die wie herkömmliche Flusszellen gehandhabt werden können, aber dank ihres Aufbaus aus Quarzkapillaren (*fused silica*) mit geringen Innenvolumina von unter 50 nL auskommen. Allerdings sind diese Zellen wegen ihrer eingeschränkten Linearität für Quantifizierungen wenig geeignet, sie sollten vornehmlich qualitativen Aussagen vorbehalten bleiben.

Zerstörende Messprinzipien wie vernebelungsbasierte Detektoren (CAD, ELSD etc.) müssen dagegen mittels eines T-Stücks im Parallelbetrieb zum Massenspektrometer laufen. Dies muss kein grundsätzlicher Nachteil sein, da sich je nach LC-Bedingungen ein Nachsäulensplit zum verringerten Eluenteneintrag in die MS-Quelle ohnehin anbietet. Nicht verschwiegen werden soll dabei, dass auch die Splitkonstruktion als solche ein zusätzliches Totvolumen aufbaut, das sich in einer verringerten chromatografischen Auflösung ausdrückt. Dafür erhält man im Gegenzug ein äußerst vielseitiges Analytikwerkzeug: Die Kombination z. B. aus Massenspektrometrie und einem Detektor mit uniformer Response (CAD) beschleunigt Screeningexperimente erheblich, weil in einem einzigen chromatografischen Lauf eine semiquantitative Gehaltsaussage aus einem der unspezifischsten aller momentan erhältlichen Detektoren gewonnen werden kann, während ein HRAM-taugliches Massenspektrometer im Parallelbetrieb bestmögliche qualitative Daten zu Substanzidentifikation gewährleistet. Eine Sonderrolle nehmen in dieser Betrachtung die elektrochemischen Detektoren ein. Wenn sie die Redoxaktivität von Analyten zur Signalerzeugung ausnutzen, verändern sie dabei den Analyten – ein seriell nachgeschaltetes Massenspektrometer wird dann nicht mehr die Molekülionenmasse des ursprünglich vorliegenden Moleküls ermitteln, sondern die des Redoxproduktes. In diesem Fall wäre der elektrochemische Detektor in einem Parallelsplit besser aufgehoben. Allerdings bietet ein serieller, sozusagen als MS-Inlet geschalteter elektrochemischer Detektor die reizvolle

Option, Substanzen durch Redoxvorgänge in eine Form zu überführen, die empfindlicher im Massenspektrometer detektiert werden kann. Zudem bietet dies die Möglichkeit, speziell bei biologischen Anwendungen bestimmte Stoffwechselprozesse zur Metabolisierung von Analyten elektrochemisch zu imitieren und diese Vorgänge direkt im Massenspektrometer zu untersuchen.

**Merke**

- Massenspektrometer sind keine universellen Detektoren.
- Massenspektrometer detektieren zwar je nach Betriebsmodus hochselektiv, aber nicht spezifisch.
- Zur zweifelsfreien Bestätigung von Substanzidentifizierungen, die anhand von MS(/MS)-Messungen erfolgen, ist immer (mindestens) eine weitere Struktur aufklärende Analysenmethode erforderlich (z. B. NMR-Spektroskopie).
- In allen Fällen, in denen Moleküle nicht anhand ihrer molekularen Masse im Rahmen der Messgenauigkeit hinreichend unterschieden werden können (Isobare), sind ergänzende, komplementäre Detektionsprinzipien unverzichtbar. Die entsprechenden Detektoren können entweder je nach Messprinzip seriell oder mittels Split parallel zur Massenspektrometrie betrieben werden.

## 2.2
### LC-MS-Methodenentwicklung und HPLC-Methodenanpassung – wie mache ich meine Trennung fit für LC-MS?

In der Kopplung von Flüssigchromatografie und Massenspektrometrie treffen buchstäblich zwei Welten aufeinander. Schon die physikalischen Bedingungen, unter denen sich flüssigchromatografische Trennungen und Massenspektrometrie abspielen, könnten unterschiedlicher nicht sein: Während eine LC-Trennung am Apparaturauslass gegen Atmosphärendruck arbeitet, verlangt ein Massenspektrometer nach einem für seinen Bautyp optimalen Vakuum. Die Schnittstelle dazwischen, die Ionenquelle, muss dabei mehrere Aufgaben zugleich erfüllen: die Überführung der Analyten in die Gasphase, die Abtrennung der mobilen Phase (was üblicherweise ebenfalls über die Gasphase geschieht), das kontrollierte Ionisieren der Analytmoleküle sowie den gerichteten Transport der Analytionen in den Massenanalysator im evakuierten Bereich des Massenspektrometers. Allein die Solvensentfernung ist schon eine Herausforderung: Bekanntlich beträgt das Molvolumen eines gasförmigen Stoffes 22,4 L unter Normal- bzw. 24,5 L unter Standardbedingungen. Bei einer Flussrate von 1 mL/min Wasser, entsprechend 1/18 mol/min, entstehen damit jede Minute einer Trennung 1,2 L Dampfphase, die es effizient von den Analytmolekülen abzutrennen gilt. Damit alle diese Prozesse bestmöglich ablaufen können, muss das Trennsystem, insbesondere die mobile Phase, einige Randbedingungen einhalten, die maßgeblichen Einfluss auf das MS-Ergebnis haben.

## 2.2.1
**Methodenentwicklung LC-MS – die Trennchemie passt sich an**

Die Herangehensweise bei der Entwicklung einer neuen LC-MS-Trennmethode unterscheidet sich nicht grundlegend von derjenigen einer klassischen LC-Methode. Im Grunde gilt es, zunächst eine UHPLC-Trennung unter Berücksichtigung der Anforderungen zu entwickeln, die durch die Massenspektrometrie diktiert werden. Parallel dazu muss das Massenspektrometer in seinen Einstellparametern zur Ionenquelle, der Ionentransferoptik sowie den einzelnen Massenanalysatoren auf die zu bestimmenden Analyten optimiert werden. Diese beiden Schritte geschehen zunächst getrennt voneinander. Im nächsten Schritt wird dann die UHPLC mit der Massenspektrometrie gekoppelt betrieben und der Einfluss von Matrixeffekten bestimmt, bevor dann abschließend die gekoppelte UHPLC-MS-Methode einer Tauglichkeit bzw. Validierung unterzogen wird. Zusammengefasst ergibt sich folgende Auflistung:

a) Wahl des geeigneten Ionisationsverfahrens,
b) Ausarbeitung der LC-Trennung (offline),
c) Optimierung der massenspektrometrischen Parameter (offline),
d) Verifizierung der massenspektrometrischen Einstellungen und Bestimmung von Matrixeffekten,
e) finale Kopplung mit anschließender Methodenvalidierung.

Auf die einzelnen Teilschritte soll im Folgenden näher eingegangen werden.

### 2.2.1.1 Gewähltes Ionisationsprinzip und Flussrate der LC-Trennung

Als Einstieg vorweg eine Anmerkung: Der Begriff „Empfindlichkeit" beschreibt nicht nur per definitionem die Steilheit der Responsefunktion eines Detektors, also die Signaländerung pro Konzentrations- oder Massenänderung, sondern damit zusammenhängend auch das Verhältnis aus Signalintensität zu Basislinienrauschen. Bessere Empfindlichkeit kann damit jenseits der Analyt- und Detektoreigenschaften auch z. B. über eine Senkung des Rauschens bei konstantem Signal erzielt werden. Im weiteren Verlauf dieser Diskussion sind immer beide Aspekte gemeint, wenn von Empfindlichkeit die Rede ist.

Bereits das verwendete Ionisationsverfahren diktiert dem Anwender, mit welcher Flussrate er das Massenspektrometer bestenfalls konfrontieren und somit seine LC-Trennmethode fahren sollte. Eine erschöpfende Schilderung der heute bekannten und erhältlichen Ionisationstechniken ist in Kap. 1 nachzulesen. Der Löwenanteil aller LC-MS-Applikationen bedient sich jedoch eines von nur zwei Prinzipien, Elektrospray-Ionisation (ESI) oder chemische Ionisation bei Atmosphärendruck (APCI).

Elektrospray-Ionisation (ESI), die zurzeit in rd. 82 % aller publizierten Online-LC-MS-Kopplungen eingesetzt wird (der Rest verteilt sich zu 16 % auf APCI und zu 2 % auf APPI – LC-MALDI-MS dagegen ist ein klassisches Beispiel für Offline-Kopplungen) [6], lässt sich mit pneumatischer Unterstützung eines Vernebelungsgases im Flussbereich von etwa 50–300 µL/min bei bestmöglicher Empfindlichkeit betreiben [8]. Alle kommerziellen ESI-Quellen (mit Ausnahme von Nanosprayquellen) verkraften auch deutlich höhere Flussraten bis zu 1 mL/min und darüber. Als konzentrationsempfindlicher Prozess bleibt ESI grundsätzlich von der Flussrate unbeeindruckt, die Peakhöhe sollte sich mit der Flussrate nicht signifikant verändern. Tatsächlich gibt es zahlreiche Beispiele in der Literatur, die belegen, dass die Empfindlichkeit von ESI-Methoden erst dann zu leiden beginnt, wenn es nicht mehr gelingt, die Menge an mobiler Phase effektiv zu entfernen. Je nach Quellenkonstruktion und der Effektivität von Quellenheizung oder pneumatischer Unterstützung ist dies erst bei Flussraten jenseits von 1 mL/min zu beobachten [9]. Häufig wird jedoch ab einem Arbeitsbereich oberhalb von 300–500 µL/min, abhängig von den experimentellen Bedingungen wie die Zusammensetzung der mobilen Phase und ihrer zeitlichen Änderung, eine Abnahme der Empfindlichkeit beobachtet. Wie stark diese auftritt, ist von Fall zu Fall verschieden; eine verallgemeinerte Regel kann dazu nicht aufgestellt werden. Es empfiehlt sich daher ausdrücklich, während der LC-MS-Methodenentwicklung in Form einer Fließinjektionsanalyse die Signalintensität und das Signal-zu-Rauschen-Verhältnis für die gesuchten Analyten bei unterschiedlichen Flussraten zu ermitteln. Abhängig von der Trocknungsleistung der ESI-Quelle wird das Empfindlichkeitsoptimum bei einer Flussrate erhalten, die unterhalb des van Deemter-Minimums des verwendeten chromatografischen Trennmaterials liegt. Hier gilt es im Einzelfall zu entscheiden, wie sehr man an Empfindlichkeit einbüßt, wenn die HPLC-Säule unter optimalen fluidischen Bedingungen betrieben wird.

Chemische Ionisation bei Atmosphärendruck (APCI) ist höheren Flussraten gegenüber deutlich toleranter, schließlich braucht sie doch gar eine Mindestmenge an Lösemitteldampf, um das Reaktantgas zu bilden, welches für die Analytionisation verantwortlich ist. APCI ist zudem ein massensensitiver Ionisationsprozess [10], der von steigenden Flussraten profitiert (auch hier gibt es Ausnahmen) [11], weil damit mehr Analytmoleküle pro Zeit in der APCI-Quelle eintreffen, was zu größeren Peakhöhen mit steigender Flussrate führt. Der Arbeitsbereich von APCI beginnt etwa bei 150–200 µL/min; arbeitsfähig ist das Verfahren bis ca. 2 mL/min, doch riskiert man je nach Design und Verdampfungsleistung der APCI-Quelle hier ebenfalls Empfindlichkeitseinbußen, falls die Flussrate zu hoch wird. Wie bei ESI sollte man durch Untersuchung der Empfindlichkeit in Abhängigkeit von der Flussrate den Verwendungsbereich der LC-MS-Methode für die Zielanalyten charakterisieren.

Tabelle 2.4 fasst die nutzbaren und die effektivsten Arbeitsbereiche der beiden Ionisationsverfahren zusammen.

So gesehen spräche gerade bei schnellen UHPLC-MS-Trennungen viel für APCI als Interface-Methode. Zu erwähnen sei hier zudem, dass APCI in vielen Anwendungsfällen weniger Matrixeffekte zeigt und damit eine höhere Robustheit und Richtigkeit aufweist als ESI (s. auch Abschn. 2.3.4.1). Der Anwender hat jedoch meist nicht die freie Wahl, schließlich hängt das verwendete Ionisationsverfahren maßgeblich von den Analyteigenschaften ab. Aufgrund der Polarität der zu detektierenden Verbindungen kommt in der Regel ESI zum Einsatz. Eine

**Tab. 2.4** Nutzbare und optimale Arbeitsbereiche verschiedener Ionisationsverfahren.

|  | Nutzbarer Arbeitsbereich | Optimaler Arbeitsbereich |
|---|---|---|
| Nano-ESI-Quelle (ohne Vernebelung) | < 5 µL/min | 20–800 nL/min |
| Standard-ESI-Quelle (vernebelungsunterstützt) | 0,01–1,5 mL/min | 0,05–0,3 mL/min |
| APCI-Quelle | 0,2–2 mL/min | 0,3–1 mL/min |

geeignete Trennsäulenhardware kommt hierbei den niedrigen MS-kompatiblen Flussraten entgegen: Mit englumigen Säulen von 2,1 oder gar 1 mm Innendurchmesser können auch UHPLC-Phasenmaterialien mit mittleren Teilchengrößen von unter 2 µm bei optimaler Lineargeschwindigkeit betrieben und gleichzeitig Flussraten im unteren bis mittleren µL/min-Bereich erhalten werden. Sollte der Empfindlichkeitsverlust mit einer ESI-Technik bei optimaler Lineargeschwindigkeit der Chromatografie zu hoch ausfallen, ist ein Nachsäulensplit des Eluates eine Lösung, die Elektrospray-Ionisation bei geeignetem Fluss zu betreiben. Dieser Split lässt sich sehr einfach mittels eines T-Stücks und zweier Restriktionskapillaren, deren Dimensionen das Splitverhältnis zwischen dem Primärfluss ins MS und dem Nebenstrom in den Abfall bestimmen, verwirklichen. Der abgezweigte Anteil kann, wie bereits in Abschn. 2.1.5 diskutiert, ggf. für einen zweiten Detektor genutzt werden. Achtgeben sollte man aber wieder bei den verwendeten Bauteilen für den Split, da er, insbesondere bei unsorgfältigem Zusammenbau, eine Quelle für bandenverbreiterndes Totvolumen darstellt.

### 2.2.1.2 Die LC in LC-MS: MS-kompatible Phasensysteme, Eluentenzusammensetzung und -additive

Eine MS-kompatible chromatografische Trennmethode muss sich nach einigen Randbedingungen richten, die von der Massenspektrometrie diktiert werden. Alles beginnt mit der Auswahl eines MS-kompatiblen Phasensystems, sprich der Wahl einer geeigneten stationären und mobilen Phase.

Auch in der LC-MS-Analytik ist die Umkehrphasen (RP)-Chromatografie der vorherrschende Retentionsmechanismus. Als stationäre Phase eignen sich im Prinzip alle gängigen Umkehrphasen wie für die Stand-alone-LC-Analytik auch. Moderne Trennsäulen sind bereits mit Blick auf LC-MS-Tauglichkeit entwickelt, bei älteren Phasenmaterialien beobachtet man häufiger ein ausgeprägtes Säulenbluten, also ein Auswaschen des Bondings der Phase, was zu einem verstärkten Basislinienrauschen im MS führt. Typische Säuleninnendurchmesser für LC-MS-Applikationen sollten 2,1 mm nicht überschreiten. Dadurch ist sichergestellt, dass die LC-Trennung stets (mindestens) im Minimum der van Deemter-Kurve des jeweiligen Phasenmaterials gefahren werden kann und man optimale chromatografische Trenneffizienz erhält, ohne die MS-Ionenquelle mit zu hohen Flussraten zu überlasten. Eine interessante Alternative zu RP-Trennungen stellt die hydrophile Interaktionschromatografie (HILIC) zur Trennung hochpolarer

Verbindungen dar. Ihr Mechanismus bedingt Elutionsgradienten von hohem zu niedrigem Organikgehalt, was bei der LC-MS-Kopplung zur Folge hat, dass sehr polare Verbindungen bei einem vergleichsweise hohen Organikanteil eluieren. Dies wirkt sich günstig auf die Signalintensität im Massenspektrometer aus, wie gleich gezeigt werden wird. Allerdings eignet sich bei Weitem nicht jedes Trennproblem für einen HILIC-Mechanismus, sodass RP-Chromatografie in der LC-MS-Analytik nach wie vor die erste Wahl darstellt.

Eine MS-kompatible mobile Phase erfordert, dass *alle* Bestandteile der mobilen Phase leichtflüchtig sind. Für die Solventien selbst ist dies in der RP-Chromatografie praktisch immer hinreichend erfüllt: Das Fließmittel mit der höchsten Verdampfungsenthalpie, Wasser, ist mit ESI- und APCI-Verfahren sehr gut kompatibel und oft sogar unverzichtbar für das Funktionieren der Ionisationsverfahren. Organische Lösemittel fördern die Trocknung des Sprays nicht nur durch ihren höheren Dampfdruck, sondern auch indem sie die Oberflächenspannung der Flüssigkeitströpfchen während des Elektrosprays herabsetzen und dadurch das Verdampfen der Lösemittelmoleküle begünstigen. So beobachtet man eine Verbesserung in der Spraystabilität und des Signal-Rauschen-Verhältnisses bei steigendem Organikgehalt: Bei ESI verläuft der Zusammenhang der Signalintensität mit dem Organikanteil in der mobilen Phase in der Regel linear bis hinauf zu 80 % [9]. Dabei unterscheiden sich reine Lösemittel teilweise signifikant von Lösemittelgemischen. Abbildung 2.6 illustriert exemplarisch die Ionenausbeute des Pentapeptids Leu-Enkephalin, das in verschiedenen Lösemitteln per Spritzenpumpe in eine ESI-MS-Quelle infundiert und im positiven Modus gemessen wurde [12]. Für weiterführende Betrachtungen zu diesem Thema sei auf die Literatur [13] verwiesen. Schlussendlich wird die Zusammensetzung des Lösemittels während der Analytionisation durch die Elutionszusammensetzung der UHPLC-Methode vorgegeben, sodass der Anwender nicht davon ausgehen kann, seine Analytsubstanz stets bei der für die MS-Quelle optimalen Lösemittelzusammensetzung zu verdampfen bzw. zu ionisieren.

Die leichte Flüchtigkeit muss zudem genauso für alle Zusätze zur mobilen Phase gegeben sein. Sämtliche Additive, die schwerflüchtige Salze bilden, führen zu verstärkter Unterdrückung der Ionenbildung in der Quelle (Ionensuppression) und zu starker Verschmutzung der MS-Quelle mit Salzablagerungen. Neben dem erhöhten Reinigungsaufwand der Quelle, der mitunter täglich fällig wird, führt dies, den Beteuerungen aller MS-Hersteller zum Trotz, meist rasch zu einer spürbaren Abnahme in der Empfindlichkeit der Detektion. Zur pH-Einstellung und Pufferung sowie zur Verbesserung der Chromatografie sind daher HPLC-Klassiker wie Phosphate, Borate sowie generell alkali- und erdalkaliionenhaltige Salze zu vermeiden. Stattdessen bieten sich leichtflüchtige organische Säuren, Basen sowie deren Salze an: Für saure pH-Werte kommen Ameisensäure, Essigsäure oder Trifluoressigsäure zum Einsatz. Als Basen haben sich wässrige Ammoniaklösungen oder Alkylamine wie Triethylamin bewährt. Zur Pufferung empfehlen sich Ammoniumsalze wie Ammoniumformiat, -acetat oder -carbonat. Auch auf die Verwendung oxidativer Zusätze sollte verzichtet werden: Gegen Chloride als Eluentenzusatz spricht neben der Ionensuppression, dass unter dem

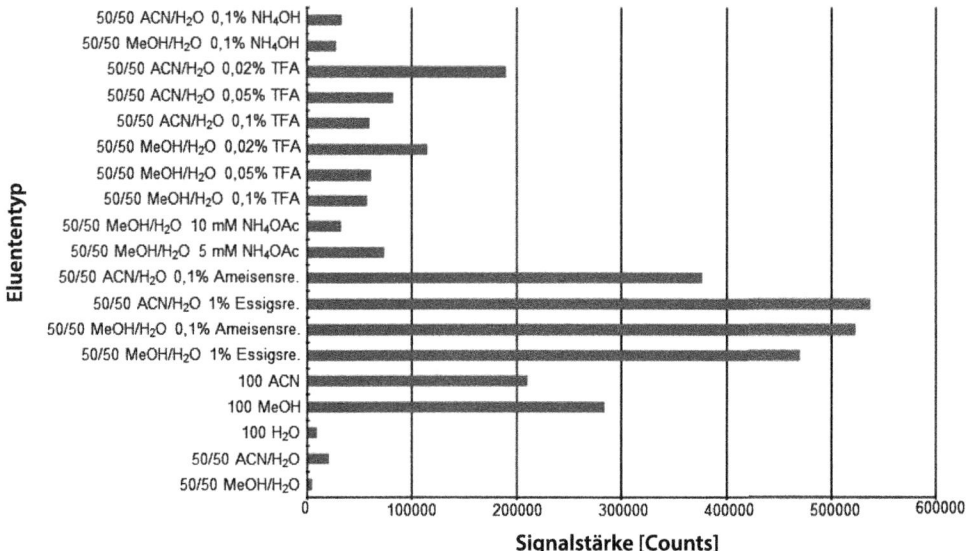

**Abb. 2.6** Signalstärke von Leu-Enkephalin, in einer Auswahl an gängigen LC-MS-Lösemitteln gelöst, per Spritzenpumpe infundiert und im ESI(+)-Modus gemessen [12].

Einfluss des Elektrosprays oxidativ wirkendes Chlor die Analyten chemisch verändern und über die Zeit hinweg auch Bauteile wie die Spraykapillare angreifen kann [14]. Der Einsatz von leichtflüchtigen ionischen Detergenzien wird nicht empfohlen, da sich diese beim Eintreten in das Massenspektrometer auf den Oberflächen der Ionenoptik und des Massenanalysators ablagern und mittelfristig eine Funktionsstörung des Gerätes auslösen können.

Idealerweise wird eine LC-MS-Anlage in ihrem gesamten Einsatzleben nicht mit MS-inkompatiblen Laufmitteln befüllt – eine beispielsweise mit Phosphateluenten gefüllte LC-Anlage kann zwar prinzipiell wieder phosphat- und alkalimetallfrei gespült werden, doch es kann mitunter Tage oder länger dauern, bis die letzten Reste an ionogenen Überbleibseln aus der Fluidik ausgewaschen wurden und im MS-Spektrum nichts mehr davon zu sehen ist. Dies erspart man sich am einfachsten dadurch, dass man LC- und LC-MS-Anlagen applikativ streng voneinander trennt.

Neben der Art des Eluentenadditivs spielt auch seine Konzentration eine Rolle. LC-Methoden profitieren meist von einer möglichst hohen Additivkonzentration, so z. B. bei Pufferkapazitäten oder der Unterdrückung von elektrostatischen Wechselwirkungen des Analyten mit der stationären Phase. Die damit einhergehende hohe Leitfähigkeit führt allerdings während des Ionisationsprozesses in der Massenspektrometrie oft zu Problemen. In der Praxis empfiehlt es sich, Additive nicht konzentrierter als 50 mmol/L hinzuzufügen und, falls möglich, auf mehrfach geladene Additivionen zugunsten einfach geladener zu verzichten.

Ein oft diskutiertes Thema sei in diesem Zusammenhang kurz angeschnitten, und zwar das Für und Wider der Verwendung von Ameisensäure (FA) bzw.

Trifluoressigsäure (TFA) als Eluentzusatz. Diese moderaten organischen Säuren haben zunächst die Aufgabe, den pH-Wert der Trennung auf 2–3, je nach Konzentration, herabzusetzen und zugleich MS-kompatibel zu sein, indem sie während des Trocknungsvorgangs in der Quelle keine schwerflüchtigen Salze bilden. Mit ihren Säureanionen, Formiat bzw. Triflat, erfüllen sie jedoch zusätzlich noch die Aufgabe eines Ionenpaarbildungsreagenzes, welches den Retentionsmechanismus vieler Analyten aktiv steuert. Kationische Analyten können dadurch eine höhere Retention auf RP-Phasen erfahren. Zugleich stellt man meist auch eine symmetrischere Peakform fest. Diese für die Chromatografie positive Wirkung als Ionenpaarbildner wirkt sich gleichzeitig jedoch ungünstig auf die Signalerzeugung in der MS-Quelle aus, da sie die Bildung von Ionen in der Gasphase beeinträchtigt oder gar unterdrückt. Eine verbesserte Chromatografie steht dabei in einem Zielkonflikt mit der maximalen Ionenausbeute in der Massenspektrometrie. Trifluoressigsäure ist ein deutlich effektiveres Ionenpaarreagenz als Ameisensäure. Dies verbessert zwar in der Chromatografie Retention und Peakform, führt aber dagegen durch verstärkte Unterdrückung der Ionenfreisetzung in der Ionenquelle meist für gegebene Analyten zu einem spürbar schlechteren Signal-zu-Rauschen-Verhältnis im MS-Chromatogramm. Bei der Trennung kleiner Moleküle ist der retentionssteigernde Effekt von TFA nicht sehr ausgeprägt, wohl aber die Ionensuppression. Bei Small-molecule-Analysen ist deshalb Ameisensäure meist das geeignetere Säuerungsmittel. Im Fall von Biomolekülen wie Peptiden oder Proteinen, die oft in sehr niedrigen Mengen detektiert werden müssen, ist MS-seitig ebenfalls FA vorzuziehen, allerdings kann hier TFA die Chromatografie meist spürbar verbessern. Daher sollte in der Biochromatografie TFA bevorzugt im Bereich der Trap-Säulen, nicht aber in der analytischen Trennung verwendet werden – man wird aber je nach Applikation nicht immer um den Einsatz in der eigentlichen Trennung herumkommen. Die Trennung einer Cytochrom-C-Verdauprobe in Abb. 2.7 belegt anschaulich den retentionsverändernden Effekt von TFA.

### Empfehlungen

- „MS-freundliches" Phasensystem einsetzen und LC-Methode mit UV-Detektion optimieren
- Stationäre Phasen mit geringem Säulenbluten verwenden
- Flüchtige Eluentensysteme verwenden, meist zusammengesetzt aus flüchtigen organischen Säuren oder Basen $\leq$ 50 mmol/L in Wasser-Methanol oder Wasser-Acetonitril
- Schwerflüchtige Salzbildner, reaktive Eluentenzusätze und Detergenzien vermeiden
- Organikanteil während der Elution der Analyten von größer 10–20 % anstreben
- Optimale Flussraten für ESI: 0,05–0,3 mL/min
- Optimale Flussraten für APCI: 0,3–1 mL/min.

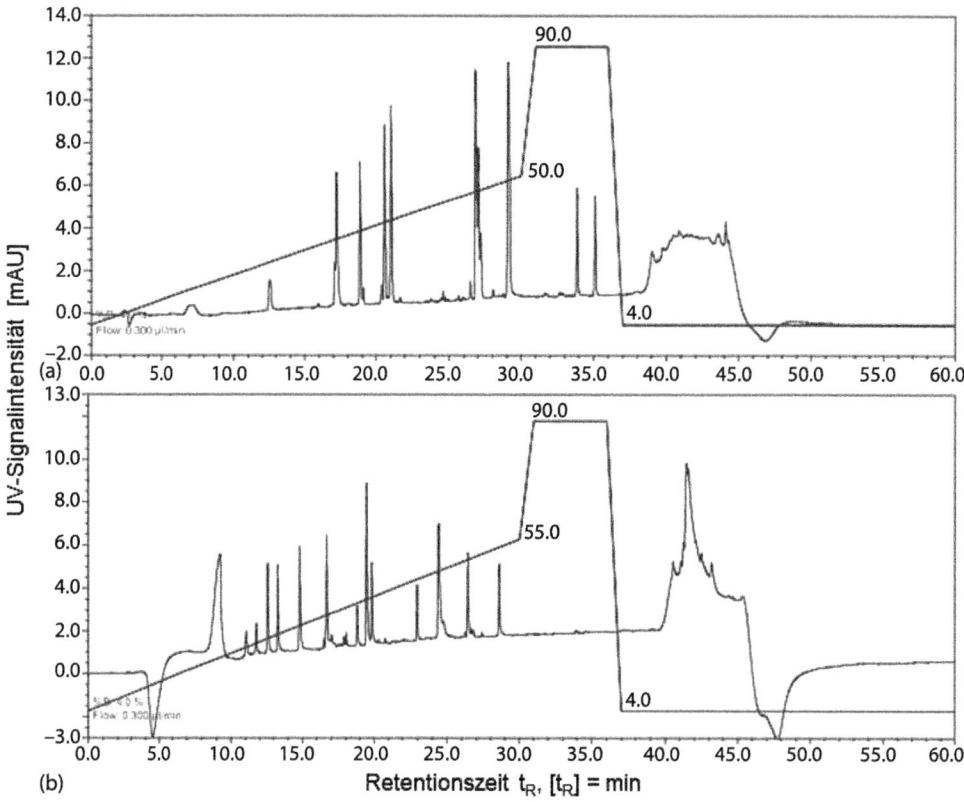

**Abb. 2.7** Trennung eines Cytochrom-C-Verdaus unter Zusatz von 0,05 % TFA (a) bzw. 0,1 % FA (b) bei ansonsten identischen chromatografischen Bedingungen.

### 2.2.1.3 Optimierung der massenspektrometrischen Bedingungen

Neben der Ausarbeitung der LC-Trennmethode gilt es, die Geräteparameter des Massenspektrometers so zu optimieren, dass eine möglichst empfindliche Detektion der Zielanalyten gewährleistet wird. Dieses sogenannte Tuning unterscheidet sich von der Kalibrierung, bei der mittels definierter Referenzstandards genau bekannter molarer Masse und ggf. des Fragmentierungsverhaltens der Massenanalysator sowie der Ionendetektor des Massenspektrometers kalibriert werden. Zum MS-Tuning infundiert man zweckmäßigerweise in einer Fließinjektionsanalyse (FIA) mittels einer Spritzenpumpe eine Lösung von Referenzstandards des bzw. der Zielanalyten kontinuierlich in die Ionenquelle und optimiert die MS-Quellen- und Ionentransfereinstellungen entsprechend. Es empfiehlt sich, diese Tuninglösung der Referenzstandards mit etwa einem Zehntel der später in der Analyse erwarteten Konzentration anzusetzen. Als Infusionslösemittel dient idealerweise die Fließmittelzusammensetzung zum Zeitpunkt der chromatografischen Elution der Substanzzone. Falls diese nicht (näherungsweise) bestimmt werden kann, tut es auch die über das Gradientenprogramm gemittelte Laufmittelzusammensetzung, was jedoch mit einer gewissen Abweichung des Detektionsergebnisses in der späteren Trennung im Vergleich zu dem Tuningergebnis einhergeht. Die Flussrate entspricht derjenigen, die auch in der LC-Trennung zur Anwendung kommt. Sollte diese so hoch sein, dass sie mit einer üblichen Spritzenpumpe nicht sinnvoll gefördert werden kann, kann das reine Fließmittel von der UHPLC-Pumpe gepumpt werden, während vor der Ionenquelle die Tuninglösung in aufkonzentrierter Form über ein T-Stück in den Eluentenstrom eingespeist wird. Im Online-Monitoring-Modus der LC-MS-Software optimiert man nun, sofern das Massenspektrometer keine automatisierte Tuningroutine besitzt, schrittweise die Quellenparameter nacheinander so, dass man zunächst eine gleichförmige Basislinie ohne Stufen, Einbrüche oder Signalspitzen (Spikes) erhält – das ideale Zeichen für einen stabilen Sprayprozess. Im Fall von Nano-LC-Quellen und gelegentlich bei Ionenquellen für analytische Flussraten hat man auch die Möglichkeit, die räumliche Position der Sprayeinheit relativ zum Vakuumeinlass des Massenspektrometers sowie die Austrittslänge der Elektrospraykapillare aus der Sprayeinheit zu optimieren. Erfahrungsgemäß hat dies bei Nano-ESI-Quellen einen großen Einfluss auf die Signalqualität und -stärke, insbesondere auf die Ionenausbeute im Massenspektrometer, während die Werkseinstellung der Ionenquelle bei analytischen Flussraten kaum noch Optimierungspotenzial bietet. Den stärksten Einfluss auf die Spraystabilität haben die Gasfluss- und -druckeinstellungen bei pneumatisch unterstützter Vernebelung sowie die Trocknungstemperatur in der MS-Ionenquelle. Eine höhere Signalstärke erzielt man hingegen durch vermehrte (selektive) Ionenausbeute sowie einen verstärkten Transfer von Ionen aus dem Quellenbereich durch die Vakuumschleuse in den Ionentransferbereich des Massenspektrometers. Dies steuert man bevorzugt über die Hochspannung für das Elektrospray bei ESI bzw. bei APCI zusätzlich über die Ladungsdichte an der Koronarentladungsnadel sowie über die Beschleunigungsspannungen entlang des Ionentransferpfades in den Hochvakuumbereich und die Einstellungen der Ionenoptik wie Skimmerelektroden oder fokussierenden Quadrupolen. Leider sind die Quellenparameter nicht voneinander unabhängig. Eine vollumfängliche Überprüfung der optimalen Einstellungen ist dadurch im Praxisalltag aus Zeitgründen oft nicht möglich, allerdings kommt man in der Regel rasch zu einem stabilen und praxistauglichen Arbeitsbereich, wenn man die hier beschriebene Optimierungsreihenfolge einhält.

Zum Abschluss der MS-Optimierung wird die Infusion der Tuninglösung mit den optimierten Einstellungen für 1–5 min kontinuierlich als ein Referenzdatensatz aufgezeichnet. Diesen begutachtet man anschließend bezüglich der Spray- bzw. Signalstabilität und ermittelt sowohl aus der LC-MS-Datenspur das Basislinienrauschen als auch aus einem repräsentativ gemittelten Satz an MS-Spektren die Qualität des Spektrums hinsichtlich Verunreinigungen und Form der Massensignale, das Signal-zu-Rauschen für die charakteristischen Isotopensignale, die Verteilung der Isotopenintensitäten sowie die erzielte Massenauflösung. Bei HRAM-Messungen sollte zudem die Massengenauigkeit als Maß der Abweichung zwischen theoretischer und experimentell gemessener Masse in ppm bestimmt werden.

### Empfehlungen

- Lösen der Probe im LC-Laufmittel – Konzentration soll ca. 1/10 der Konzentration der injizierten Probe betragen
- Direkte Infusion bei der Flussrate, die später in der LC-Trennung angewandt wird
- Einstellung der Gasflüsse und Trocknungstemperatur für ein stabiles Spray (im Routinefall eher selten: Einstellung der ESI-Spraykapillarposition)
- Optimierung sämtlicher Parameter der Ionenquelle und Ionenoptik
- Aufnahme eines Referenzdatensatzes für 1–5 min
- Auswertung von Signalstabilität, Qualität des Massenspektrums, Signal-zu-Rauschen und Massenauflösung.

#### 2.2.1.4 Verifizierung der massenspektrometrischen Einstellungen und Bestimmung von Matrixeffekten

In dem abschließenden Schritt werden nun LC-Trennung und MS-Detektion methodenseitig zusammengeführt. Es ist sozusagen das erste Mal, dass die Massenanalyse eine Trennung über eine LC-Säule zu Gesicht bekommt. Wer es eilig hat, installiert einfach die benötigte Trennsäule, koppelt die UHPLC-Anlage fluidisch mit dem MS-Ionenquelleneinlass und startet eine Trennung einer (matrixfreien) Standardlösung mit den separat optimierten Bedingungen für UHPLC und MS. Die Chance, dass dies auf Anhieb funktioniert, ist relativ hoch. Ein Nachkorrigieren z. B. der MS-Quellenparameter wird sich in vielen Fällen dennoch nicht vermeiden lassen. Ein trivialer Grund dafür liegt in der Gradientenelution, bei der sich die Anfangs- und Endzusammensetzung des Eluenten mitunter deutlich von der Lösemittelzusammensetzung des Tuningexperimentes unterscheiden. Die auf eine isokratische Eluentenzusammensetzung hin optimierten Quellenparameter sind somit möglicherweise ungeeignet für deutlich abweichende Mischungsanteile an Wasser und Organik. Bevorzugt beobachtet man dies im wasserreichen, „nassen" Bereich des Elutionsprogramms, sodass hier die MS-Einstellungen nachkorrigiert werden müssen. In Extremfällen muss man zu unterschiedlichen Zeiten des Chromatogramms mit individuell auf dieses Zeitsegment angepassten Quelleneinstellungen arbeiten. Die marktüblichen MS-Kontrollprogramme erlauben zwar keine kontinuierliche Änderung von Quellenparametern wie z. B. eines Druckgradienten über die Zeit für das Vernebelungsgas. Zumindest aber ist die Unterteilung des Trennzeitfensters in unterschiedliche MS-Detektionssegmente möglich, für die unabhängige Einstellungen definiert werden können. Der Praxisalltag zeigt, dass dies jedoch in den meisten Fällen nicht nötig ist und man mit ein wenig Geschick rasch zu einem globalen Satz an MS-Einstellungen gelangt, mit dem über das komplette Elutionsfenster hinweg zuverlässig gearbeitet werden kann.

Wer lieber methodisch etwas ausführlicher vorgeht, legt vor der ersten LC-MS-Trennung noch einen Zwischenschritt ein, in dem die UHPLC-MS-Kopplung apparativ lauffertig aufgesetzt wird – einschließlich eingebauter Trennsäule –, allerdings zwischen Säule und Massenspektrometer wieder wie beim MS-Tuning über ein T-Stück eine Spritzenpumpe angeschlossen wird. Man lässt dann die UHPLC-Anlage Blindgradienten ohne Probeninjektion durch den Probengeber fahren und speist wiederum eine Analytlösung hinter der Säule über das T-Stück kontinuierlich zu. Mit diesem Aufbau lässt sich rasch ermitteln, ob die beim MS-Tuning ermittelten MS-Detektionsparameter über den gesamten Gradientenelutionsbereich hinweg funktionieren und wie sich das Analytsignal im Massenspektrometer in Abhängigkeit der Laufmittelzusammensetzung ändert. Gleichermaßen kann man anhand der Blindgradienten ohne Nachsäuleninfusion bestimmen, inwieweit sich das Basislinienrauschen über den Gradienten hinweg ändert, z. B. durch unsaubere Lösemittel, vermehrtes Säulenbluten oder Verunreinigungen aus der Apparatur (s. Abschn. 2.3.4.4). Zudem können auf ähnliche Weise Matrixeinflüsse wie Ionensuppression untersucht werden (s. Kap. 1). Nach einer solchen Überprüfung der LC-MS-Methode auf ihre Tauglichkeit hin kann mit den üblichen Verfahrensschritten einer Methodenvalidierung fortgefahren werden.

**Empfehlungen**

- Die Basislinienstabilität kann mit den im MS-Tuning optimierten Einstellungen unter der sich ändernden Lösemittelzusammensetzung der Gradientenelution in manchen Gradientenabschnitten leiden;
- Zeitsparender Ansatz zur Kopplung: Aufsetzen der gekoppelten Methode und Testinjektion mit ggf. erforderlicher Modifikation der Quelleneinstellungen;
- Ausführlicherer Ansatz: Blindgradienten über die Trennsäule werden durch Nachsäuleninfusion einer Analytlösung im Massenspektrometer aufgezeichnet, bevor die Probe endgültig in der LC-MS-Trennung untersucht wird.
- Bestimmung von Matrixeinflüssen durch Nachsäuleninfusion

## 2.2.2
### Umrüsten von klassischen HPLC-Methoden auf LC-MS

Je mehr sich LC-MS-Methoden auch in der Routineanalytik wie der Qualitätskontrolle verbreiten, desto häufiger werden neue LC-Trennmethoden schon bei der Entwicklung auf MS-Kompatibilität hin ausgelegt werden, und man ist als Anwender heute gut beraten, neue Methoden schon mit der Übertragbarkeit auf MS-Detektion im Hinterkopf zu entwickeln, selbst wenn im eigenen Labor noch keine LC-MS-Systeme vorhanden sind. Dennoch wird man noch häufig aufgefordert sein, klassische HPLC-Trennmethoden auf ein LC-MS-Setup zu übertragen. Ein naheliegendes Fallbeispiel: In der Qualitätskontrolle eines Pharmakons wird eine phosphatgepufferte HPLC-Trennung eingesetzt, bei der eine unbekannte Verunreinigung detektiert wird. Der Auftraggeber möchte die Verunreinigung identifizieren können, was den Einsatz einer LC-MS-Trennung fast unvermeidlich macht. In einem solchen Fall gibt es nicht das universelle Patentrezept, das immer sicher zum Erfolg führt, aber mit ein wenig Umsicht kommt man doch recht schnell zum gewünschten Ergebnis. Am einfachsten wäre es natürlich, die Probe auf einem bestehenden LC-MS-System mit möglichst generischen Einstellungen und einer beliebigen RP-Trennsäule zu trennen. Angesichts der großen Vielfalt an Selektivitäten unter Umkehrphasen und den Abweichungen zwischen den Eigenschaften des originären Phosphatpuffers und einem LC-MS-kompatiblen Äquivalent z. B. aus Ameisensäure ist die Wahrscheinlichkeit aber recht hoch, dass das resultierende LC-MS-Chromatogramm schon im UV-Signal deutlich von seinem Vorbild abweicht, weil die Trenneigenschaften des LC-MS-Phasensystems nicht völlig identisch sind zu denen des LC-Vorbilds und dadurch die eindeutige Identifikation des gesuchten Peaks nicht möglich ist. Erfolgversprechender ist hier oft, wenigstens mit einer Trennsäule gleichen Typs wie die der Vorbildanalytik zu arbeiten und die mobile Phase in ihren Eigenschaften den MS-inkompatiblen Bedingungen so weit als möglich anzupassen. Saure Phosphatpuffer ersetzt man sinnvollerweise durch ameisen- oder TFA-saure Laufmittel. Für neutrale pH-Werte stehen geeignete Ammoniumsalze zur Verfügung, die auch eine Pufferwirkung besitzen, auch wenn die Pufferbereiche nicht immer mit denen der Phosphate, Borate und anderen LC-Klassikern übereinstimmen (vgl. Abschn. 2.2.1.2). Es empfiehlt sich, beim „Nachbauen" der ursprünglich MS-inkompatiblen Trennmethode eine frische Trennsäule zu verwenden. Jede stationäre Phase hat eine Art chemisches Gedächtnis, das die Phaseneigenschaften mit der Zeit verändert, abhängig davon, welche Laufmittelzusätze, Probenarten und -mengen sowie Matrizes wie häufig injiziert wurden. Insbesondere Phosphat kann die Selektivität von RP-Phasen dauerhaft modifizieren, sodass eine einmal mit Phosphatpuffer beladene Trennsäule selbst mit phosphatfreien Eluenten nicht dieselbe Selektivität besitzt wie ein frisches, unverbrauchtes Exemplar. Zudem verringert sich bei Verwendung einer neuen Säule auch das Auswaschen von in der Säule verbliebenen Phosphationenresten, die die MS-Detektion beeinträchtigen können.

## 2.3
### Fehlerquellen und Fallstricke – wenn es mal nicht richtig läuft

Die vorangehenden Abschnitte befassten sich ausführlich mit den grundlegenden Erwägungen, die zu Beginn einer Geräteauswahl stehen und bei einer Methodenentwicklung zu beachten sind. Einmal festgelegt und ausgearbeitet, bleiben diese Bedingungen, also verwendete Apparatur und Trennmethodenparameter für die jeweilige Analytik generell gültig – ob sie sich grundsätzlich für die LC-MS-Analytik eignen, stellt sich bereits während der Methodenentwicklung und -validierung rasch heraus. Doch aller Sorgfalt bei der Entwicklung zum Trotz treten im Laboralltag spontan unvorhergesehene Änderungen im Bild einer Analyse auf. Von falsch zugeordneten oder unbekannten Massensignalen über verrauschte MS-Spektren bis hin zur völligen Blindheit des Massenspektrometers und blankem Basislinienrauschen reicht die Palette der unschönen Alltagsüberraschungen im Labor. Die gängigsten Problembilder zu beschreiben und mögliche Abhilfen aufzuzeigen soll Gegenstand dieses Kapitels sein.

## 2.3.1
**Kein Signal**

Das auffälligste aller Problembilder bei einer Probenanalyse ist am schnellsten beschrieben: Man sieht in einer mühevoll ausgearbeiteten LC-MS-Methode – nichts. Dieses „Nichts" tritt jedoch in vielfältiger Gestalt auf, und dank der Kopplung zweier Verfahren kann logischerweise der Fehler entweder auf der LC- oder der MS-Seite begründet sein. Im ungünstigsten Fall trifft beides zu, und fast nie liegt ein Gerätedefekt vor: Die Diagnosetools des Herstellers zeigen eine ordnungsgemäße Funktion aller elektrischen und elektronischen Bauteile an. In den allermeisten Fällen, in denen zu schwache oder keine Signale im Massenspektrometer aufgezeichnet werden, steckt der Fehler in der unzureichenden Ionenerzeugung, mithin im Bereich der Ionenquelle einschließlich Ionentransferkapillare oder der vorangehenden Probenzuführung. Technische Defekte hinter der Quelle, sei es in der Ionenoptik, dem Massenanalysator oder dem Detektor, treten hingegen eher selten auf.

Zur Fehlereinkreisung hilft als Erstes ein Blick auf die Basislinie sowohl im LC-MS-Chromatogramm als auch im MS-Spektrum des Online-Fensters der Kontrollsoftware, um dort das Ausmaß des Rauschens bzw. den Signalpegel zu beobachten. Liegt die Signalintensität nur bei wenigen Hundert Counts und sieht das Rauschen nicht nach einem konstanten Grundsignal, sondern nur nach einem unregelmäßigen Aufflackern von vereinzelten Signalen aus, so kommen praktisch überhaupt keine Ionen im Massenanalysator bzw. im MS-Detektor an. Dies wird fast immer durch einen gröberen elektrischen oder mechanischen Defekt an der LC oder der Spraykonstruktion verursacht. Dann gilt es als Erstes zu überprüfen, ob die chromatografische Trennung funktioniert, sprich die UHPLC-Anlage als MS-Frontend überhaupt Analyten zur Ionenquelle liefert. Zur Untersuchung der Chromatografie ist dabei ein UV-Detektor von unschätzbarem Wert – kein Detektionsverfahren ist vergleichbar robust und unverwüstlich. Spezielle UV-Monitorzellen mit Zellvolumina von nur wenigen Dutzend Nanolitern ermöglichen heutzutage sogar das permanente Monitoring einer LC-MS-Trennung ohne sichtbaren Verlust an Trenneffizienz durch exzessive Bandenverbreiterung. So lässt sich rasch und zweifelsfrei feststellen, ob zumindest die Trennung funktioniert. Hat man sichergestellt, dass die Chromatografie die Analytsubstanzen sauber getrennt bis zum Auslass der LC-MS-Verbindungskapillare transportiert, muss der Fehler im Bereich der MS-Quelle selbst liegen. Eine verformte oder gar gebrochene Spraykapillare lässt das LC-Eluat nicht in die Quelle eintreten, womit sich auch kein stabiles Spray ausbilden kann. Bei MS-Quellen, die die Sprayeinheit (SCIEX, Thermo Scientific) anstelle des MS-Vakuumeinlasses (Agilent Technologies, Bruker Daltonics) auf Hochspannung (HV) legen, kann auch die Elektrik zum Anschluss der HV-Versorgung an die Spraynadel durch unsachgemäße Behandlung beschädigt sein.

Sind die Chromatografie und die Sprayeinheit intakt, bzw. sieht man in der Basislinie ein Rauschen, das auf ein halbwegs stabiles Spray schließen lässt, dann funktioniert zwar offensichtlich der Prozess der Spraybildung und der Ionenerzeugung prinzipiell, es kommen nur zu wenig Analytionen im Massenanalysator an. Der Strom, der im Bereich der Ionentransferkapillare in den Vakuumbereich des Massenspektrometers gemessen wird, ist hier ein guter Indikator für einen ausreichend großen Transport an Ionen. Als Erstes sollte die Quelle einschließlich Ionentransferkapillare gründlich gereinigt werden. Zahlreiche Ablagerungen auf den Oberflächen der Quelle, die manchmal mit bloßem Auge nicht auffallen, können die Ionenbildung unterdrücken und werden durch eine Komplettreinigung entfernt. Es empfiehlt sich dabei, den Zustand der Spraykapillare, insbesondere die Spitze mit einer Lupe zu überprüfen. Im Fall einer deformierten Kapillarspitze muss die gesamte Spraynadel ausgetauscht werden. Je nach Hersteller hilft es auch, die Position der Spraykapillare zu überprüfen und ggf. neu zu justieren. Wie weit die Spraykapillare aus der umgebenden Vernebelungskapillare heraussteht, kann die Empfindlichkeit der Detektion unter Umständen um Größenordnungen verändern.

### 2.3.2
### Schlecht angepasste Quellenbedingungen und ihre Auswirkung auf das Chromatogramm

Die Qualität der Basislinie im MS-Chromatogramm ist ein guter Indikator für die Abläufe innerhalb der Ionenquelle. Gleiches gilt im weiteren Sinne für die Basissignale in einem MS-Spektrum. Auftretende Fehlerbilder lassen sich dabei grob einer von zwei folgenden Kategorien zuordnen: erhöhtes Rauschen der Basislinie oder mangelnde Stabilität derselben. Beide Phänomene deuten auf Probleme in der selektiven Erzeugung von Analytionen bzw. der gleichmäßigen Lösemittelentfernung und Spraystabilität hin. Wer ein erhöhtes Rauschen der Basislinie beobachtet, hat fast immer ein Quellenverschmutzungsproblem: Zu viele Ionen werden dann gleichzeitig in einem weiten $m/z$-Bereich erzeugt und in das Massenspektrometer eintreten. Man spricht hierbei von einem *chemical noise*, dessen Ursachen jedoch vielfältig sein können. Es ist zunächst zu prüfen, ob die Ionenquelle sauber ist, bzw. wann sie zum letzten Mal gründlich gereinigt wurde. Hierbei können Ablagerungen an der Spraynadel, im Inneren des Quellengehäuses, an den Metallblenden und Bauteilen der Einlassöffnung, an der Ionentransferkapillare oder den ersten elektrischen Linsen der Ionenoptik für verstärktes Rauschen verantwortlich sein. Woher diese Ablagerungen stammen, ist offensichtlich: Nicht nur Probenrückstände und Matrixbestandteile hinterlassen ihre Spuren in der MS-Quelle, sondern auch die mobile Phase und das Trocknungsgas sind ausgezeichnete Eintragsquellen für chemischen Unrat. Die zur Chromatografie verwendeten Lösemittel sollten deshalb stets einem MS-tauglichen Reinheitsgrad entsprechen (je nach Hersteller „LC/MS grade", „ULC/MS" o. Ä.). Das beliebte Reinheitssiegel *„gradient grade"* beschreibt dagegen Lösemittel, bei denen nur speziell der Gehalt an Verunreinigungen, die für eine verstärkte UV-Absorption sorgen, minimiert wurde. Dies reicht für MS-Anwendungen oftmals nicht aus.

Das zur Trocknung bzw. zur Vernebelung verwendete Gas, in der Regel Stickstoff, kann ebenfalls Verunreinigungen in die Quelle eintragen, die die Signalqualität verschlechtern. Seine Reinheit sollte mindestens 99,0 %, besser 99,5 % oder höher betragen. Je nach Stickstoffquelle variiert dabei die Art der Verunreinigungen. Da der Durchsatz an Trocknungs- und Vernebelungsgas gerade bei höheren Flussraten der LC-Trennung schnell in den Bereich von 10–25 L/min gerät, scheidet die Versorgung aus Gasflaschen, die eine sehr hohe Gasreinheit gewährleisten, meist von vorneherein aus. Solche Verbrauchsmengen können wirtschaftlich nur mit Stickstoffgeneratoren oder aus verdampftem Flüssigstickstoff über eine festinstallierte Infrastruktur bereitgestellt werden. Letztere Variante stellt dabei im Allgemeinen die höchste Stickstoffreinheit sicher. Stickstoffgeneratoren werden mit Druckluft gespeist, aus der sie über Membranseparatoren den Luftsauerstoff abreichern. Die Druckluft allerdings, die durch einen Kompressor erzeugt wird, enthält häufig noch geringe Mengen an Ölrückständen und anderen Substanzen, die aus dem Kompressor ausdiffundieren. Geeignete Gasfilterkartuschen auf Basis von Aktivkohle oder anderen Adsorbenzien entfernen diese Rückstände effektiv. Fehlt ein solcher Adsorber oder ist er bis zum Durchbruch beladen, steigt das Ausmaß des Rauschens sichtbar an.

Neben diesen „echten" Verschmutzungen, die auf ungewollt vorhandene Chemikalien zurückzuführen sind, werden je nach Quellenbedingungen auch Aggregate (*Cluster*) aus Lösemittelmolekülen und Ladungsträgern gebildet, die in summa schwer genug sind, um im Messbereich des Massenspektrometers als permanenter Beitrag zum Rauschen in der Basislinie aufzutauchen. Dies kann jedoch durch eine geschickte Wahl der Quellentemperatur behoben werden. Abbildung 2.8 illustriert dieses Phänomen. Hier wurde in einer Fließinjektionsanalyse (FIA) das MS-Signal des Zielanalyten bei unterschiedlichen Trocknungstemperaturen untersucht. Wie Abb. 2.8a zeigt, bleibt die Signalintensität der Analytsubstanz im extrahierten Ionenchromatogramm nahezu unverändert. Die Temperatur wirkt sich offensichtlich nur unwesentlich auf die Ausbeute an Analytionen aus. Abbildung 2.8b belegt hingegen, dass sich das Rauschen im Totalionenchromatogramm deutlich mit der Trocknungstemperatur verändert, was auf eine effektivere Zerlegung der Gasphasencluster (*Declustering*) zurückzuführen ist.

Schließlich beobachtet man ein verstärktes Rauschen auch bei einer zu hohen Spannung zur Erzeugung des Elektrosprays (im Folgenden ESI-Spannung genannt). Dies geht in extremen Fällen einher mit einer leuchtenden Glimmentladung an der ESI-Nadelspitze und kann neben dem Abriss des Analytionenstroms ins Massenspektrometer im ungünstigen Fall auch zu Spannungsüberschlägen in den Bauteilen der Ionenfokussierung führen. Begünstigt wird dies durch zu viele Ladungsträger in der mobilen Phase, z. B. bei Verwendung eines zu hoch konzentrierten Pufferadditivs. Abhilfe schaffen hier die Verringerung der ESI-Spannung sowie, falls möglich, eine Verringerung der Pufferkonzentration des Eluenten.

Probleme mit der Stabilität der Basislinie, besonders Spikes oder spontane Einbrüche weisen hingegen auf eine unzureichende Vernebelung bzw. ein instabiles Elektrospray hin. Eine mangelhaft angepasste Vernebelungsgasrate bzw. ein ungeeigneter Gasdruck führen, ebenso wie eine falsch eingestellte ESI-Spannung,

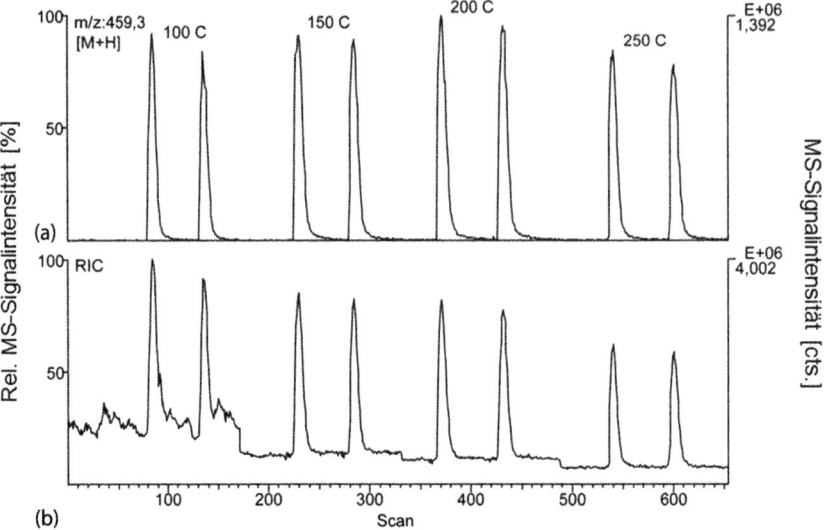

**Abb. 2.8** Einfluss der Trocknungsgastemperatur auf die MS-Signalqualität mittels FIA von Astemizol in 10 mM wässr. Ammoniumacetat/Methanol 20/80 (v/v) bei 50 µL/min auf einem Triple-Quadrupol-Gerät; (a) extrahiertes Ionenchromatogramm von Astemizol ([M + H]$^+$), $m/z$ 459,3; (b) rekonstruiertes Totalionenchromatogramm.

zur Bildung von größeren Tröpfchen oder Clustern, die entweder zu Einbrüchen in der Basislinie oder beim Zerplatzen durch die schlagartige Freisetzung einer größeren Zahl an ionisierten Spezies zu Spikes führen. Ähnliches tritt mitunter bei starken Ionenpaarreagenzien auf, die im Probenlösemittel enthalten sind: Eine Injektion einer Probe, die z. B. mit Trifluoressigsäure angesäuert wurde, kann ebenfalls zu unregelmäßig auftretenden Negativspikes in der Basislinie führen, selbst noch mehrere Minuten, nachdem der an sich inert durch die Säule wandernde Lösemittelpfropf das Trennsystem bereits wieder verlassen hat.

## 2.3.3
**Ionensuppression**

Werden nach erfolgreicher LC-MS-Methodenausarbeitung statt der zur Entwicklung verwendeten hochreinen Standards Realproben mit einem beträchtlichen Anteil an Neben- und Matrixkomponenten untersucht, so beobachtet man bei gleicher Analytkonzentration häufig eine deutliche Änderung in der Signalintensität für bestimmte Komponenten in einer komplexen Matrix, z. B. eines Blutprobenextraktes. Hervorgerufen werden diese Abweichungen durch mit dem Zielanalyten koeluierende Begleitsubstanzen, deren gleichzeitige Anwesenheit in der Ionenquelle die Ausbeute an Analytionen im Vergleich zum Referenzfall beeinflusst. Dabei treten sowohl Signalverstärkungen als auch unterdrückungen auf. Im letzteren Fall spricht man von *Ionensuppression*, auf die bereits im Kap. 1 eingegangen wurde. Die Gründe für eine verstärkende wie für eine unterdrückende

Wirkung auf die Ionenerzeugung sind vielschichtig. Ihre ausführliche Diskussion würde den Rahmen dieses Kapitels sprengen, daher sei an dieser Stelle auf weiterführende Literatur verwiesen [15]. Signalunterdrückung wird sowohl bei ESI- als auch bei APCI-Interfaces beobachtet, bei Detektion mit positiver wie auch mit negativer Polarität. Es gibt aber zahlreiche Belege dafür, dass Ionensuppression bei APCI weniger stark ausgeprägt auftritt als bei ESI und im negativen Modus weniger intensiv als im positiven. Bereits beschrieben (Kap. 1) wurde ebenfalls die qualitative Bestimmung der Signalverstärkung bzw. -unterdrückung mittels *postcolumn infusion*. Für eine quantitative Evaluierung von Matrixeffekten bedarf es der Analyse und des anschließenden Vergleichs der Peakflächen der Analyten in matrixbelasteten sowie gespikten matrixfreien Proben. Gerade diese Intensitätsänderungen durch Matrixeinflüsse sind nach wie vor das beste Plädoyer dafür, dass eine robuste und verlässliche Quantifizierung im Massenspektrometer nur mit vorangehender Auftrennung des Probengemisches gelingt. Wird eine unbekannte, gelöste Probe unfraktioniert direkt ins Massenspektrometer infundiert, sind die intensitätsverändernden Wechselwirkungen der gleichzeitig zu ionisierenden Substanzen untereinander derart vielfältig, dass weder eine verlässliche Gehaltsbestimmung funktioniert, noch im Fall starker Suppressionseffekte gewährleistet ist, dass überhaupt alle vorhandenen Substanzen detektiert bzw. akkurat quantifiziert werden können.

### 2.3.4
**Unbekannte Massensignale im Massenspektrum**

Häufig ist man als Anwender mit dem Problem konfrontiert, bei der Suche nach einem Analyten die Signale in einem Massenspektrum nicht auf Anhieb plausibel zuordnen zu können. Entweder findet man andere Werte als die erwarteten, oder es treten zusätzlich zu den gefundenen Massen noch weitere $m/z$-Werte im Massenspektrum auf. Auf die vielfältigen Ursachen dafür soll im Folgenden näher eingegangen werden. Dennoch erlaubt der Rahmen dieses Buches keine erschöpfende Behandlung aller Aspekte. Zur tiefergehenden Erörterung sei wiederum auf einschlägige MS-Fachliteratur verwiesen [7, 18, 20].

#### 2.3.4.1 **Gasphasenaddukte**
Die mit Abstand häufigste Ursache für unbekannte Peaks im Massenspektrum ist die Entstehung von Addukten eines Analytmoleküls mit niedermolekularen Ionen und/oder Neutralspezies in der Gasphase. Art und Ausmaß dieser Adduktbildung variieren dabei stark mit dem gewählten Ionisationsverfahren, den Quellenbedingungen, den Analyteigenschaften und der Qualität der mobilen Phase. Bei ESI und APCI ist die Bildung von Ionen einer Molekülspezies durch Gasphasenclusterung wesentlich für die massenspektrometrische Analyse – typischerweise wird ein Analyt der Molmasse M durch Addition (bei positiver Polarität) oder Abstraktion (bei negativer Polarität) eines Protons in eine geladene Form $[M+H]^+$ bzw. $[M-H]^-$ überführt, deren $m/z$-Verhältnis dann um den Massenbeitrag eines Protons von dem des intakten Neutralmoleküls abweicht. Neben dieser für

die Detektierbarkeit essenziell notwendigen Adduktbildung treten oft noch weitere Spezies in Erscheinung. So findet man häufig Natrium- oder Kaliumaddukte $[M + Na]^+$ bzw. $[M + K]^+$, bei denen die Alkalimetallkationen vornehmlich von den Glasoberflächen der Eluentenflaschen stammen. Man beobachtet meist eine Zunahme dieser Addukte zulasten des Protonadduktes mit längerer Standzeit der Eluenten, sodass man sogar die zeitliche Änderung des Intensitätsverhältnisses zwischen Proton- und Alkalimetalladdukt als einen groben Indikator für das Alter der Eluenten verwenden kann. Nimmt die Intensität des Natrium- oder Kaliumadduktes mit der Zeit überhand, ist es überfällig, die mobile Phase der UHPLC-Trennung neu anzusetzen. Die hinlänglich bekannte chemische Ähnlichkeit zwischen Alkalikationen und dem Ammoniumion führt dazu, dass bei Verwendung von Ammoniumsalzen als Pufferadditiv bevorzugt das Ammoniumaddukt $[M + NH_4]^+$ entsteht. Neben diesen Spezies findet man, je nach Güte der Trocknung in der Ionenquelle, auch höhere Aggregate, bei denen typischerweise noch Solvensmoleküle mit dem Analyten und dem Ladungsspender clustern, so z. B. $[M + H_2O + H]^+$ oder $[M + CH_3CN + H]^+$. Mitunter treten Cluster aus mehreren Analytmolekülen, die sich ein Proton oder Natriumkation teilen, in der Form $[2M + H]^+$ bzw. $[2M + Na]^+$ auf. Alle diese Addukte sind durch charakteristische Massendifferenzen im Vergleich zum einfachen Protonenaddukt gekennzeichnet. Tabelle 2.5 listet weitverbreitete Gasphasenaddukte mit ihren jeweiligen nominellen Massendifferenzen zum einfach protonierten ($[M + H]^+$) bzw. deprotonierten Zustand ($[M-H]^-$) auf. Eine weiterführende Übersicht kann der Literatur entnommen werden [16].

**Tab. 2.5** Gängige Gasphasenaddukte bei positiver (links) bzw. negativer (rechts) Polarität. Massendifferenzen beziehen sich auf die Differenz zwischen $[M + H]^+$ (links) bzw. $[M - H]^-$ (rechts) und dem jeweiligen Gasphasenaddukt.

| Positive Polarität Gasphasenaddukt | Nominelle Massendifferenz [ΔDa] | Negative Polarität Gasphasenaddukt | Nominelle Massendifferenz [ΔDa] |
|---|---|---|---|
| $[M + NH_4]^+$ | +17 | $[M - H + H_2O]^-$ | +18 |
| $[M + H_2O + H]^+$ | +18 | $[M - H + CH_3OH]^-$ | +32 |
| $[M + Na]^+$ | +22 | $[M + Cl]^-$ | +36 |
| $[M + CH_3OH + H]^+$ | +32 | $[M - H + CH_3CN]^+$ | +41 |
| $[M + K]^+$ | +38 | $[M + HCOO]^-$ | +46 |
| $[M + CH_3CN + H]^+$ | +41 | $[M + CH_3COO]^-$ | +60 |
| $[M + H_2O + CH_3OH + H]^+$ | +50 | $[M + Br]^-$ | +80 |
| $[M + CH_3CN + Na]^+$ | +63 | $[M + HSO_4]^-$ | +98 |
| $[2M + H]^+$ | – | $[M + H_2PO_4]^-$ | +98 |
| $[2M + Na]^+$ | – | $[M + CF_3COO]^-$ | +114 |
| $[2M + K]^+$ | – | $[2M - H]^-$ | – |

Die Entstehung dieser Addukte lässt sich im Allgemeinen recht gut über die Quellenbedingungen steuern. Mit geeigneten Einstellungen für die Trocknungsbedingungen der Ionenquelle (Temperatur, Vernebelungsgasdruck etc.) können höher aggregierte Addukte effektiv in einfachere Varianten überführt werden. Auch ist in der Regel APCI weniger anfällig gegenüber höheren Addukten mit z. B. Alkalimetallionen, weil hier die Ladungsübertragung auf die Analytmoleküle erst nach der Verdampfung, also vollständig in der Gasphase stattfindet, während bei ESI die Interaktion zwischen Ladungsträger und Analyt zumindest teilweise noch in der Flüssigphase geschieht. Aus demselben Grund sind auch Matrixeffekte bei APCI je nach Anwendung deutlich weniger ausgeprägt. Da die Adduktbildung auch von der Menge und Art der mobilen Phase beeinflusst wird, stellt man zudem eine Änderung der Intensitäten verschiedener Gasphasenspezies bei wechselnder Flussrate der (U)HPLC-Trennung fest.

### 2.3.4.2 Chemische Modifikation des Analyten durch das Trennverfahren

Nicht immer müssen Abweichungen zwischen dem erwarteten und dem beobachteten Analytmassensignal in einer assoziativen Modifikation des Zielmoleküls in Form von Gasphasenaddukten begründet sein. In bestimmten, allerdings eher seltenen Fällen kann auch eine chemische Reaktion mit Komponenten des Trennsystems die Ursache für eine Veränderung des Analyten sein. Zwei Phänomene seien hier kurz genannt. Eine *elektrochemische Oxidation in der ESI-Ionenquelle* wird meist durch oxidierend wirkende Zusätze zur mobilen Phase ausgelöst. Selbst wenn in freier Lösung keine spontan ablaufende nasschemische Reaktion mit dem Analyten eintritt, so sorgt der Einfluss des elektrischen Feldes des Elektrosprayprozesses mitunter für die Bildung eines Redoxpartners im Spraynebel, welcher dann eine Oxidation des Analyten auslöst. Ein Beispiel hierfür ist die bereits in Abschn. 2.2.1.2 beschriebene Verwendung von Chloridsalzen als Zusatz zur mobilen Phase. Durch die ESI-Spannung wird hier in der Gasphase oxidativ wirkendes Chlor erzeugt, das seinerseits als Oxidationsmittel z. B. Proteine an ausgewählten Stellen oxidiert und so einen $m/z$-Unterschied von +16 bewirkt [14]. Wie zuvor beschrieben, ist dies neben der Bildung schwerflüchtiger Verbindungen ein sehr triftiger Grund, auf Chloride in der mobilen Phase zu verzichten. Ebenfalls beobachtet wurden *fotochemische Oxidationen* unter dem Einfluss von lichtstarken UV-Detektoren. Energiereiches UV-Licht niedriger Wellenlänge vermag manche Analyten mit geeignetem Absorptionsverhalten elektronisch so anzuregen, dass eine Oxidationsreaktion ausgelöst wird. Große Biomoleküle wie Proteine sind dabei gegenüber diesem Phänomen anfälliger als kleine organische Moleküle. Bestätigen lässt sich ein aufkeimender Verdacht sehr schnell durch Wiederholen der Messung ohne UV-Detektor. Stimmen nun die gefundenen $m/z$-Werte mit der theoretischen Erwartung überein, ist der UV-Detektor als Übeltäter überführt. Insbesondere lichtstarke Diodenarraydetektoren sind hier meist problematischer als Einzelwellenlängen-UV-Detektoren, da sie stets das komplette Emissionsspektrum der Deuteriumlampe in die Messzelle einstrahlen und eine Diskriminierung der Wellenlängen erst hinter dem „Fotoreaktor Flusszelle" erfolgt. Abhilfe schafft in der Regel die Verwendung eines Einzelwellenlängen-UV-Detektors.

### 2.3.4.3 Fragmentierung in der Quelle (in-source fragmentation)

Fragmentierungsreaktionen in der Gasphase sind ein fundamentaler Bestandteil massenspektrometrischer Untersuchungen. Sofern sie kontrolliert und reproduzierbar ablaufen, indem ein Analyt so wohldosiert angeregt wird, dass er selektiv an den schwächsten Bindungen im Molekül zerbricht und dadurch charakteristische Fragmente bildet, liefern Fragmentierungsreaktionen ein Massenspektrum, das gleichsam wie ein Fingerabdruck eine Substanz zu identifizieren vermag. Und selbst wenn das angewendete Messprinzip keine Aufzeichnung ganzer Full-scan-Spektren gestattet, weil hohe Empfindlichkeit gefordert ist, so stellt das Detektieren von möglichst vielen charakteristischen Fragmentionen im SRM-Betrieb fast schon eine spezifische Detektion sicher. ESI und APCI gelten jedoch als vergleichsweise milde Ionisationsverfahren, die Analytmoleküle unfragmentiert in die Gasphase überführen – ein grundlegender Unterschied zur Elektronenionisation (EI) der GC-MS. Dies gestattet zwar die Bestimmung der Molmasse einer intakten Verbindung, man verliert jedoch die Möglichkeit, über die Fragmentionen Aufschluss über die chemische Natur einer Substanz zu erhalten. Mithilfe ausgefeilter Tandem-MS-Techniken lassen sich nach Belieben kontrollierte Zerfallsbedingungen, meist in Kollisionszellen erzeugen – hier kennt der Anwender die zu erwartenden Produktionen recht gut, Überraschungen bleiben meist aus. Viele Jahre intensiver Forschungen haben zahlreiche Zerfalls- und Folgereaktionen wie Spaltungen und Umlagerungen in der Gasphase aufgeklärt [17, 18] – ein sehr informatives und ausführliches Tutorium von Holcapek *et al.* bietet eine hilfreiche Handreichung, Fragmentierungen von kleinen Molekülen in API-Massenspektrometern aufzuklären [16].

Neben diesen absichtlich herbeigeführten Fragmentierungsreaktionen besteht jedoch immer die Möglichkeit – oder die Gefahr – der Analytfragmentierung auf unkontrolliertem Weg, meist durch ungünstig eingestellte Quellen- oder Ionentransferbedingungen. Solange sich die Ionen der Analytmolekülspezies noch nicht im Hochvakuumbereich des Massenspektrometers aufhalten, sprich in der Ionenquelle oder im Transferbereich der Ionenoptik, der typischerweise mit einer stufenweisen Absenkung des Innendrucks einhergeht, befinden sie sich in einer Umgebung, in der ihre mittlere freie Weglänge nicht bis zu mehreren Dutzend Zentimeter beträgt (ca. 50 cm für ein Vakuum von $10^{-4}$ mbar), sondern nur wenige Mikrometer (ca. 50 µm bei 1 mbar). Eine Kollision mit störenden Gasmolekülen ist dadurch sehr wahrscheinlich, und je höher der Impuls bei der Kollision, umso stärker tritt bereits im Einzugsbereich der Quelle ungewollte Fragmentierung auf. Kontrollieren lässt sich dies durch die Wahl geeigneter Beschleunigungsspannungen. Werden die Potenzialdifferenzen, die die Ionen durch die Ionenoptik hindurch beschleunigen, sehr hoch eingestellt, z. B. die Spannung an der Ionentransferkapillare oder an Skimmerelektroden, führen Stöße der Ionen mit überschüssigen Restgasmolekülen rasch zur Zunahme von Fragmentionsignalen im Massenspektrum (sogenannte *nozzle-skimmer dissociation*).

Bei der MS-Methodenoptimierung wird man sinnvollerweise mittels FIA stufenweise die Parameter von Quelle und Transferbereich optimieren und dabei die Signaländerung über die Zeit und die Spektrenqualität beobachten, um exzessive Fragmentierung zu vermeiden. In manchen Fällen kann dieses Prinzip im Gegenzug aber auch dazu genutzt werden, um zusätzliche Substanzinformationen über Fragmentionen bei vergleichsweise schlichten und kostengünstigen Massenspektrometern wie Single-Quadrupol-Geräten zu gewinnen.

Eine sehr umfassende Tabelle zu den einzelnen Fragmentbildungen aus diversen funktionellen Gruppen ist der Literatur zu entnehmen [16]. Als Beispiele für häufig auftretende Fragmentierungen seien hier das Verhalten von Alkoholen, Aldehyden und Carbonsäuren genannt. Diese Substanzklassen zeichnen sich dank der hohen Elektronegativität von Sauerstoff durch eine starke Heteropolarität der Kohlenstoff-Sauerstoff-Bindung(en) aus. Abhängig von der chemischen Konstitution des Analyten ist der Neutralverlust von Wasser unter geeigneten Bedingungen eine unmittelbare Folge davon, der Verlust von Kohlenstoffoxiden eine weitere. Im positiven Modus protoniert, spalten Alkohole (R $-$ OH$_2^+$ aus R-OH) bevorzugt Wasser ab und erzeugen ein Fragment R$^+$ (entspricht [M + H $-$ H$_2$O]$^+$), das im Vergleich zum erwarteten Ion der intakten Molekülspezies [M + H]$^+$ um nominell 18 Da leichter ist. Aldehyde setzen unter Verlust von Kohlenmonoxid (CO) ein Fragmention [M + H $-$ CO]$^+$ frei. Aliphatische Carbonsäuren verlieren nach Protonierung bevorzugt das thermodynamisch sehr stabile Kohlendioxid, während aromatische Carbonsäuren unter diesen Bedingungen oftmals „nur" Wasser abspalten und als Acyliumion detektiert werden.

#### 2.3.4.4 Verunreinigungen aus der Apparatur

Falls es nicht gelingt, mithilfe bekannter Fragmentierungsreaktionen und chemischem Sachverstand eine plausible Begründung für das Zustandekommen bestimmter Massensignale zu finden, falls die Zahl an Peaks im MS-Spektrum so ungewöhnlich hoch ist, dass sie mit Molekülzerfall allein nicht zufriedenstellend erklärt werden kann, oder falls Störungen im Spektrum auftreten, die sich nicht in einem konkreten Massensignal äußern, bleibt immer noch ein ganz banaler Grund: Verunreinigungen, die aus der Anlage, also dem Chromatografen oder dem Massenspektrometer stammen. Wurde Letzteres erst zuvor gründlich gereinigt, bleibt als Übeltäter noch die (U)HPLC-Apparatur und alles, was fluidisch mit ihr verbunden ist, und hier können die Eintragsquellen mitunter mannigfaltig sein:

- *Säulenbluten* einer alternden oder für MS ungeeigneten Trennsäule führt zum vermehrten Auswaschen von Bondingresten der stationären Phase, die sich vom Trägermaterial ablösen und ein erhöhtes Rauschen im MS-Chromatogramm zur Folge haben.
- *Weichmacher* sind in praktisch allen modernen Kunststoffen enthalten, angefangen von Plastikvials über Eluentenansaugschläuche und Kolbendichtungen bis hin zu Filterfritten und anderen Bauteilen. Weitverbreitet sind Phthalsäureester, die sich anhand ihrer charakteristischen Massen ($m/z$ 279, 391,

413, 429, 454 u. v. m.) meist schnell identifizieren lassen. Auch Gleitstoffe oder Trennmittel wie Erucamid ($m/z$ 338, 360) werden häufig beobachtet.
- *Perfluorierte Verbindungen* können aus Fluorpolymeren wie dem weitverbreiteten Kunststoff PTFE (Teflon™) ausgewaschen werden. Aufgrund seiner hohen chemischen Beständigkeit ist PTFE ein beliebter Werkstoff im LC-Anlagenbau. Neben Ansaugschläuchen oder Fritten sind häufig die Flächen- oder Hohlfasermembranen der Vakuumentgaser in der LC-Pumpe daraus gefertigt. Nähere Auskunft geben hier meist die Datenblätter der Gerätehersteller, in denen die im Flusspfad verbauten Materialien aufgeführt sind. Die ausgewaschenen fluorhaltigen Bestandteile stören allerdings nahezu ausschließlich LC-MS-Analysenmethoden zur Bestimmung von per-/polyfluorierten Verbindungen (PFC) oder perfluorierten organischen Säuren (PFOA), sodass dies die meisten LC-MS-Analysen nicht weiter tangiert. Speziell für die PFOA-Bestimmung können bei Bedarf UHPLC-Anlagen auf PTFE-freie Fluidiken umgerüstet werden. Da natürliches Fluor isotopenrein ($^{19}$F) vorkommt – sämtliche anderen bekannten Fluorisotope sind künstlich erzeugt worden –, verraten sich diese Substanzen im MS-Spektrum durch eine charakteristische Abweichung der für fluorfreie organische Verbindungen üblichen Isotopenverteilung: Bei kleinen Molekülen ist die Intensität der monoisotopischen Masse in Anwesenheit von Fluor meist deutlich überbetont.
- Ebenfalls rasch zu identifizieren anhand ihres charakteristischen Auftretens im MS-Spektrum sind *Polyether* wie *Polyethylen-* und *Polypropylenglykole (PEG/PPG)*. Sie kommen nahezu ubiquitär in Kunststoffen vor, können aber auch durch unsorgfältiges Arbeiten aus Einweghandschuhen oder Hautpflegemitteln in die Anlage eingebracht werden. Diese Substanzen treten als Polymere nie mit nur einem einzigen Massensignal auf, sondern zeigen stets ein charakteristisches Verteilungsprofil [22]. Die Massenabstände der Monomereinheiten betragen bei PEG $\Delta m/z = 44$, bei PPG 58, womit sich diese Verunreinigungen sehr schnell verraten.
- *Polysiloxane (Silicone)* sind Hauptbestandteil zahlreicher Hochleistungsöle und Vakuumfette. Dringen Spuren von Öldämpfen aus dem Wirkungsbereich der Vorvakuumpumpe in das Massenspektrometer ein, so finden sich charakteristische Signale z. B. bei $m/z = 371$, 445 oder 519. In einem solchen Fall empfiehlt sich auch ein prüfender Blick auf die Ionenoptik, z. B. auf die fokussierenden Multipole. Mitunter ist der Ölnebeleintrag in das Massenspektrometer so stark, dass sich über einen Zeitraum von einigen Tagen bis Wochen ein dünner Ölfilm auf den Metalloberflächen abscheidet. Spätestens dann ist mit einem deutlichen Abfallen der Empfindlichkeit zu rechnen, und eine Reinigung des Massenspektrometers ist unvermeidlich. In einem solchen Fall hilft es manchmal bereits, die Abluftschläuche von Vorvakuumpumpe und Quellendrainage präventiv nicht in dieselbe Abluftabsaugung des Labors zu hängen, sondern sie möglichst weit (0,5–1 m) voneinander zu entfernen.
- *Metallionen* können gelegentlich zu größeren Gasphasenaggregaten mit Analytmolekülen führen oder auch durch Reaktion mit Probenbestandteilen die Detektion bestimmter Substanzen unmöglich machen. Bereits diskutiert wur-

de die Bildung von Alkalimetalladdukten: Bei groben Anlagendefekten, bei denen es, z. B. infolge eines erheblich beschädigten Injektionsventils, zur umfassenden Freisetzung von Eisenionen kommt, können in seltenen Fällen Eisenionencluster detektiert werden, die sich aber anhand der Isotopenverteilung des Eisens, die sich stark von den „üblichen Verdächtigen" der organischen Chemie (C, H, N, O, S) unterscheidet, und seiner Mehrfachladung erkennen lassen. Schwerer wiegt bei biochemischen Anwendungen die Neigung vieler biologischer Substanzen, mit Eisen schwerlösliche bzw. -flüchtige Verbindungen zu bilden. Oft beschrieben wurde der Effekt, dass phosphorylierte Proteine und Peptide in einer eisenhaltigen Apparatur nach der Injektion auf Nimmerwiedersehen verschwinden. Abhilfe schafft in diesem Fall das Ausweichen auf eine stahlfreie Fluidik aus Titan, biokompatiblen Metalllegierungen oder PEEK-Kunststoff, wobei Letzteres nicht sehr druckbeständig ist und keine UHPLC-Applikationen erlaubt.
- *Gelöste Restgase* wiederum sind eher ein Phänomen, das sich in Sprayinstabilität und störenden Spikes im MS-Chromatogramm bzw. -Spektrum äußert.

Die hier vorgestellten Aspekte können nur die wichtigsten allgemeinen Phänomene ansprechen, aber im Hinblick auf eine Begrenzung des Umfangs keinesfalls eine erschöpfende Auflistung aller bislang beobachteten Verunreinigungssignale [19] bieten. Keller *et al.* publizierten bereits vor einigen Jahren ein äußerst umfassendes Kompendium mit ausführlichem Tabellenmaterial zu bis dahin literaturbekannten MS-Kontaminanten [20]. Diverse Gerätehersteller gehen mit diesem Thema sehr offen um und haben eigene Unterlagen über MS-Kontaminationssignale zusammengestellt[21, 22], und nicht zuletzt ermöglicht auch das externe Gedächtnis der Menschheit, das Internet, zahlreiche Rechercheemöglichkeiten. So bietet z. B. die Datenbank *MaConDa* (*Ma*ss spectrometry *Con*taminant *Da*tabase) der Universität Birmingham [23] eine Suchfunktion, die es erlaubt, nach über 200 Verunreinigungen anhand der exakten Masse, der Substanzklasse der Kontaminanten und verwendetem Massenspektrometer (Bautyp und Fabrikat) zu suchen. Abgerundet wird das Angebot durch zahlreiche Literaturverweise.

### 2.3.5
**Apparative Gründe für Fehlinterpretation von Massenspektren**

Abschließend soll es nun darum gehen, welche apparativen Ursachen zu einer Fehlinterpretation von Massenspektren führen können. Wie schon eingangs diskutiert, haben die einzelnen MS-Bautypen ihre Stärken und Schwächen, die sich auch in der Qualität des analytischen Ergebnisses niederschlagen. Anhand dreier Szenarien soll dies im Folgenden diskutiert werden.

**Irrtümliche Massenzuordnung je nach Ionisationsverfahren**
Wie zuvor im Abschn. 2.3.4.1 besprochen, beeinflusst schon die Art des Ionisationsverfahrens den im Spektrum erhaltenen Wert für das $m/z$-Verhältnis eines unbekannten Analyten. Bereits die vorherrschende Art der Ladungsübertra-

gung durch Protonen führt ja nicht zur Molmasse des intakten Moleküls, sondern des um eine Protonenmasse korrigierten Werts. Bei Verfahren wie APPI, bei denen auch (ähnlich der in der LC-MS kaum angewandten EI) Ladungsübertragung durch Elektronen erfolgen kann, unterscheidet sich hingegen der Messwert vom theoretischen Wert des intakten Analytmoleküls nur um den signifikant niedrigeren Beitrag einer Elektronenmasse. Die Bildung weiterer Addukte aus Alkalimetallionen und Solvensmolekülen kann zusätzlich dazu führen, dass irrtümlich eine Molmasse als $[M + H]^+$ interpretiert wird, obwohl man gerade womöglich de facto eine $[M + H_2O + Na]^+$-Spezies auswertet. Ein Blick in das Massenspektrum hilft hier oft schon weiter, denn meist tritt nie nur eine Adduktspezies exklusiv auf, und die diversen Aggregate unterscheiden sich durch charakteristische $m/z$-Unterschiede.

**Fehlinterpretation durch mangelnde Massenauflösung**
Eine unzureichende Massenauflösung verleitet mitunter dazu, Massensignale nicht korrekt zu interpretieren. Treffen zwei Analytspezies zugleich im Massenanalysator ein, die sich nur um Bruchteile ihres $m/z$-Verhältnisses unterscheiden, so wird ein niedrigauflösendes Massenspektrometer diese Massensignale nicht voneinander getrennt erfassen können. Stattdessen erhält man ein Spektrum, das als Ergebnis der Überlagerung zweier Massenmuster die einhüllende Kurve zeigt, deren Peakmaxima nicht identisch sein müssen mit der Lage der jeweiligen Massenpeaks in den Spektren der Reinsubstanzen (vgl. Abb. 2.9). Zudem ist mit niedrigauflösenden Massenspektrometern auch die Bestimmung höherer Ladungszustände nicht mehr möglich: Der Abstand der Isotopensignale zueinander beträgt bekanntlich $1/n$ des Ladungszustandes $n$, sodass bei Analytionen mit drei oder mehr Ladungen die Unterscheidbarkeit der Isotopensignale scheitern kann (Abb. 2.10). Dies führt in summa zum Nichtentdecken von koeluierenden Verunreinigungen oder der irrtümlichen Angabe von falschen Substanzzuordnungen

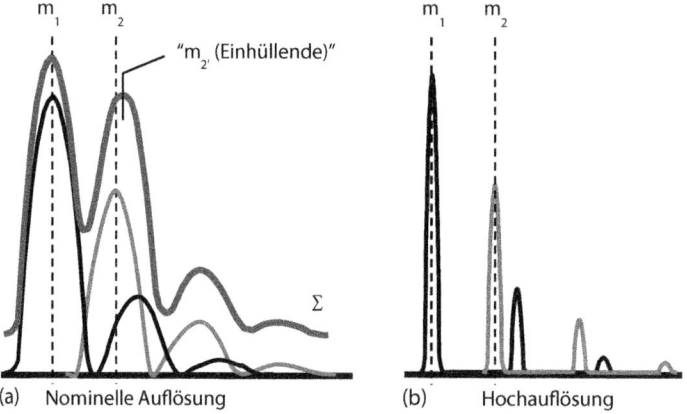

**Abb. 2.9** Massenspektrum zweier koeluierender Substanzen $m_1$ und $m_2$ mit einem niedrigauflösenden (a) und mit hochauflösendem (b) Massenspektrometer gemessen.

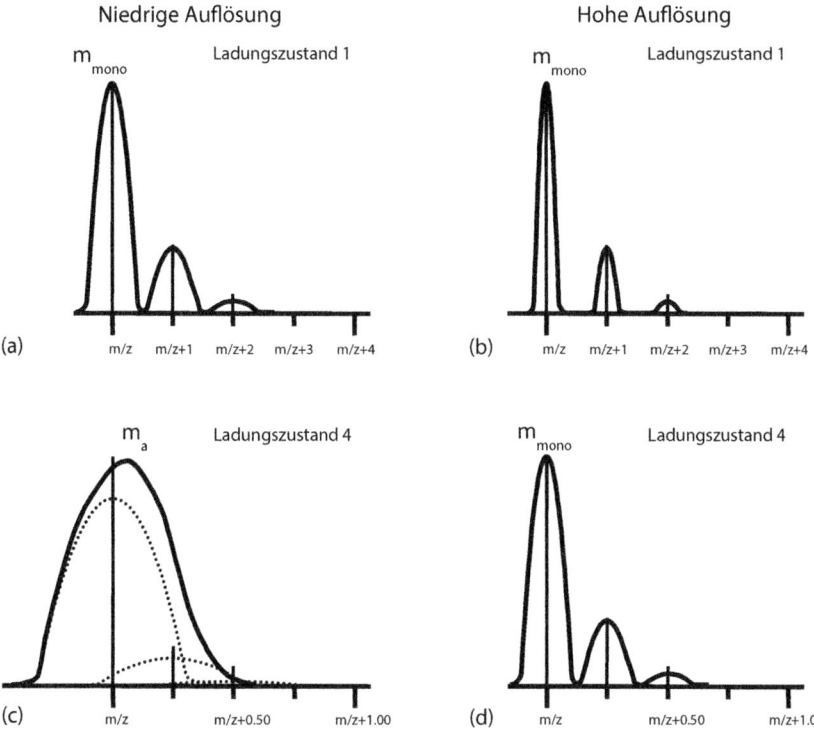

**Abb. 2.10** Massenspektrum einer einfach (a, b) und einer vierfach geladenen (c, d) Substanz, mit einem niedrigauflösenden (a, c) und mit hochauflösendem (b, d) Massenspektrometer gemessen.

oder -identifizierungen. Wie gut die Auflösung eines Massenspektrometers sein muss, um diese Probleme zu vermeiden, hängt – neben der Geldbörse des Anwenders – von der Komplexität der zu untersuchenden Proben und der Qualität der Vortrennung ab. Je besser die Chromatografie, umso eindeutiger wird die Aussage eines Massenspektrums werden. Generell sollte ein Massenspektrometer, das zur Bestimmung von akkuraten Massen verwendet wird, eine Auflösung $R$ von mindestens 10 000–15 000 bieten (in der Literatur wird $R = 10\,000$ gemeinhin als Grenze zur Hochauflösung und $R > 100\,000$ zur Ultrahochauflösung betrachtet) [6].

**Falsche Massenbestimmung durch ungeeignete oder instabile Messbedingungen**
Es liegt auf der Hand: Da eine Massenbestimmung stets über eine Vergleichsmessung mit bekannten Kalibriersubstanzen erfolgt, entscheidet die Güte der Gerätekalibrierung und ihre Langzeitstabilität über Wohl und Wehe. Abgelaufene oder verschmutzte Kalibrierlösungen mit partiell zersetzten Referenzsubstanzen sind hier wenig hilfreich. Bei einer unklaren Zahl an Massensignalen während der Kalibrierung gerät die Autotuningfunktion des Massenspektrometers, sofern vor-

handen, rasch ins Straucheln und scheitert womöglich ganz. Einmal erfolgreich kalibriert, muss regelmäßig durch einen Tuningcheck die Güte der Kalibrierung überprüft werden. Wie bereits diskutiert, sind insbesondere TOF-Geräte anfällig gegenüber einer Drift der Massenkalibrierung bereits im Zeitraum weniger (Viertel-)Stunden. Hier ist eine interne Kalibrierung mit permanenter Zuführung der Referenzsubstanzen unumgänglich. Bei ionenfallenartigen Massenspektrometern (QIT, LIT, FTICR, Orbitrap) sorgt zudem die räumliche Dichte der in dem Ionenspeicher gefangenen Spezies für ungewollte Abweichungen vom theoretischen Ergebnis. Die zirkulierenden Ionenpakete aller Analytmoleküle wirken als eine Raumladung (*space charge*), die eigene elektrische Felder erregen und dadurch wie eine Abschirmung das von außen angelegte elektromagnetische Feld lokal erheblich verzerren. Dieser Effekt, der bei einer hohen Teilchenzahldichte in der Speicherzelle sowie bei vielfach geladenen Ionen spürbar wird, sorgt für eine Verschiebung der Resonanzbedingung der jeweiligen Ionensorten in der Ionenfalle. Darunter leiden Massengenauigkeit und Auflösung mitunter deutlich. Ein zu hoher Füllgrad der Speicherzelle beeinflusst das Messergebnis somit negativ. Ist die Falle hingegen zu gering gefüllt, verliert der Anwender Empfindlichkeit. Den optimalen Füllgrad berechnen Steuersoftwares heute dynamisch in Echtzeit (je nach Hersteller *ICC, AGC* oder anderweitig benannt). Bei konzentrierten Probenzonen allerdings wird der maximale Füllstand mitunter überschritten. Bauartbedingt leiden lineare Ionenfallen (LIT) aufgrund ihrer längeren räumlichen Ausdehnung weniger unter dem Raumladungseffekt als zylindrische (QIT).

## 2.4
**Fazit**

Seit weit mehr als einer Dekade nun ist die Kopplung der Flüssigchromatografie mit der Massenspektrometrie erfolgreich kommerzialisiert. Nach der ersten Sturm-und-Drang-Phase haben sich mittlerweile viele ausgereifte LC-MS-Lösungen am Markt etabliert, die präzise und robust ihren Dienst im Laboralltag verrichten. Während bestimmte MS-Techniken bis heute dem reinen Forschungsbetrieb mit entsprechend umfangreichem Betreuungsaufwand vorbehalten sind, drängen andere stark in die Routineanwendung, nachdem heutzutage kein ausgeprägter Wagemut des Analytikers mehr vonnöten ist, um sich an der LC-MS-Kopplung zu versuchen. In dieser Zeit der Marktreifung haben sich nicht nur neue MS-Technologien wie die Orbitrap etabliert, auch die Flüssigchromatografie hat sich weiterentwickelt und mit der UHPLC einen großen Schritt nach vorn hin zu kürzeren Analysendauern bzw. deutlich höherer Trennleistung gemacht. Alles in allem stellt die LC-MS heute ein mächtiges, zugleich aber angesichts der Komplexität der Geräte erstaunlich benutzerfreundliches Analytikwerkzeug dar, auch wenn Massenspektrometrie keine analytische Allzweckwaffe ist und es absehbar auch nicht sein wird. Voraussetzung für den höchsten Nutzen einer LC-MS-Installation ist die sorgfältige physikochemische Abstimmung der beiden Welten LC und MS aufeinander, wozu dieses Kapitel einen Beitrag zu leisten versucht. In der Zukunft wird mit Sicherheit noch manches technologisches Neuland betreten, sei es zur Steigerung der Instrumentenleistung hin zu noch mehr Auflösung und Geschwindigkeit, sei es zur Miniaturisierung der Geräte oder zur Verbesserung der Bedienerfreundlichkeit durch neuartige, leistungsfähige Softwareumgebungen. Eine Konstante bleibt jedoch: Nicht nur die Trenntechnik profitiert von der umfassenden Information durch die Massenanalyse. Auch die Massenspektrometrie bleibt ohne sorgfältig optimierte Chromatografie weit hinter ihren Möglichkeiten zurück. Beide Systeme, Chromatografie wie Massenspektrometrie, werden daher noch lange aufeinander angewiesen bleiben.

## 2.5
### Abkürzungen

| | |
|---|---|
| APCI | Chemische Ionisation bei Atmosphärendruck (engl. *atmospheric pressure chemical ionization*) |
| CAD | Charged aerosol detection |
| CID | Stoßinduzierte Fragmentierung (engl. *collision-induced dissociation*) |
| EI | Elektronenionisation (früher auch: Elektronenstoßionisation) |
| EIC | Extrahiertes Ionenchromatogramm |
| ESI | Elektrospray-Ionisation |
| ELSD | Verdampfungslichtstreudetektor (engl. *evaporative light scattering detector*) |
| FA | Ameisensäure |
| FIA | Fließinjektionsanalyse |
| FT | Fourier-Transformation |
| GDV | Gradientenverzögerungsvolumen (engl. *gradient delay volume*) |
| HILIC | Hydrophile Interaktions-Flüssigchromatografie (engl. *hydrophilic interaction liquid chromatography*) |
| HPG | Hochdruckgradientenpumpe (engl. *high-pressure gradient pump*) |
| HRAM | Hochauflösung/Exaktmassenmessung (engl. *high resolution/accurate mass*) |
| HTS | Hochdurchsatzscreening (engl. *high throughput screening*) |
| HV | Hochspannung (engl. *high voltage*) |
| ICR | Ionenzyklotronresonanz |
| LIT | Lineare Ionenfalle (engl. *linear ion trap*) |
| LPG | Niederdruckgradientenpumpe (engl. *low-pressure gradient pump*) |
| MRM | Multiple reaction monitoring |
| MSD | Massenselektiver Detektor |
| PEEK | Polyetheretherketon |
| PEG | Poly(ethylenglykol) |
| PFC | Perfluorierte Verbindungen (engl. *perfluorinated compounds*) |
| PFOA | Perfluorierte organische Säuren (engl. *perfluorinated organic acids*) |
| PPG | Poly(propylenglykol) |

QIT  Zylindrische Ionenfalle (engl. *quadrupole ion trap*; Begriff nicht mehr zeitgemäß)
RP  Umkehrphase (engl. *reversed phase*)
SIM  Single ion monitoring
SRM  Selected reaction monitoring
TFA  Trifluoressigsäure
TOF  Flugzeitmassenanalysator (engl. *time of flight*)

**Literatur**

1 Rogatsky, E., Zheng, Z. und Stein, D. (2010) *J. Sep. Sci.* **33**, 1513–1517.
2 Thermo Fisher Scientific: Viper™ Fingertight Fitting, URL: http://www.thermofisher.com/de/de/home/industrial/chromatography/liquid-chromatography-lc/viper-fittings.html, (zugegriffen am 10. März 2017).
3 Agilent Technologies. A-Line Fittings, URL: http://www.agilent.com/en-us/products/liquid-chromatography/lc-supplies/capillaries-fittings/a-line-fittings, (zugegriffen am 10. März 2017).
4 MicroSolv Technology Corporation. Sure-Fit Connectors, https://www.idex-hs.com/fluidic-connections/fittings/coned-fittings/sure-fittm-connectors.html, (zugegriffen am 10. März 2017).
5 IDEX Health & Science (2016) MarvelX, URL: https://www.idex-hs.com/marvelx, (zugegriffen am 10. März 2017).
6 Holcapek, M., Jirasko, R. und Lisa, M. (2012) *J. Chromatogr. A*, **1259**, 3–15.
7 de Hoffmann, V. und Stroobant, V. (2009) *Mass Spectrometry – Principles and Applications*, 3. Aufl., John Wiley & Sons Ltd, Chichester, West Sussex.
8 Rodriguez-Aller, M., Gurny, R., Veuthey, J.-L. und Guillarme, D.J. (2012) *J. Chromatogr. A*, **1292**, 2–18.
9 Schappler, J., Nicoli, R., Nguyen, D., Rudaz, S., Veuthey, J.-L. und Guillarme, D. (2009) *Talanta*, **78**, 377–387.
10 Hopfgartner, G., Bean, K. und Henion, J. (1993) *J. Chromatogr.*, **647**, 51–61.
11 Asperger, A., Efer, J., Koal, T. und Engewald, W. (2001) *J. Chromatogr. A*, **937**, 65–72.
12 Thermo Fisher Scientific, *LCMS – Solvent selection*; slide 8, URL: http://www.thermoscientific.com/content/dam/tfs/Country%20Specific%20Assets/ja-ja/CMD/GCMS/faq/docs/technique/LCMS-basic-Choice-of-the-solvent-JA.pdf, [Zugriff am 30. Januar 2016).
13 Dams, R., Benijts, T., Günther, W., Lambert, W. und De Leenheer, A. (2002) *Rapid Commun. Mass Spectrom.*, **16**, 1072–1077.
14 Hoffmann, T. und Martin, M.M. (2010) *Electrophoresis*, **31**(7), 1248–1255.
15 Gosetti, F., Mazzucco, E., Zampieri, D. und Gennaro, M.C. (2010) *J. Chromatogr. A*, **1217**, 3929–3937.
16 Holcapek, M., Jirasko, R. und Lisa, M. (2010) *J. Chromatogr. A*, **1217**, 3908–3921.
17 McLafferty, F.W. und Turecek, F. (1993) *Interpretation of Mass Spectra*, University Science Books, Mill Valley, CA, USA.
18 Smith, R.M. (2005) *Understanding Mass Spectra: A Basic Approach*, John Wiley & Sons, Inc., Hoboken, NJ, USA.
19 Guo, X.H., Bruins, A.P. und Covey, T.R. (2006) *Rapid Commun. Mass Spectrom.*, **20**(20), 3145–3150.
20 Keller, B.O., Suj, J., Young, A.B. und Whittal, R.M. (2008) *Analytica Chimica Acta*, **627**(1), 71–81.

21 Agilent Technologies. *What are the common contaminants in my GCMS*, URL: http://www.agilent.com/cs/library/Support/Documents/FAQ232%20F05001.pdf, (zugegriffen am 10. März 2017).

22 Waters Corporation. *ESI$^+$ Common Background Ions*, URL: http://www.waters.com/webassets/cms/support/docs/bkgrnd_ion_mstr_list.pdf, (zugegriffen am 10. März 2017).

23 MaConDa Mass spectrometry Contaminant Database, URL: http://www.maconda.bham.ac.uk/search.php, (zugegriffen am 10. März 2017).

# 3
# Aspekte der Methodenentwicklung bei der LC-MS-Kopplung

*T. Teutenberg, T. Hetzel, C. Portner, S. Wiese, C. vom Eyser und J. Türk*

## 3.1
### Einleitung

In diesem Kapitel möchten wir einige der wichtigsten Überlegungen in Bezug auf die Methodenentwicklung für die LC-MS-Kopplung erläutern und kommentieren. Wir haben uns dabei an der bereits verfügbaren Fachliteratur orientiert und wollen uns auf diejenigen Aspekte an der Schnittstelle zwischen LC und MS konzentrieren, die zwar auch in anderen Lehrbüchern beschrieben, nicht jedoch in den spezifischen Kontext der LC-MS-Kopplung gestellt werden. Den interessierten Leser verweisen wir an den Stellen, die eine tiefergehende Betrachtung nach sich ziehen, auf die für ihn relevante Spezialliteratur.

Wir gehen davon aus, dass der Leser dieses Kapitels mit den grundlegenden Begriffen der Flüssigkeitschromatografie und Massenspektrometrie vertraut ist. Das „Drehbuch" bzw. die „Storyline" für dieses Kapitel bildet eine DIN-Vorschrift aus dem Bereich der Umweltanalytik, die die Vorgehensweise bei der „Bestimmung ausgewählter Arzneimittelwirkstoffe und weiterer organischer Stoffe in Wasser und Abwasser" regelt [1]. Die DIN 38407-47:2015-07 ist ideal als „roter Diskussionsfaden" geeignet, weil zwar konkrete Handlungsempfehlungen in Bezug auf die LC-MS-Analytik gegeben werden, bekanntlich aber viele Wege zum Ziel führen. Darüber hinaus wird der nicht ganz so erfahrene Anwender an vielen Stellen unsicher sein, welcher Arbeitsaufwand sich hinter den Zielformulierungen verbirgt.

Auch wenn dieses Kapitel aus der Sicht der Umweltanalytik geschrieben ist, sind die Inhalte auf viele Bereiche der Lebenswissenschaften übertragbar. Nach einem kleinen Überblick und einer Einteilung der verschiedenen Analysestrategien (Targetanalytik versus Non-target-Analytik) möchten wir die Frage nach einer sinnvollen und pragmatischen Vorgehensweise der Methodenentwicklung im Kontext der LC-MS diskutieren. Dies betrifft vor allem die Fragestellung, welche chromatografischen und massenspektrometrischen Parameter im Rahmen einer Methodenentwicklung optimiert werden sollten und wie der Anwender zu einer zufriedenstellenden Lösung innerhalb einer überschaubaren Zeitspanne kommt. Der zweite Teil des Kapitels hat die Diskussion der Datenaufnahmerate zum Ziel. Anhand konkreter Zahlenbeispiele gehen wir auf die Fallstricke ein, die sich ergeben, wenn hocheffiziente chromatografische Verfahren in Verbindung mit unterschiedlichen Akquisitionsmodi des Massenspektrometers gekoppelt und darüber hinaus eine große Anzahl von Verbindungen in einem einzigen chromatografischen Lauf erfasst werden sollen.

## 3.2
### Von der Targetanalytik zu Screeninguntersuchungen

### 3.2.1
### Targetanalytik

Heutzutage wird im Wesentlichen zwischen Targetanalytik und Screeninguntersuchungen differenziert. Bei der Targetanalytik existiert eine feste Liste an Substanzen, die in einer Probe nachgewiesen und deren Konzentration bestimmt werden sollen. Hierzu werden Referenzstandards verwendet, mit denen zunächst die spezifischen massenspektrometrischen und chromatografischen Messparameter optimiert werden.

### 3.2.2
### Suspected-target screening

Beim suspected-target screening wird ein Suchlauf auf erwartete Substanzen durchgeführt. Diese Definition erscheint zunächst widersprüchlich, weil es sich auf der einen Seite um einen Screeningansatz, auf der anderen Seite um die Detektion bekannter bzw. erwarteter Substanzen handelt. Im Gegensatz zur Targetanalytik, die im Wesentlichen auf die Quantifizierung der in einer Probe zu bestimmenden Substanzen abzielt, erfolgt beim suspected-target screening ein Abgleich mit einem Referenzstandard lediglich zur Erstellung einer Liste von Identifikationskriterien wie z. B. der Retentionszeit, dem Vorläuferion bzw. der hieraus berechneten Summenformel, dem Isotopenverhältnis oder der MS/MS-Spektren. Diese Informationen können sowohl in einer eigenen als auch in freien oder kommerziellen Datenbanken hinterlegt sein. Danach werden die Proben immer mit der Referenzdatenbank verglichen. Je größer die Anzahl der Identifizierungskriterien ist, desto größer ist auch die Wahrscheinlichkeit, dass es sich bei der detektierten Verbindung um die erwartete Komponente handelt. Ein Abgleich mit einer Referenzstandardlösung kann final zur Bestätigung der identifizierten Substanzen herangezogen werden. Dieser Schritt ist dann sinnvoll, wenn nur wenige Identifizierungskriterien erfüllt sind und der Befund nicht plausibel erscheint. Wir verweisen den interessierten Leser an dieser Stelle auf weitere Fachliteratur, die den Workflow des suspected-target screenings im Detail beschreibt [2].

## 3.2.3
**Non-target screening**

Bei einem non-target screening gibt es im Prinzip keine a-priori-Informationen über die in der Probe befindlichen Substanzen. Das erste Indiz für die Substanzidentifizierung ist hierbei die Bestimmung der akkuraten Masse des Molekülions. Über das Isotopenverhältnis können dann die Elementzusammensetzung sowie mögliche Summenformeln ermittelt werden. Der nächste Schritt, die Zuordnung einer Summenformel zu einer Strukturformel, ist als extrem anspruchsvoll zu bewerten. Für diesen Ansatz ist es deshalb unerlässlich, dass neben der akkuraten Masse auch Fragmentierungsspektren der detektierten Verbindungen gemessen werden. Vor diesem Hintergrund haben sich verschiedene hochauflösende Hybridmassenspektrometer wie Quadrupol-Flugzeitmassenspektrometer oder Orbitraps etabliert, die neben der reinen hochauflösenden MS-Full-scan-Funktionalität zur Bestimmung der exakten Masse der Quasimolekülionen auch die Möglichkeit zur Fragmentierung bieten. Dabei werden das Vorläuferion ausgewählt, gezielt fragmentiert und die gebildeten Produkt-Ionen registriert. Die Produkt-Ionenspektren ermöglichen dann Rückschlüsse auf die Struktur der Substanz. Darüber hinaus ist die Einbindung von Metainformationen wie Name und Summenformel der gesuchten Substanz bzw. bei der Identifizierung von Transformationsprodukten oder Metaboliten spezifischer Ursprungssubstanzen Löslichkeit, REACH-Daten[1], Literaturangaben etc. unerlässlich, um eine eindeutige Zuordnung der gemessenen akkuraten Masse zu einer Summenformel und letztlich sogar zu einem Strukturvorschlag zu ermöglichen. Es muss an dieser Stelle klar darauf hingewiesen werden, dass das non-target screening extrem aufwendig und in Bezug auf die sichere Identifikation einer unbekannten Verbindung sehr fehleranfällig ist. Wir verweisen den interessierten Leser an dieser Stelle auf weitere Fachliteratur, die den Workflow des non-target screening im Detail beschreibt [3–6].

## 3.2.4
**Vergleichende Übersicht der verschiedenen Akquisitionsmodi**

Tabelle 3.1 enthält eine vergleichende Übersicht der in den vorhergehenden Abschnitten skizzierten Messmodi. Wir möchten an dieser Stelle darauf hinweisen, dass es sich bei den in der zweiten Spalte aufgeführten Datenbanken nicht ausschließlich um reine MS/MS-Spektrendatenbanken handelt. Die Nutzung von z. B. Chemspider erleichtert jedoch das Zusammenführen vieler Einzelinformationen, die für die Charakterisierung einer unbekannten Verbindung wichtig sind. Darüber hinaus sind die hier aufgeführten Datenbanken vielen Anwendern nicht bekannt, weshalb wir den Leser auffordern möchten, sich über die in den Datenbanken enthaltenen Informationen einen Überblick zu verschaffen.

---

1) REACH: Europäische Chemikalienverordnung zur Registrierung, Bewertung, Zulassung und Beschränkung chemischer Stoffe, engl. Regulation concerning the Registration, Evaluation, Authorisation and Restriction of CHemicals.

**Tab. 3.1** Übersicht der verschieden LC-MS-Messstrategien und Arbeitsabläufe.

| Targetanalytik | Suspected-target screening | Non-target screening |
|---|---|---|
| • Direkter Vergleich mit Referenzsubstanz<br>• Identifizierung mittels Retentionszeit, Vorläuferion und/oder Fragmentierungsmuster<br>• Quantifizierung | • Erwartete Substanzen<br>• Bekannte Summenformel und/oder bekanntes Fragmentierungsmuster<br>• Verifizierung durch Abgleich des Vorläuferions bzw. der Summenformel und/oder MS/MS-Spektren mit eigenen, kommerziellen oder freien Datenbanken wie z. B. CheLIST, Chemspider™, DAIOS, Drugbank, HMDB, mzCloud™, Norman Massbank, Metfusion, Metlin, PPDB, StoffIdent, TOXNET [7–18] | • Nicht erwartete Substanzen<br>• Keine *a-priori*-Information der Elementzusammensetzung<br>• Bestimmung der Summenformel<br>• Eingrenzung der möglichen chemischen Struktur durch Auswertung des Fragmentierungsmusters<br>• Weitere Verifizierung mithilfe von *In-silico*-Fragmentierung\* und/oder Transformation/Metabolismus durch spezielle Computersoftware [19]<br>• Statistische Auswertung mittels multivariater Datenanalyse |

\* Aus den experimentell ermittelten Summenformeln und Strukturhinweisen werden simulierte Produkt-Ionenspektren zur weiteren Identifizierung unbekannter Substanzen berechnet.

## 3.3
### Optimierung chromatografischer und massenspektrometrischer Parameter

### 3.3.1
### Anforderungen und Empfehlungen zur HPLC-MS-Analyse am Beispiel der DIN 38407-47

Innerhalb der folgenden Abschnitte soll dargestellt werden, wie sowohl eine chromatografische als auch massenspektrometrische Optimierung wichtiger Trenn- und Detektionsparameter erfolgt. Die Diskussion ist dabei eng an eine aktuelle DIN-Vorschrift zur Erfassung von pharmazeutischen Verbindungen aus wässrigen Matrizes mittels HPLC-MS angelehnt. Die einzelnen in der Norm genannten Aspekte werden nachfolgend aufgelistet und im weiteren Verlauf dieses Kapitels anhand von Beispielen kommentiert. Wir hoffen, dass die Anwender von HPLC-MS-Verfahren hilfreiche Anhaltspunkte für eine zielgerichtete Optimierung finden werden. Entsprechend dem Deutschen Einheitsverfahren zur Bestimmung ausgewählter Arzneimittelwirkstoffe und weiterer organischer Stoffe in Wasser und Abwasser werden folgende Punkte aufgeführt, die zu beachten sind:

- zur chromatografischen Trennung eine geeignete HPLC Säule verwenden und die Trennung der Analyten durch Gradientenelution optimieren;
- die chromatografischen Bedingungen so wählen, dass eine optimale Empfindlichkeit bei der massenspektrometrischen Detektion erzielt wird;
- eine vollständige Trennung der Substanzen ist nicht notwendig, sofern sichergestellt ist, dass bei Peaküberlappung keine Störungen der quantitativen Bestimmung auftreten;
- die kürzeste Retentionszeit sollte mindestens dem dreifachen Wert der Totzeit entsprechen;
- Substanzen, die spektrometrisch nicht vollständig voneinander aufgelöst werden können, chromatografisch trennen – in diesen Fällen sollte die chromatografische Auflösung $R$ mindestens 1,2 betragen;
- das Injektionsvolumen so bemessen, dass sich keine störende Peakverbreiterung oder Störungen der quantitativen Bestimmungen ergeben;
- die Retentionszeiten sollten bei sechs aufeinanderfolgenden Chromatogrammen eine Standardabweichung von 0,03 min nicht überschreiten.

Neben diesen Empfehlungen sind noch weitere Anmerkungen aufgeführt, die beachtet werden sollten:

- hinsichtlich der Empfindlichkeit ist bei den meisten Substanzen die Verwendung von Gradienten mit Acetonitril/Wasser/Essigsäure vorteilhaft;
- bei gleicher linearer Fließgeschwindigkeit des Eluenten ergeben Säulen mit geringem Innendurchmesser bessere Empfindlichkeiten als solche mit weiterem Querschnitt;
- bei größerem Injektionsvolumen, z. B. 1 mL, sollten bevorzugt Säulenschalttechniken mit geeigneten Anreicherungssäulen verwendet werden.

Des Weiteren wird in der zitierten Norm noch auf spezielle massenspektrometrische Anforderungen hingewiesen:

- für jede Substanz im positiven oder negativen Modus, je nach den chemischen Eigenschaften der Substanz, die jeweils optimalen Einstellungen für die Ionisierung unter den festgelegten chromatografischen Bedingungen wählen;
- substanzspezifische Einstellungen so wählen, dass nach Möglichkeit für jede Substanz zwei Produkt-Ionen erhalten werden.

Insgesamt werden alle notwendigen bzw. relevanten Parameter genannt, die bei der Entwicklung einer LC-MS-Methode berücksichtigt werden müssen. In vielen Lehrbüchern zur chromatografischen Methodenentwicklung wird die Meinung vertreten, dass das primäre Ziel immer die vollständige Trennung aller in der Probe enthaltenen Verbindungen sei. Diese Notwendigkeit leitet sich aus der Tatsache ab, dass in vielen Bereichen der pharmazeutischen Industrie der UV-Detektor der „Goldstandard" ist. Die Identifizierung koeluierender Verbindungen ist mit einem UV-Detektor wesentlich schwieriger als mit einem Massenspektrometer. Insofern spiegelt sich in der Norm wider, dass massenspektrometrische Detektionsverfahren eine Koelution leichter erfassen können und eine chromatografische Trennung zwar wünschenswert, aber nicht unbedingt notwendig ist. Es stellt sich dann allerdings die Frage, warum eine chromatografische Trennung überhaupt noch benötigt wird, wenn ein Massenspektrometer als Detektor verwendet wird.

### 3.3.2
### Definition kritischer Peakpaare im Kontext der HPLC-MS-Kopplung

Es ist festzustellen, dass die Anforderungen an die analytischen Verfahren im Bereich der Umweltanalytik stark gestiegen sind. Dies ist im Wesentlichen darauf zurückzuführen, dass vermehrt Massenspektrometer anstelle von UV-Detektoren eingesetzt werden, die eine Erfassung von organischen Spurenstoffen in sehr geringen Konzentrationen ermöglichen. In vielen Quantifizierungs- und Screeningmethoden werden heutzutage deutlich mehr als 100 Komponenten in einer Methode erfasst. Dass eine vollständige Basislinientrennung von ca. 50 Verbindungen in einem chromatografischen Lauf eine große Herausforderung darstellt, verdeutlicht die folgende Beispielrechnung, die auf Überlegungen von Calvin C. Giddings aus dem Jahre 1983 zurückgeht [20]. Giddings stellte sich die Frage, wie groß die Wahrscheinlichkeit ist, ein Gemisch aus m Komponenten auf einer HPLC-Säule mit gegebener Peakkapazität vollständig aufzutrennen. Nehmen wir an, dass unsere Probe 50 Substanzen enthält und die Trennung auf einer Säule mit einer Peakkapazität von 100 durchgeführt wird, so würden 32 von 50 Verbindungen koeluieren. Nur 18 Peaks bestünden tatsächlich aus einer Verbindung. Insofern ist die in der Norm getätigte Aussage, dass eine vollständige Trennung aller in der Probe enthaltenen bzw. in der Methode spezifizierten Zielanalyten nicht unbedingt notwendig ist, als ein sinnvolles Kriterium einzustufen. Die Entwicklung einer chromatografischen Methode sollte in Verbindung mit einem massenspektrometrischen Detektor in erster Linie das Ziel verfolgen, nur die nicht mittels Massenspektrometrie unterscheidbaren Substanzen zu trennen.

Auf der anderen Seite wird in regelmäßigen Abständen die Frage gestellt, ob überhaupt noch eine chromatografische Trennung notwendig ist, da eine zweifelsfreie Unterscheidung koeluierender Verbindungen mit einem Massenspektrometer möglich ist. Dass hier – leider – ein bedauerlicher Irrtum vorliegt, möchten wir kurz anhand von zwei Beispielen verdeutlichen. Bei den in Abb. 3.1 dargestellten Verbindungen handelt es sich um Strukturisomere mit identischer akkurater Masse.

Für den Fall, dass ein hochauflösendes Massenspektrometer (HRMS, engl. high resolution mass spectrometer) eingesetzt wird, das nicht über die Möglichkeit der Erzeugung von Produkt-Ionenspektren verfügt, ist bei einer Koelution dieser Substanzen keine massenspektrometrische Unterscheidung möglich. Anders verhält es sich, wenn ein Triple-Quadrupol-Massenspektrometer genutzt wird. Anhand unterschiedlicher Massenübergänge kann verifiziert werden, ob eine Koelution oder nur eine der beiden Verbindungen vorliegt. Die mit Strichen und Zahlen

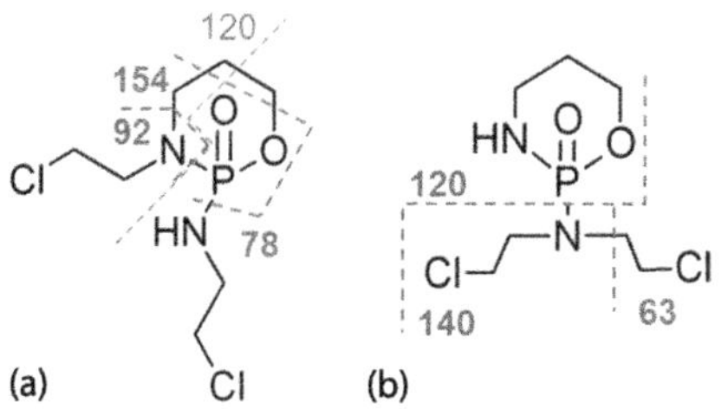

**Abb. 3.1** Strukturformeln von (a) Cyclophosphamid (CP) und (b) Ifosfamid (IF).

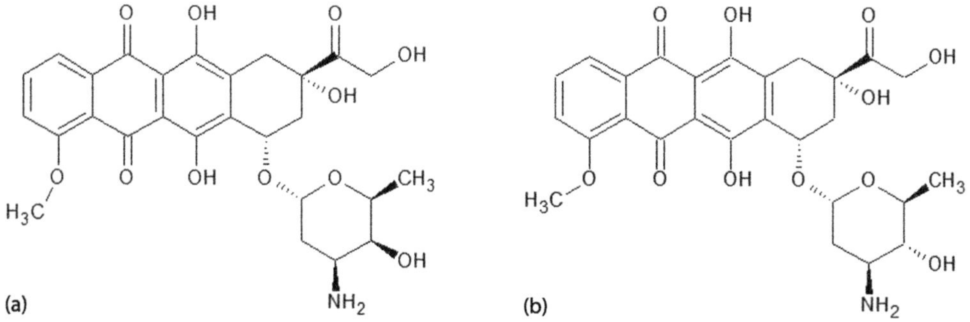

**Abb. 3.2** Strukturformeln von (a) Epirubicin und (b) Doxorubicin.

gekennzeichneten Bereiche in den Strukturformeln markieren die charakteristischen „Bruchstellen" des Moleküls. Wie zu erkennen ist, ergeben sich trotz identischer akkurater Masse viele unterschiedliche Massenübergänge. Idealerweise sollten die für die Identifizierung und Quantifizierung selektierten Massenübergänge unterschiedlich sein. Wenn dies nicht der Fall ist, weil ein oder beide Massenübergänge, die für die Quantifizierung und Verifizierung ausgewählt wurden, für beide Verbindungen identisch sind, sollten diese unbedingt chromatografisch getrennt werden.

Die in Abb. 3.2 aufgeführten Substanzen sind Epimere, die sich nur anhand der Stellung der OH-Gruppe voneinander unterscheiden. Bei einer Koelution dieser Verbindungen ist weder über die hochauflösende Massenspektrometrie noch bei Nutzung eines Triple-Quadrupol-Massenspektrometers eine eindeutige Unterscheidung möglich. Eine chromatografische Trennung in Verbindung mit der Injektion der jeweiligen Referenzstandards zur Bestimmung der Retentionszeit für jede Komponente ist also zwingend erforderlich, da das Massenspektrometer alleine nicht ausreicht, um diese beiden isobaren Verbindungen zu unterscheiden.

### 3.3.3
**Abtrennung polarer Komponenten von der Durchflusszeit**

Ein weiteres wichtiges Kriterium bei der Entwicklung einer Multianalytmethode für die LC-MS ist die Abtrennung der Substanzen von der Durchflusszeit. Insbesondere für sehr polare Analyten, die keine oder nur eine sehr geringe Wechselwirkung mit einer klassischen RP-Phase eingehen, stellt dies ein großes Problem dar, da zur Durchflusszeit häufig eine vollständige Signalunterdrückung über alle Massenspuren beobachtet wird. Dieses Phänomen ist in dem in Abb. 3.3 dargestellten Chromatogramm sichtbar. Es handelt sich hierbei um ein sogenanntes Matrixeffektchromatogramm, bei dem die Matrix, in diesem Fall ein Hausstaubextrakt, injiziert wird und die Analyten nach der Trennsäule über ein T-Stück zum Eluentenstrom gegeben werden. Die Registrierung der spezifischen Massenübergänge der Zielanalyten erfolgt über den gesamten chromatografischen Lauf. Unter optimalen Bedingungen sollte die Intensität für jeden Massenübergang konstant sein. Insbesondere zur Durchflusszeit bricht jedoch das Signal für alle Massenübergänge nahezu komplett zusammen, da zu diesem Zeitpunkt vorwiegend die in der Matrix befindlichen Salze eluieren. Vor diesem Hintergrund ist ein wichtiges Zielkriterium, die polaren Verbindungen mit einem Retentionsfaktor > 2 zu eluieren oder, wie es in der Norm formuliert ist, die kürzeste Retentionszeit sollte mindestens dem dreifachen Wert der Durchflusszeit entsprechen.

Wie anhand des Matrixeffektchromatogramms in Abb. 3.3 deutlich wird, kommt es insbesondere bei der mit einem Stern markierten Massenspur bei einer Retentionszeit von etwa 7 min zu einem Signal. Hierbei handelt es sich um eine „Störkomponente" aus der Matrix, die einen identischen Massenübergang mit der Zielverbindung, in diesem Fall Aflatoxin B1 aufweist. Eluiert die Zielverbindung nun zu einer ähnlichen Retentionszeit, kann dies unter ungünstigen Umständen zu einem falsch-positiven Ergebnis führen. In diesem Fall ist eine chromatografische Trennung also ebenfalls zwingend erforderlich. Um die Selektivität zu erhöhen und das Ergebnis abzusichern, sollten deshalb bei Verwendung

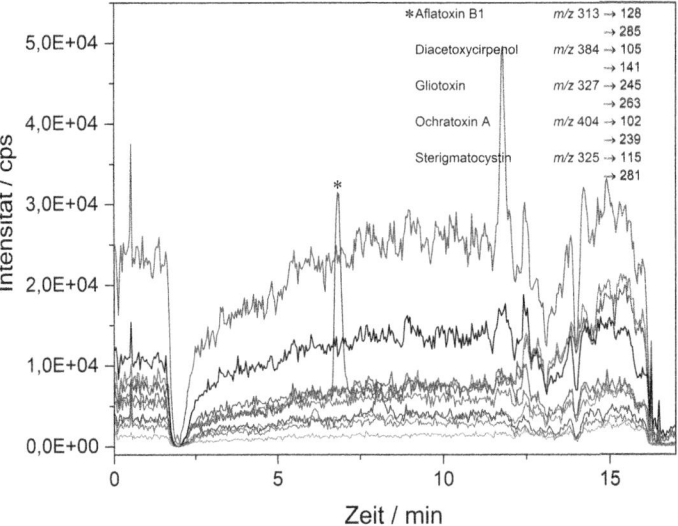

Abb. 3.3 Matrixeffektchromatogramm eines Hausstaubextraktes. Dargestellt sind ausgewählte Massenübergänge verschiedener Mykotoxine (ungeglättete Rohdaten). Für weitere Erläuterungen s. Text.

eines Tandemmassenspektrometers mit Einheitsmassenauflösung wenn möglich mindestens zwei spezifische Massenübergänge pro Substanz und bei Verwendung eines hochauflösenden Massenspektrometers mindestens ein spezifisches Produkt-Ion erfasst werden, wie es auch von der Norm gefordert wird.

### 3.3.4
**Festlegung der HPLC-Methodenparameter am Beispiel der Trennung ausgewählter Pharmazeutika**

Im Folgenden wird anhand eines Fallbeispiels zur Entwicklung einer Methode für zwölf Pharmazeutika beschrieben, wie für die kritischen Peakpaare, die in Verbindung mit der Massenspektrometrie einer Trennung bedürfen, eine ausreichende chromatografische Auflösung erzielt werden kann. Tabelle 3.2 gibt die Namen der Zielverbindungen inklusive wichtiger physikochemischer Daten wieder, während Abb. 3.4 die Strukturformeln enthält. Die aufgeführten Substanzen aus der Gruppe der Zytostatika decken ein breites Polaritätsspektrum ab, was anhand der log $D$-Werte nachvollzogen werden kann. 5-Fluorouracil und Gemcitabin sind so polar, dass sie auf einer klassischen Umkehrphase i. d. R. mit oder nahe der Durchflusszeit eluieren, während die übrigen Komponenten eine höhere Retention aufweisen. Hierzu ist anzumerken, dass die log $D$-Werte keinen Hinweis auf die tatsächliche Elutionsreihenfolge geben. Neben Cyclophosphamid und Ifosfamid, Doxorubicin und Epirubicin sind auch die beiden Taxane Paclitaxel und Docetaxel chromatografisch zu trennen. Obwohl die beiden zuletzt genannten Verbindungen anhand charakteristischer Massenübergänge und ihrer akkuraten Masse unterscheidbar sind, wurde bei Koelution Ionensuppression beobachtet.

Es stellt sich nun die Frage, wie die „richtige" bzw. „geeignete" Trennsäule auszuwählen ist. Dies scheint ein schier unlösbares Unterfangen zu sein, da es vermutlich über 1000 verschiedene stationäre Phasen gibt. Da viele Anwender vor dieser Aufgabe resignieren, ist die allgemeine Strategie in vielen Fällen, eine Säule zu nutzen, die im Labor gerade verfügbar ist. Ein solcher „pragmatischer" Ansatz ist sicherlich nicht falsch, da die Entwicklung von Multianalytmethoden immer Kompromisse voraussetzt. Bei einer solchen Vorgehensweise ist jedoch häufig zu beobachten, dass kritische Peakpaare nicht oder nur unzureichend getrennt werden können, da keine ausreichende Selektivität der stationären Phase bzw. des Phasensystems gegeben ist.

Um die Fülle an Möglichkeiten bezüglich der Auswahl der Trennsäule wenigstens etwas einzugrenzen, sollte die Trennung zunächst mittels RP-Chromatografie optimiert werden. Wie den Ausführungen der Norm zu entnehmen ist, sollte in Verbindung mit der Massenspektrometrie bevorzugt auf Eluenten, die Acetonitril enthalten, zurückgegriffen werden. Bei der Methodenentwicklung empfiehlt es sich jedoch, immer auch Methanol zu verwenden. Während Acetonitril ein aprotisches Lösemittel ist, wird Methanol als protisches und somit dem Wasser verwandtes Lösemittel bezeichnet. Somit ergeben sich deutlich unterschiedliche Wechselwirkungen zwischen dem organischen Lösemittel, dem Analyten und der stationären Phase, die wiederum Einfluss auf die Selektivität nehmen. In der

Norm wird darauf verwiesen, Essigsäure als Zusatz zur mobilen Phase zu verwenden. In vielen Fällen ist jedoch zu beobachten, dass Ameisensäure besser geeignet ist. Generell ist beim Zusatz von Additiven, die auch als Ionisierungshilfsmittel bezeichnet werden, immer darauf zu achten, dass keine schwerlöslichen und nichtflüchtigen Verbindungen entstehen, wenn die mobile Phase beim Einlass in die Ionenquelle verdampft wird. Darüber hinaus ist bei der Ionisierung im positiven Ionisationsmodus neben dem Quasimolekülion $[M + H]^+$ auch die mögliche Bildung von Addukten, z. B. $[M + NH_4]^+$ oder $[M + Na]^+$, zu berücksichtigen.

Der nächste wichtige Parameter, der festgelegt werden muss, ist die Temperatur der stationären und mobilen Phase. Die Temperatur übt einen entscheidenden Einfluss auf viele Größen aus und spielt eine wichtige Rolle bezüglich der Selektivität [21, 22]. Vor diesem Hintergrund ist es sinnvoll, zumindest zwei Temperaturniveaus in die Optimierung der Trennung einzubeziehen [23]. Insofern bietet es sich an, die Optimierung z. B. bei 30 und 50 °C durchzuführen.

Da die Steigung des Lösemittelgradienten auch einen Einfluss auf die Peakkapazität und Selektivität hat, sollten alle Läufe mit zwei unterschiedlichen Gradientensteigungen ausgeführt werden. Generell gilt: Je flacher der Gradient verläuft, d. h., je kleiner die Gradientensteigung ist, desto größer ist die resultierende Peakkapazität.

Nun gilt es zu überlegen, welche stationären Phasen für die Methodenentwicklung zu verwenden sind. Im Rahmen einer wissenschaftlichen Studie, die diesen Ausführungen zugrunde liegt, wurde eine sehr umfassende Auswahl getroffen [24]. Wir sind uns bewusst, dass die Anzahl der in der Studie inkludierten und in Tab. 3.3 aufgeführten stationären Phasen sehr groß ist. Nichtsdestotrotz ist es

Tab. 3.2 Auflistung der Zielverbindungen mit Angabe wichtiger physikochemischer Parameter [8].

| Nummer | Verbindung | Summenformel | Akkurate Masse/u | $pK_s$ (T = 298,15 K) | log D (T = 298,15 K, pH = 3) |
|---|---|---|---|---|---|
| (1) | 5-Fluorouracil | $C_4H_3FN_2O_2$ | 130,0179 | 7,76/8,02 | −0,65 |
| (2) | Gemcitabin | $C_9H_{11}F_2N_3O_4$ | 263,0718 | 3,60/11,52 | −3,34 |
| (3) | Methotrexat | $C_{20}H_{22}N_8O_5$ | 454,1713 | 3,41/4,70 | −2,95 |
| (4) | Topotecan | $C_{23}H_{23}N_3O_5$ | 421,1638 | 8,00 | −3,36 |
| (5) | Irinotecan | $C_{33}H_{38}N_4O_6$ | 586,2791 | 11,71 | −0,34 |
| (6) | Ifosfamid | $C_7H_{15}Cl_2N_2O_2P$ | 260,0248 | 13,24 | 0,75 |
| (7) | Cyclophosphamid | $C_7H_{15}Cl_2N_2O_2P$ | 260,0248 | 12,78 | 0,50 |
| (8) | Doxorubicin | $C_{27}H_{29}NO_{11}$ | 543,1741 | 9,53 | −2,86 |
| (9) | Epirubicin | $C_{27}H_{29}NO_{11}$ | 543,1741 | 9,53 | −2,86 |
| (10) | Etoposid | $C_{29}H_{32}O_{13}$ | 588,1843 | 9,33 | 0,28 |
| (11) | Paclitaxel | $C_{47}H_{51}NO_{14}$ | 853,3310 | 10,36 | 3,95 |
| (12) | Docetaxel | $C_{43}H_{53}NO_{14}$ | 807,3466 | 10,96 | 2,46 |

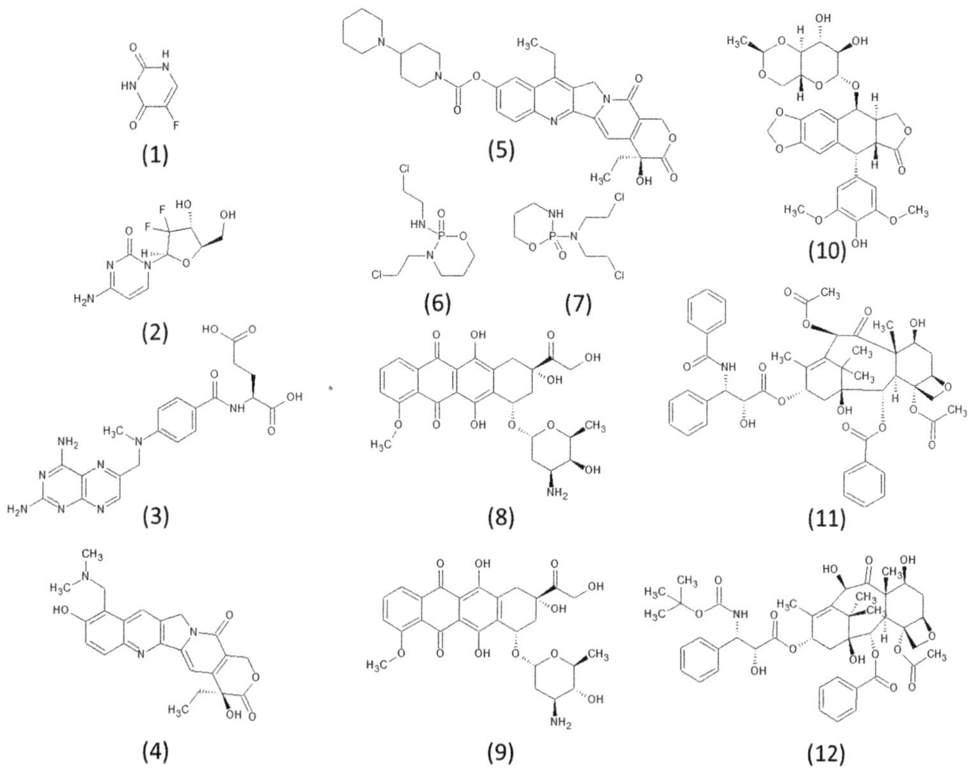

**Abb. 3.4** Strukturformeln der Zielanalyten 5-Fluorouracil (1), Gemcitabin (2), Methotrexat (3), Topotecan (4), Irinotecan (5), Ifosfamid (6), Cyclophosphamid (7), Doxorubicin (8), Epirubicin (9), Etoposid (10), Paclitaxel (11) und Docetaxel (12).

ratsam, zumindest einige Säulen vorrätig zu haben, die sich grundlegend in ihrer Selektivität unterscheiden. Dies betrifft, neben eher „klassischen" C-18-Phasen, perfluorierte Phasen oder solche mit einer Phenylgruppe. Darüber hinaus bieten Phasen mit einer eingebetteten polaren Gruppe die Möglichkeit, die Trennung auch bei sehr hohem Wassergehalt durchzuführen. Wie viele Phasen in ein Säulenscreening einbezogen werden, hängt also neben der Verfügbarkeit der Säulen auch von der Zeit, die für die Methodenentwicklung veranschlagt werden soll, ab. Einige Hersteller bieten spezielle Methodenentwicklungskits an, die z. B. vier bis sechs stationäre Phasen unterschiedlicher Selektivität enthalten. Unabhängig von der Anzahl der Säulen ergeben sich folgende Screeningparameter, die in der nachfolgenden Abb. 3.5 dargestellt sind.

Alle Eluenten werden mit jeweils 0,1 % Ameisensäure versetzt. Der Gradientenverlauf ist linear, wobei der organische Anteil (% B) innerhalb der o. a. Gradientendauer von 5 auf 95 % erhöht wird. In einigen Fällen ist es sinnvoll, den Start des Gradienten auf 1 % oder sogar 0 % zu legen, insbesondere dann, wenn sehr polare Analyten chromatografiert werden müssen. Hierbei ist zu beachten, dass das Wasser bei einem Anteil von 100 % in der mobilen Phase auf einer hydropho-

Tab. 3.3 Auflistung der für das Screening ausgewählten stationären Phasen.

| Trennsäule | Modifikation | Partikel | Endcapping | Partikeldurchmesser/µm | Porendurchmesser/Å |
|---|---|---|---|---|---|
| Agilent Zorbax SB | C-18 | Vollporös | Sterisch abgeschirmt | 1,8 | 80 |
| ChromaNik Sunshell RP-Aqua | C-28 | Core-shell | Multistage | 2,6 | 160 |
| Macherey Nagel Nucleoshell RP 18plus | C-18 | Core-shell | Multistage | 2,7 | 90 |
| Merck Chromolith FastGradient RP 18e | C-18 | Monolith | Endcapped | Makroporen 1,5 | Mesoporen 130 |
| Phenomenex Kinetex | C-18 | Core-shell | Trimethylsilan | 2,6 | 100 |
| Phenomenex Synergi RP polar | Ether-linked phenyl phase | Vollporös | Polares endcapping | 2,5 | 100 |
| Restek Raptor AR | C-18 | Core-shell | Sterisch abgeschirmt | 2,7 | 90 |
| Restek Raptor | Biphenyl | | Endcapped | | |
| Supelco Ascentis Express | C-18 C-8 CN ES C-18 EPG Amid Phenyl-Hexyl | Core-shell | Trimethylsilan | 2,7 | 90 |
| TCI Kaseisorb LC ODS-SAX Super | C-18 + Anionenaustauscher | Vollporös | Endcapped | 3,0 | 120 |
| Thermo HypersilGold | PFP | Vollporös | Endcapped | 1,9 | 175 |
| Waters Acquity BEH | C-18 | Vollporös | Endcapped | 1,7 | 130 |
| Waters HSS T3 | C-18 | | | 1,8 | 100 |
| Waters XBridge | C-18 | | | 2,5 | 130 |
| YMC Triart | C-18 | Vollporös | Multistage | 1,9 | 120 |

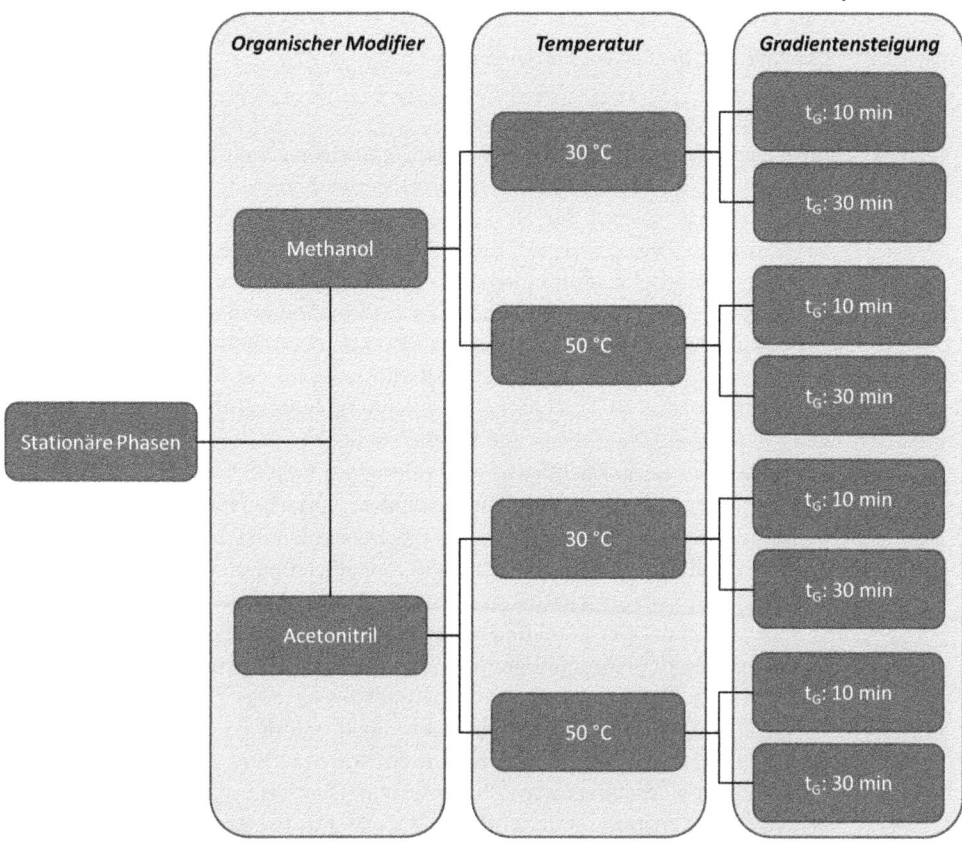

**Abb. 3.5** Grafische Darstellung des Versuchsplans zur Ermittlung des geeigneten Phasensystems.

ben Umkehrphase aus den Poren ausgeschlossen werden kann. Dieses Phänomen wird in der Literatur teilweise als Dewetting oder auch Phasenkollaps bezeichnet und führt dazu, dass die hydrophoben Alkylketten auf der Oberfläche zusammenbrechen und keine oder eine nur sehr geringe Retention resultiert. In den meisten Fällen kann dieser Effekt durch Spülen mit einem organischen Lösemittel wieder aufgehoben werden. Spezielle Phasen, die z. B. durch den Zusatz „Aqua" o. Ä. gekennzeichnet sind, ermöglichen allerdings auch die Verwendung einer wässrigen mobilen Phase. Das Ende des Gradienten kann auch auf 99 % B gesetzt werden. Hierbei ist allerdings zu berücksichtigen, dass die Löslichkeit von Salzen oder polaren Additiven mit zunehmendem organischem Anteil in der mobilen Phase abnimmt.

## 3.3.5
### Durchführung der Screeningexperimente

#### 3.3.5.1 Vollautomatisiertes Screening

Im Folgenden wird die Vorgehensweise beschrieben, wenn eine HPLC-Anlage verfügbar ist, die ein weitgehend automatisiertes Screening erlaubt. Ein solches System ist z. B. das auf der Nexera-Serie basierende Method Scouting System von Shimadzu. Dieses System ermöglicht dem Anwender, sechs Trennsäulen und acht Lösungsmittel zu kombinieren. Dadurch ergeben sich 96 Variationen, wodurch in kürzester Zeit eine Vielzahl an Informationen, die für die Methodenentwicklung nützlich sind, generiert werden können. Der Anwender muss vorab lediglich die Randbedingungen wie z. B. die Auswahl der Trennsäulen und Lösungsmittel sowie die Einstellung der Ofentemperatur und die Gradientensteigung definieren. Die aufwendige Batcherstellung übernimmt anschließend die Software unter Berücksichtigung aller relevanten Equilibrierungs- und Spülvorgänge. Hierdurch lassen sich Fehler vermeiden, die auf die nicht korrekte Bestimmung oder Kenntnis von System- bzw. Verweilvolumina zurückzuführen sind. Trotzdem sollte mindestens ein Lauf als Doppelbestimmung ausgeführt werden, um die Funktionseigenschaften des Systems zu überprüfen.

Nach Abschluss der Screeningmessungen erfolgt die ebenfalls automatisierte Auswertung der Chromatogramme durch die Agent Report Software. Hierzu wird für jedes Phasensystem ein sogenannter Bewertungsfaktor berechnet. Dieser basiert auf der Anzahl der detektierten Signale multipliziert mit der Auflösung zwischen den jeweiligen Substanzen. Die Software extrahiert diese Parameter automatisch für jedes untersuchte Phasensystem. Durch eine Anbindung an ein Tabellenkalkulationsprogramm wird eine Tabelle aus den Bewertungsfaktoren für die jeweiligen Phasensysteme generiert, die zusätzlich grafisch dargestellt werden. Hierbei ist zu beachten, dass die resultierenden Bewertungsfaktoren prinzipiell durch hohe Auflösungswerte zwischen einigen Substanzen verfälscht werden können. Wenn z. B. viele Komponenten in einem chromatografischen Lauf koeluieren und gleichzeitig lediglich zwei Substanzen mit einer relativ großen Auflösung von beispielsweise $R = 5$ getrennt werden, führt dies zu einem hohen Bewertungsfaktor, obwohl andere Phasensysteme eventuell besser geeignet wären. Um dieses Problem zu umgehen, kann innerhalb der Software eine maximale Auflösung definiert werden. Dies bedeutet, dass die Software trotz einer realen Auflösung von $R = 5$ lediglich mit der maximal definierten Auflösung von z. B. $R = 2$ rechnet. Dadurch erfolgt eine Gewichtung der Ergebnisse, und die Gefahr einer Fehlinterpretation der Resultate wird vermindert. Insgesamt bietet diese Art der Auswertung eine komfortable Möglichkeit, mit geringem manuellem Aufwand das optimale Phasensystem zu identifizieren.

#### 3.3.5.2 Manuelles bzw. teilautomatisiertes Screening

Wenn ein vollautomatisiertes Screeningsystem nicht zur Verfügung steht, müssen die Experimente in einzelnen Messserien ausgeführt werden. Für die Abarbeitung aller Parameter in der zitierten Studie wurde ein Agilent 1200 System genutzt.

Hierbei war es möglich, zwei Säulen im Säulenofen unterzubringen und die Experimente halbautomatisiert ablaufen zu lassen. Die Trennsäulenauswahl erfolgt über die programmierten Messmethoden, welche eine Auswahl der Ventilstellung beinhaltet. Abbildung 3.6 zeigt den schematischen Aufbau.

Die Durchführung der Screeningexperimente erfolgt über die klassische Sequenzerstellung. Innerhalb dieser Sequenz werden die unterschiedlichen Methoden nacheinander abgearbeitet. Dabei gilt es, etwaige Equilibrierungsschritte zu berücksichtigen, indem bei einem Lösungsmittelwechsel vorab eine Spülmethode programmiert wird. Es ist unbedingt darauf zu achten, die System- und Verweilvolumina sehr genau zu bestimmen, damit keine Fehler bei der Equilibrierung auftreten, die die Ergebnisse verfälschen. Nach Abschluss der Sequenz können im nächsten Schritt zwei neue stationäre Phasen mit alternativer Selektivität angeschlossen und der zuvor erstellte Batch erneut gestartet werden. Die Datenauswertung erfolgt manuell.

Die Abarbeitung des Messplans erfordert also deutlich mehr Zeit, als wenn auf spezielle Systeme, die für ein Screening ausgelegt sind, zurückgegriffen werden kann. Die Anschaffung eines HPLC-Systems, das ausschließlich für die Methodenentwicklung genutzt wird, ist immer dann zu empfehlen, wenn das Labor häufig mit der Neuentwicklung oder Anpassung von Methoden befasst ist. Werden lediglich bestehende und in der Literatur beschriebene Methoden angewendet, ist von der Investition in separate Screeningsysteme eher abzuraten. Der Vorteil von HPLC-Screeningsystemen ist, dass diese i. d. R. ausschließlich für die Methodenentwicklung genutzt werden. Soll eine optimierte Methode dann auf dasjenige System übertragen werden, das für die Routinemessungen zur Verfügung steht, kann es zu weiteren „bösen Überraschungen" kommen. Diese Probleme sind häu-

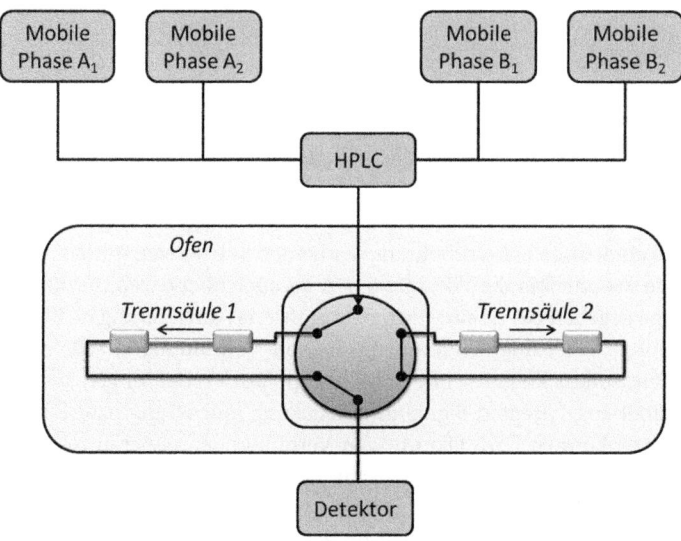

**Abb. 3.6** Prinzipskizze des für das teilautomatisierte Screening verwendeten HPLC-Systems.

fig auf unterschiedliche System- und Verweilvolumina zurückzuführen. Es hat sich deshalb als vorteilhaft erwiesen, die Feinoptimierung auf den für die Routine verfügbaren Systemen vorzunehmen. Wir werden auf diesen Punkt nochmals in Abschn. 3.3.7 zu sprechen kommen.

### 3.3.6
### Auswertung der Daten und Diskussion der Einflussparameter

#### 3.3.6.1 Einfluss der stationären Phase

Im Idealfall ist es so, dass bereits durch die Screeningläufe mehrere Chromatogramme erhalten werden, in denen alle Verbindungen mit ausreichender Auflösung getrennt sind. Anhand ausgewählter Beispiele möchten wir Hinweise geben, welche Trennsysteme unter bestimmten Rahmenbedingungen ggf. zu bevorzugen sind, wenn die Anforderung an eine Mindestauflösung für die zuvor definierten kritischen Peakpaare erfüllt ist. Da es sich in diesem Fall um UV-Chromatogramme handelt und nicht alle Substanzen bei einer Wellenlänge von 254 nm gut zu detektieren sind, wurde ein zweites UV-Chromatogramm bei einer Wellenlänge von 200 nm für die nach der gestrichelten Linie eluierenden Verbindungen integriert. Anhand der verfügbaren Daten wäre es möglich, eine ganze Abhandlung über die verschiedenen in die Studie integrierten stationären Phasen zu schreiben. Wir möchten die Diskussion über den Einfluss der stationären Phase deshalb auf ausgewählte Beispiele beschränken.

Anhand der in Tab. 3.3 gelisteten Säulen fällt auf, dass die meisten Trennphasen für den RP-Modus geeignet sind. Vermutlich ist die Situation in vielen Laboren ähnlich, d. h.: eine silikabasierte C-18-Säule eines bestimmten Herstellers wird für die meisten Trennprobleme verwendet. Insofern soll zunächst der Einfluss der Alkylkettenlänge auf die Güte der Trennung diskutiert werden.

In Abb. 3.7 sind drei Chromatogramme dargestellt, die auf silikabasierten Umkehrphasen mit Acetonitril als organischem Lösungsmittel erhalten wurden. Die in Abb. 3.7a aufgeführte Trennung wurde auf einer Phase mit einer C-8-Modifikation durchgeführt. Dabei fällt auf, dass nahe der Durchflusszeit ein Signal erhalten wird, unter dem sich 5-Fluorouracil (1) und Gemcitabin (2) verbergen. Die vertikal gestrichelte Linie markiert den dreifachen Wert der Durchflusszeit. Da eine eindeutige Unterscheidung der beiden Substanzen mittels Massenspektrometrie sowohl über die akkurate Masse als auch über deren spezifische Massenübergänge gegeben ist, ist eine chromatografische Auftrennung nicht unbedingt erforderlich. Allerdings eluieren die beiden Verbindungen sehr nahe der Durchflusszeit, sodass koeluierende Salze und polare Verbindungen aus der Matrix ggf. zu einer ausgeprägten Signalunterdrückung (quenching bzw. Ionensuppression) führen können [25]. Die übrigen Verbindungen eluieren mit ausreichender Retention. Dabei kann das kritische Peakpaar Cyclophosphamid (6) und Ifosfamid (7) mit einer Auflösung von 1,44 getrennt werden. Eine ähnliche Auflösung von 1,49 ergibt sich für die Komponenten Paclitaxel (11) und Docetaxel (12). Allerdings ist die chromatografische Trennung für dieses Substanzpaar nur „prophylaktisch", da eine Unterscheidung dieser Verbindungen sowohl an-

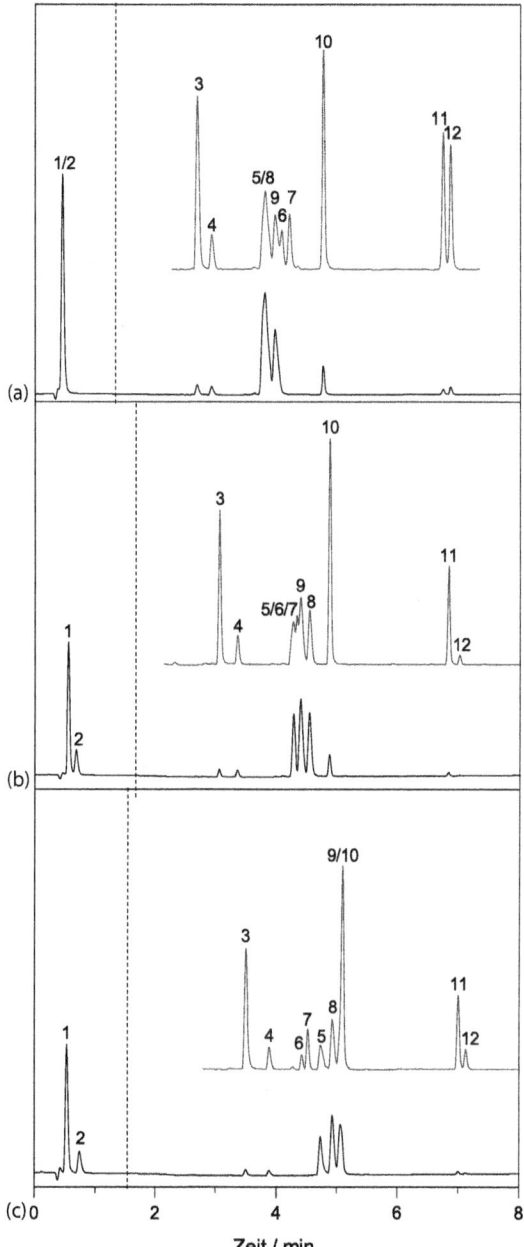

**Abb. 3.7** Vergleichende Trennung von zwölf Zytostatika auf einer (a) Ascentis Express C-8 (50 × 2,1 mm, 2,7 µm), (b) Restek Raptor AR-C-18 (50 × 2,1 mm, 2,7 µm), (c) ChromaNik SunShell RP-Aqua C-28 (50 × 2,1 mm, 2,6 µm) Trennsäule; chromatografische Parameter: Temperatur: 30 °C; Injektionsvolumen: 2 µL; mobile Phase: A = Wasser + 0,1 % Ameisensäure, B = Acetonitril + 0,1 % Ameisensäure; Flussrate : 350 µL min$^{-1}$; Detektion: UV bei 200 und 254 nm. Die vertikal gestrichelte Linie markiert den dreifachen Wert der Durchflusszeit.

hand der akkuraten Masse als auch charakteristischer Massenübergänge möglich ist. Lediglich die Epimere Doxorubicin (8) und Epirubicin (9) werden mit einer Auflösung von 1,10 unzureichend getrennt. Insgesamt ist festzustellen, dass die Selektivität des Phasensystems für das kritische Peakpaar Doxo- und Epirubicin nicht ausreichend ist, um die Vorgaben der zitierten Norm für alle kritischen Peakpaare zu erfüllen.

Schauen wir uns also das Chromatogramm auf der C-18-modifizierten Silikagelphase etwas näher an (Abb. 3.7b). Als Erstes fällt auf, dass nun die beiden zuerst eluierenden Verbindungen getrennt werden können, wobei 5-Fluorouracil (1) vor Gemcitabin (2) eluiert. Allerdings kann auch in diesem Fall keine ausreichende Abtrennung von der Durchflusszeit erzielt werden. Für die Isomere Cyclophosphamid (6) und Ifosfamid (7) lässt sich keine zufriedenstellende Auflösung erreichen, wohingegen die Auflösung für Doxorubicin (8) und Epirubicin (9) nun 1,37 beträgt. Die Auflösung für die zuletzt eluierenden Taxane ist größer als 1,20 und damit unkritisch.

Noch besser wird die Selektivität, wenn die Trennung auf einer C-28-modifizierten RP-Phase erfolgt (Abb. 3.7c). Die beiden zuerst eluierenden Verbindungen sind noch besser aufgetrennt ($R = 2{,}38$), eluieren jedoch immer noch sehr nahe an der Durchflusszeit. Die Auflösung aller drei kritischen Peakpaare ist nun größer als bzw. gleich dem in der Norm empfohlenen Wert von 1,20, wobei die Komponenten Doxorubicin (8) und Epirubicin (9) die geringste Auflösung aufweisen ($R = 1{,}20$). Die Methodenentwicklung könnte nun abgebrochen werden, da ein erstes geeignetes Phasensystem identifiziert wurde, das die Mindestanforderung in Bezug auf die Auflösung erfüllt. Die Trenneffizienz der Säule kann aber aufgrund von Alterungseffekten mehr oder weniger schnell nachlassen, sodass die kritische Auflösung von 1,20 schnell unterschritten wird, weshalb eine deutlich höhere Auflösung anzustreben ist. Darüber hinaus wurde das Zielkriterium hinsichtlich einer ausreichenden Abtrennung der polaren Komponenten von der Durchflusszeit nicht erreicht.

Der nächste in Abb. 3.8 dargestellte Vergleich umfasst die Gegenüberstellung von Materialien, die sich deutlich in ihrer chemischen Struktur unterscheiden. Dabei fällt auf, dass die zuerst eluierenden Verbindungen 5-Fluorouracil (1) und Gemcitabin (2) von der RP-Amidphase nicht getrennt werden können (Abb. 3.8a). Demgegenüber sind die Biphenylphase (Abb. 3.8b) als auch die Mixed-mode-Phase (Abb. 3.8c) in der Lage, beide Komponenten aufzutrennen, wobei Gemcitabin auf der Mixed-mode-Phase als erster Peak eluiert. In allen drei Fällen wird für diese Verbindungen keine genügende Abtrennung von der Durchflusszeit erzielt. Insofern gibt es für die polaren Verbindungen keine signifikanten Unterschiede im Vergleich zu den „klassischen" alkylmodifizierten RP-Phasen.

Das resultierende Chromatogramm auf der Amidphase zeigt eine ausreichende Auftrennung aller kritischen Peakpaare mit einer minimalen Auflösung für Ifosfamid (6) und Cyclophosphamid (7) von $R = 1{,}40$. Mittels der beiden anderen Phasensysteme hingegen kann keine zufriedenstellende chromatografische Trennung erreicht werden. Lediglich Paclitaxel (11) und Docetaxel (12) können mit einer Auflösung von 1,20 getrennt werden, wenn Acetonitril als Laufmittel ver-

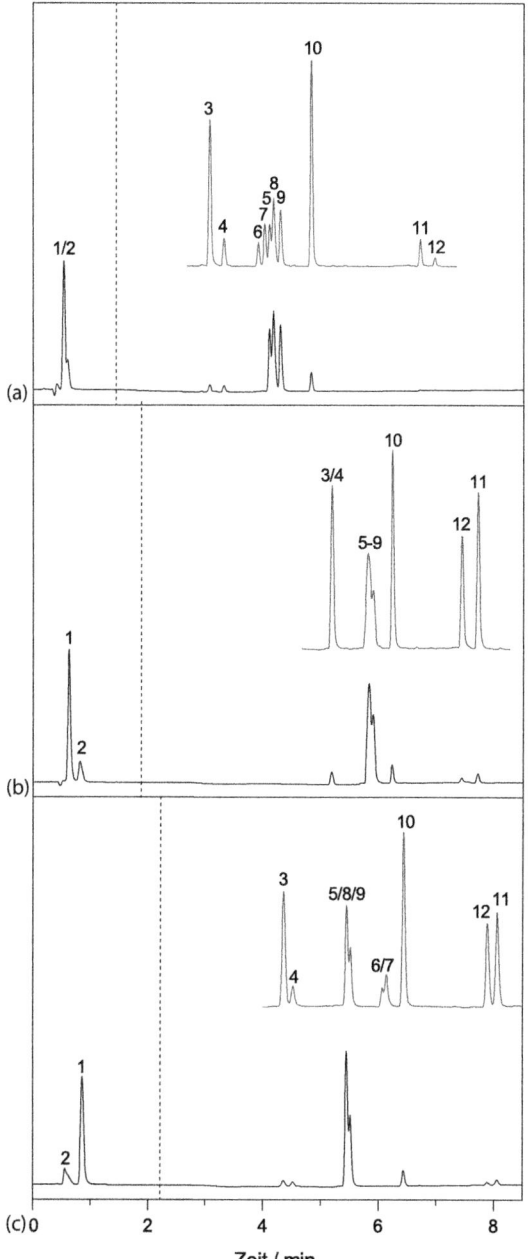

**Abb. 3.8** Vergleichende Trennung von zwölf Zytostatika auf einer (a) Ascentis Express RP-Amid (50 × 2,1 mm, 2,7 μm), (b) Restek Raptor Biphenyl (50 × 2,1 mm, 2,7 μm), (c) TCI Kaseisorb LC ODS-SAX Super (50 × 2,0 mm, 3,0 μm) Trennsäule; chromatografische Parameter: Temperatur: 30 °C; Injektionsvolumen: 2 μL; mobile Phase: A = Wasser + 0,1 % Ameisensäure, B = Acetonitril + 0,1 % Ameisensäure; Flussrate: 350 μL min$^{-1}$; Detektion: UV bei 200 und 254 nm. Die vertikal gestrichelte Linie markiert den dreifachen Wert der Durchflusszeit.

wendet wird. Insofern würde die Amidphase ebenfalls geeignet sein, um die kritischen Peakpaare mit der geforderten Mindestauflösung zu trennen. Allerdings ist die Abtrennung der polaren Verbindungen von der Durchflusszeit wiederum nicht ausreichend.

### 3.3.6.2 Einfluss des organischen Lösungsmittels

Wie bereits angemerkt, sollten die Screeninguntersuchungen auch mit Methanol durchgeführt werden, da in vielen Fällen eine bessere Verteilung der Elutionsbanden innerhalb des Gradientenfensters beobachtet wird und durch die verminderte Elutionsstärke u. U. eine höhere Retention für die polaren Substanzen 5-Fluorouracil und Gemcitabin erreicht werden kann. Um nun den Einfluss des organischen Lösungsmittels zu bewerten, sind die Trennungen in Abb. 3.9 auf den identischen stationären Phasen wie in Abb. 3.7 mit Methanol als Lösungsmittel unter ansonsten identischen Bedingungen dargestellt. Bei der Betrachtung der polaren Substanzen kann dabei eine eindeutige Erhöhung der Retention für Gemcitabin (2) im Vergleich zur Trennung mit Acetonitril aus Abb. 3.7 beobachtet werden. Sogar auf der C-8-Phase kann eine Antrennung zwischen 5-Fluorouracil (1) und Gemcitabin (2) ausgemacht werden. Nichtsdestotrotz beträgt die Retention der polaren Substanzen in allen Fällen weniger als das Dreifache der Durchflusszeit. Alle anderen Komponenten weisen eine erhöhte Retention im Vergleich zur Trennung mittels Acetonitril auf, was durch die verminderte Elutionsstärke des Methanols erklärt werden kann. Die in Abb. 3.9a dargestellte Trennung auf der C-8-Phase zeigt eine minimale Auflösung von $R = 1,17$ für die Epimere Doxorubicin (8) und Epirubicin (9), sodass die Forderung der Norm nicht vollständig erfüllt ist. Sowohl die C-18- als auch C-28-Phase sind unter den gewählten Bedingungen in der Lage, eine Auftrennung aller kritischen Peakpaare zu generieren. Dabei beträgt die minimale Auflösung $R = 1,23$. Auffällig ist die deutlich bessere Auftrennung der Isomere Cyclophospahmid und Ifosfamid mit einer Auflösung > 2. Dieses Beispiel belegt sehr klar, dass keinesfalls nur Acetonitril im Rahmen der Methodenentwicklung verwendet werden sollte. Insgesamt bewirkt Methanol eine Aufweitung des Elutionsfensters, wodurch eine bessere Verteilung der chromatografischen Banden innerhalb des Chromatogramms erreicht wird. Dies ist insbesondere von Vorteil, wenn ältere Massenspektrometer verwendet werden, die eine niedrigere Datenaufnahmerate haben. Diese Thematik wird in Abschn. 3.4 näher betrachtet.

In Abb. 3.10 sind abschließend die Vergleichschromatogramme für die alternativen stationären Phasen aus Abb. 3.8 dargestellt. Aus der näheren Betrachtung geht hervor, dass sich in zwei Fällen keine Auftrennung für Paclitaxel (11) und Docetaxel (12) erreichen lässt. Lediglich die Biphenylphase ist in der Lage, unter den gewählten Bedingungen eine Auftrennung zu generieren. An dieser Stelle sei nochmals erwähnt, dass die Trennung dieses Substanzpaares aus massenspektrometrischer Sicht nicht unbedingt erforderlich ist. Auch wenn die Biphenylphase vorteilhaft für die Trennung der Taxane ist, ist diese Phase für die Trennung der übrigen kritischen Peakpaare weniger geeignet. Die Amid- und die Mixed-mode-

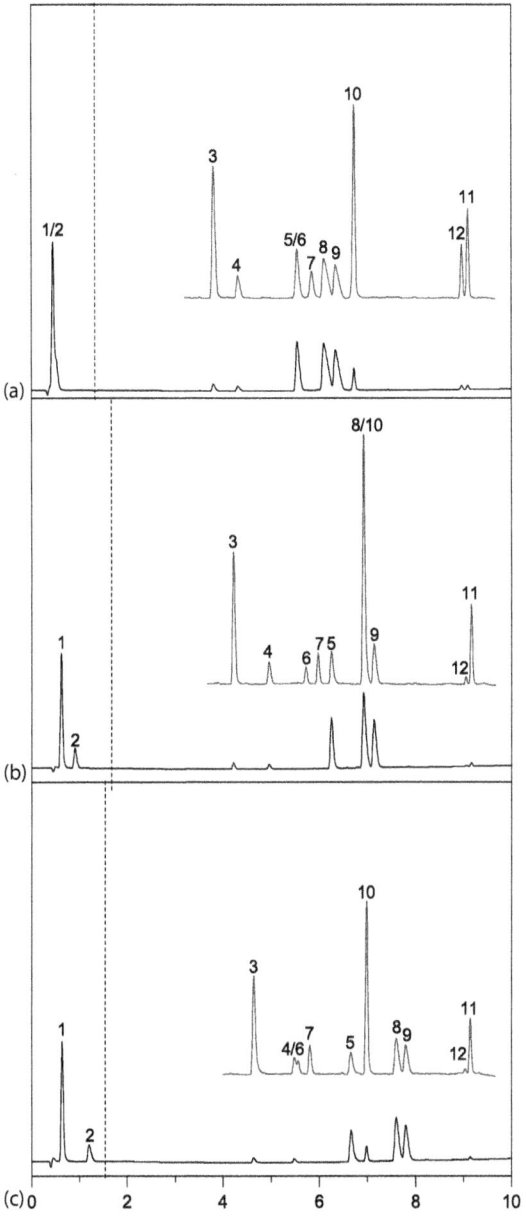

**Abb. 3.9** Vergleichende Trennung von zwölf Zytostatika auf (a) einer Ascentis Express C-8 (50 × 2,1 mm, 2,7 µm), (b) Restek Raptor AR-C-18 (50 × 2, 1 mm, 2,7 µm), (c) ChromaNik SunShell RP-Aqua C-28 (50 × 2,1 mm, 2,6 µm) Trennsäule; chromatografische Parameter: Temperatur: 30 °C; Injektionsvolumen 2 µL; mobile Phase: A = Wasser + 0,1 % Ameisensäure, B = Methanol + 0,1 % Ameisensäure; Flussrate: 350 µL min$^{-1}$; Detektion: UV bei 200 und 254 nm. Die vertikal gestrichelte Linie markiert den dreifachen Wert der Durchflusszeit.

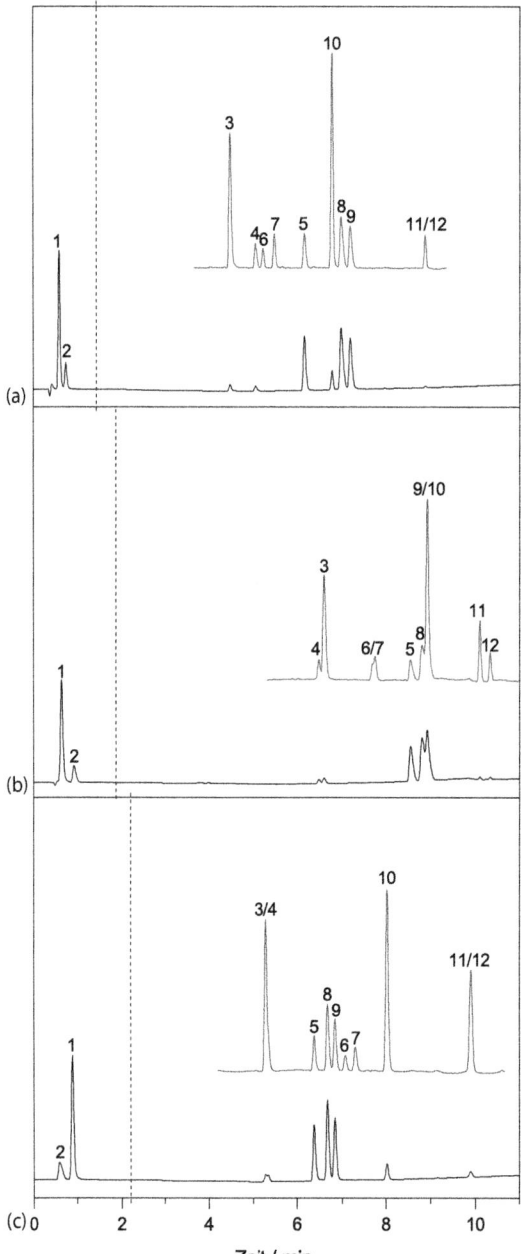

**Abb. 3.10** Vergleichende Trennung von zwölf Zytostatika auf einer (a) Ascentis Express RP-Amid (50 × 2,1 mm, 2,7 µm), (b) Restek Raptor Biphenyl (50 × 2,1 mm, 2,7 µm), (c) TCI Kaseisorb LC ODS-SAX Super (50 × 2,0 mm, 3,0 µm) Trennsäule; chromatografische Parameter: Temperatur: 30 °C; Injektionsvolumen 2 µL; mobile Phase: A = Wasser + 0,1 % Ameisensäure, B = Methanol + 0,1 % Ameisensäure; Flussrate: 350 µL min$^{-1}$; Detektion: UV bei 200 und 254 nm. Die vertikal gestrichelte Linie markiert den dreifachen Wert der Durchflusszeit.

Phase sind der Biphenylphase in dieser Hinsicht überlegen. Sowohl für die Isomere als auch die Epimere wird eine Basislinientrennung erreicht.

Anhand der hier vorliegenden Chromatogramme lautet eine Empfehlung, die Trennung auf der C-18-Phase mit Methanol als organischem Lösungsmittel durchzuführen, da für die beiden kritischen Peakpaare Cyclophosphamid und Ifosfamid sowie Doxorubicin und Epirubicin eine wesentlich höhere chromatografische Auflösung erzielt wird, als es die Mindestanforderung der Norm für die Wasseranalytik vorschreibt. Ob nun Acetonitril oder Methanol als mobile Phase verwendet wird, hängt neben dem Einfluss auf die Güte der chromatografischen Trennung auch mit dem resultierenden Druckabfall über der Trennsäule zusammen. Generell gilt, dass unter identischen chromatografischen Bedingungen beim Durchlaufen eines Lösungsmittelgradienten für ein Binärsystem aus Wasser–Methanol ein erheblich höherer Maximaldruck resultiert als für das Binärsystem aus Wasser–Acetonitril [23]. Dies ist letztendlich auch der Grund, warum höherkettige Alkohole wie Ethanol oder Isopropanol in der RP-Chromatografie nicht verwendet werden, da das Viskositäts- und somit Druckmaximum noch wesentlich stärker ausgeprägt ist als für ein Binärsystem aus Wasser–Methanol. Ein weiteres alternatives Lösungsmittel zur Optimierung der Selektivität ist Tetrahydrofuran (THF) [26]. Dieses Lösungsmittel spielt insbesondere in der Größenausschlusschromatografie von Polymeren eine wichtige Rolle, da deren Löslichkeit in Methanol oder Acetonitril häufig nicht gegeben ist. Die Nutzung von THF hat aber auch klare Nachteile. Wegen der guten Lösungsmitteleigenschaften greift THF bevorzugt Kunststoffe an, die sich im Flussweg der mobilen Phase befinden. Darüber hinaus ist es schwierig, hochreines THF zu beziehen, was insbesondere für alle Fragestellungen der Spurenstoffanalytik mittels LC-MS problematisch ist. Des Weiteren neigt THF zur Peroxidbildung und wird i. d. R. mit Stabilisatoren versetzt. Aufgrund der hier geschilderten Nachteile verzichten wir an dieser Stelle auf weitergehende Betrachtungen zur Optimierung der Selektivität durch Nutzung alternativer organischer Lösungsmittel.

### 3.3.6.3 Einfluss der Temperatur

Die Temperatur spielt in Bezug auf die Selektivität der Trennung eine wichtige Rolle. Trotzdem ist immer noch festzustellen, dass der Einfluss der Temperatur auf wichtige physikochemische Parameter wie die Viskosität der mobilen Phase, den Diffusionskoeffizienten der Analyten in der mobilen und stationären Phase, den Retentionsfaktor etc. in vielen Fällen unterschätzt wird. Generell kann dadurch die Selektivität positiv als auch negativ beeinflusst werden. In Abb. 3.11 ist dies beispielhaft für die C-8-Phase dargestellt. Abbildung 3.11a und b zeigen die resultierende Trennung mit Acetonitril bei einer Temperatur von 30 bzw. 50 °C. Beim Vergleich der Chromatogramme fällt auf, dass die bei einer Temperatur von 30 °C partiell aufgelösten Signale in dem Bereich um 4 min komplett koeluieren, wenn die Temperatur auf 50 °C erhöht wird. Dies gilt ebenfalls für die Taxane Paclitaxel (11) und Docetaxel (12) bei einer Retentionszeit von 7 min. In diesem Fall führt die Erhöhung der Temperatur zu einer Verschlechterung der Auflösung für alle kritischen Peakpaare. Im Gegensatz dazu kann durch die höhere Temperatur eine Verbesserung der Selektivität bzw. Auflösung, wie in Abb. 3.11c und d gezeigt, erreicht werden, wenn Methanol verwendet wird. Dies spiegelt sich ebenfalls in den berechneten Auflösungswerten wider. Für Ifosfamid (6) und Cyclophosphamid (7) wird eine minimale Verschlechterung der Auflösung beobachtet, wohingegen eine Verbesserung der Auflösung für Doxorubicin (8) und Epirubicin (9) von 1,17 bei 30 °C auf 1,53 bei 50 °C erzielt wird. Die Auflösung für Paclitaxel (11) und Docetaxel (12) ist nahezu unbeeinflusst von der Temperatur. Es kann also keine pauschale Aussage über den Einfluss der Temperatur bezüglich

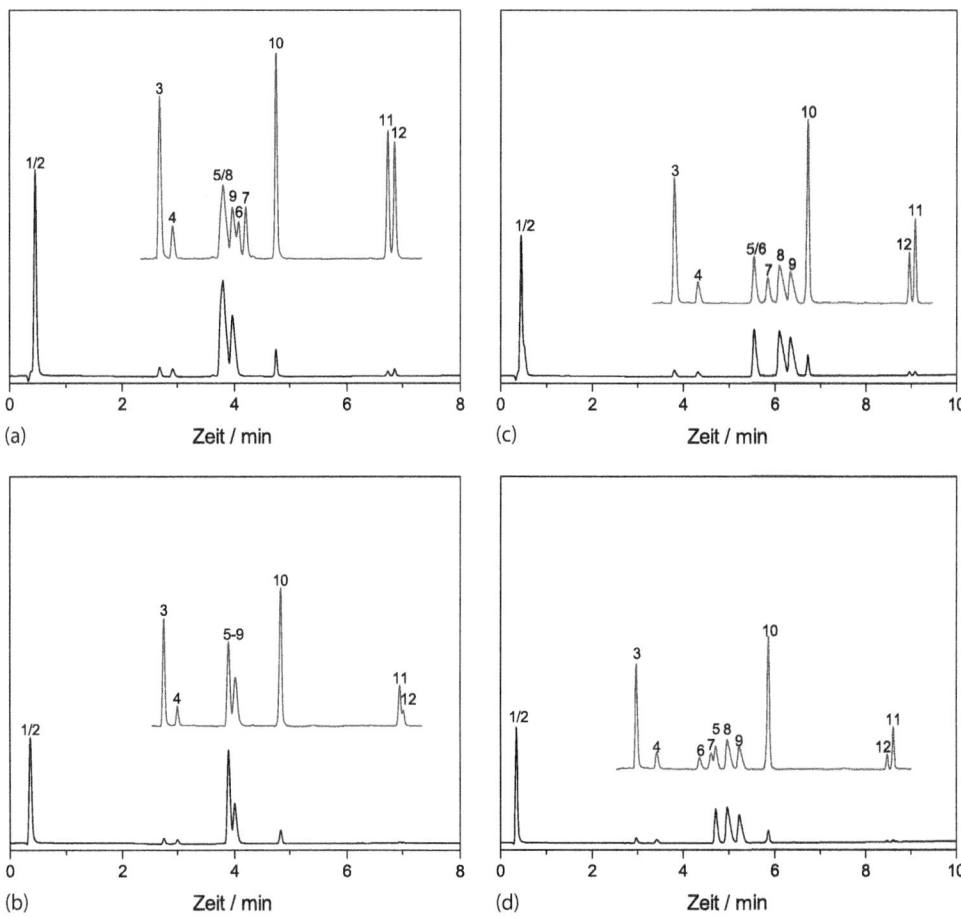

**Abb. 3.11** xxxVergleichende Trennung von zwölf Zytostatika auf einer Ascentis Express C-8 (50 × 2,1 mm, 2,7 µm) Trennsäule. Chromatografische Parameter: (a, b) Temperatur: 30, 50 °C; Injektionsvolumen: 2 µL; mobile Phase: A = Wasser + 0,1 % Ameisensäure, B = Acetonitril + 0,1 % Ameisensäure; Flussrate: 350 µL min$^{-1}$; Detektion: UV bei 200 und 254 nm; (c, d) Temperatur: 30, 50 °C; Injektionsvolumen: 2 µL; mobile Phase: A = Wasser + 0,1 % Ameisensäure, B = Methanol + 0,1 % Ameisensäure; Flussrate: 350 µL min$^{-1}$; Detektion: UV bei 200 und 254 nm.

der korrespondierenden Auflösung getroffen werden. Dies bedarf immer einer analytspezifischen Betrachtung in Abhängigkeit des verwendeten Phasensystems.

### 3.3.6.4 Einfluss der Gradientensteigung

Über die Änderung der Gradientensteigung kann die chromatografische Auflösung ebenfalls verbessert werden, weil Gradienten mit einer geringeren Steigung i. d. R. zu einer höheren Peakkapazität führen [27]. Anhand des in Abb. 3.12 dargestellten Vergleichs zweier Chromatogramme wird ersichtlich, dass durch die längere Gradientenlaufzeit eine bessere Auflösung resultiert.

In diesem Fall ist es möglich, auch mit Acetonitril als organischem Lösungsmittel eine Basislinientrennung aller Verbindungen zu erzielen. Nachteilig ist die längere Analysenzeit, die auf Kosten der höheren Auflösung resultiert. Die Entscheidung, welche Methode nun besser geeignet ist für eine Routineanwendung, bleibt

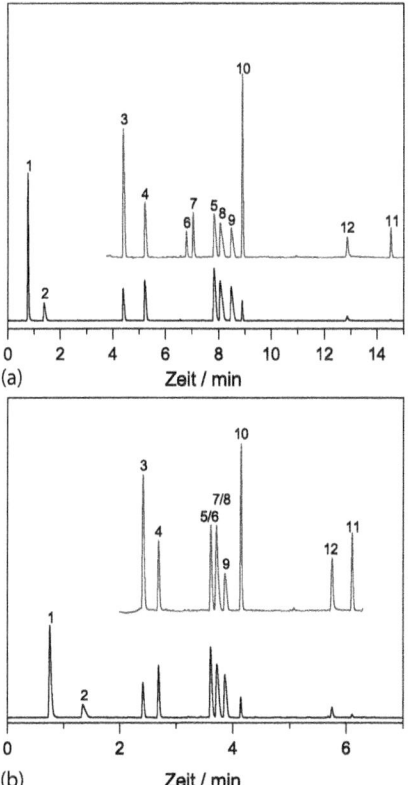

**Abb. 3.12** Vergleichende Trennung von zwölf Zytostatika auf einer Agilent Zorbax SB C-18 (50 × 2,1 mm, 1,8 µm) Trennsäule. Chromatografische Parameter: (a) Gradientensteigung: in 30 min von 1 auf 99 % B, (b) Gradientensteigung: in 10 min von 1 auf 99 % B; Temperatur: 30 °C; Injektionsvolumen: 5 µL; mobile Phase: A = Wasser + 0,1 % Ameisensäure, B = Acetonitril + 0,1 % Ameisensäure; Flussrate: 350 µL min$^{-1}$; Detektion: UV bei 200 und 254 nm.

dem Anwender überlassen. Wie bereits mehrfach angesprochen besitzt Acetonitril eine Reihe von Vorteilen gegenüber Methanol. Soll die Methode deshalb unbedingt mit Acetonitril durchgeführt werden, wäre die in Abb. 3.12a aufgeführte Trennung sicherlich eine gute Alternative. Nach Elution der letzten Verbindung kann die Zykluszeit gekürzt werden, indem die Gradientensteigung innerhalb einer Minute auf z. B. 95 % erhöht wird, um hydrophobe Matrixbestandteile von der Säule zu spülen. Nach wie vor ist es nicht gelungen, eine ausreichende Abtrennung der polaren Verbindungen von der Durchflusszeit zu erzielen. Wir werden auf dieses Problem nochmals in Abschn. 3.3.10.1 zu sprechen kommen.

### 3.3.6.5 Einfluss des pH-Wertes

Der pH-Wert ist ebenfalls ein wichtiger Parameter, wenn es darum geht, sowohl die Selektivität als auch die Robustheit einer Methode zu verbessern. In Bezug auf die LC-MS-Kopplung ist es gängige Praxis, dass lediglich Ionisationshilfsmittel zur mobilen Phase gegeben werden, um den pH-Wert in einen bestimmten Bereich zu bringen. Insofern ist der Zusatz von 0,1 % Essigsäure ausreichend, um einen pH-Wert von ca. 3,5 zu erreichen. Da die überwiegende Mehrzahl aller Analysen mittels LC-MS im positiven Ionisationsmodus durchgeführt wird, ist dieses Vorgehen durchaus sinnvoll. Allerdings sollte sich der Anwender im Klaren darüber sein, dass es sich hierbei nicht um ein Puffersystem handelt. Je nachdem, wie lange die mobile Phase im Vorratsgefäß verbleibt und ob ein Austausch mit der Umgebungsluft stattfindet, kann es zu mehr oder weniger stark ausgeprägten pH-Wert-Änderungen kommen. Dies wiederum wirkt sich auf das Retentionsverhalten derjenigen Komponenten besonders stark aus, deren $pK_s$-Wert sehr nahe am pH-Wert der mobilen Phase liegt. Für diese Komponenten ist die betreffende Methode somit nicht robust. In der Norm ist spezifiziert, dass die Retentionszeiten bei sechs aufeinanderfolgenden Chromatogrammen eine Standardabweichung von 0,03 min nicht überschreiten sollte. An dieser Stelle sei angemerkt, dass die Angabe einer Standardabweichung in dieser Form nicht mit der Elutionszeit der Verbindungen verknüpft ist. Bei Methoden, die eine Gesamtlaufzeit von wenigen Minuten haben, ist eine Abweichung von 0,03 min natürlich wesentlich kritischer zu beurteilen als bei einer Laufzeit von 30 min. Obwohl der pH-Wert einen großen Einfluss auf die Robustheit der Methode hat, wird diesem Parameter in vielen Bereichen der LC-MS-Analytik keine oder eine nur sehr geringe Bedeutung beigemessen. Auch hier besteht ein fundamentaler Unterschied zwischen Laboren aus dem Bereich der pharmazeutischen Industrie und Umweltlaboren, die nur noch LC-MS einsetzen. In der Norm wird lediglich auf den Zusatz von 0,1 % Essigsäure verwiesen und das Problem einer unzureichenden pH-Wert-Kontrolle damit ignoriert. Da anhand charakteristischer Massenübergänge, im Gegensatz zur teilweise unspezifischen UV-Detektion, ein besseres Peak-Tracking möglich ist, werden pH-Wert-abhängige Retentionszeitschwankungen oftmals bewusst in Kauf genommen. Anhand des folgenden Beispiels möchten wir verdeutlichen, welchen Einfluss der Zusatz von Essigsäure und Ameisensäure auf die Trennung der in Tab. 3.2 aufgeführten Substanzen hat.

Die in Abb. 3.13a aufgeführte Trennung verdeutlicht, dass für Methotrexat (3) ein Doppelpeak erhalten wird, wenn der pH-Wert mit 0,1 % Essigsäure eingestellt wird. Der Grund ist, dass der $pK_s$-Wert von Methotrexat bei 3,41 liegt und durch den Zusatz von Essigsäure ein pH-Wert resultiert, der sehr nahe am $pK_s$-Wert liegt. Somit existieren eine dissoziierte und nicht dissoziierte Spezies, die unter den gegebenen Bedingungen auf der Säule getrennt werden können. Demgegenüber ist ein symmetrischer Peak zu beobachten, wenn der mobilen Phase 0,1 % Ameisensäure zugesetzt wird (Abb. 3.13b). Der pH-Wert ist nun kleiner als drei und somit weiter vom pKs-Wert von Methotrexat entfernt, sodass nur eine Spezies vorliegt. Je komplexer die Methode ist, d. h., je mehr Zielverbindungen in einem chromatografischen Lauf erfasst werden sollen, desto wahrscheinlicher ist es, dass nicht für alle Verbindungen optimale chromatografische Bedingungen er-

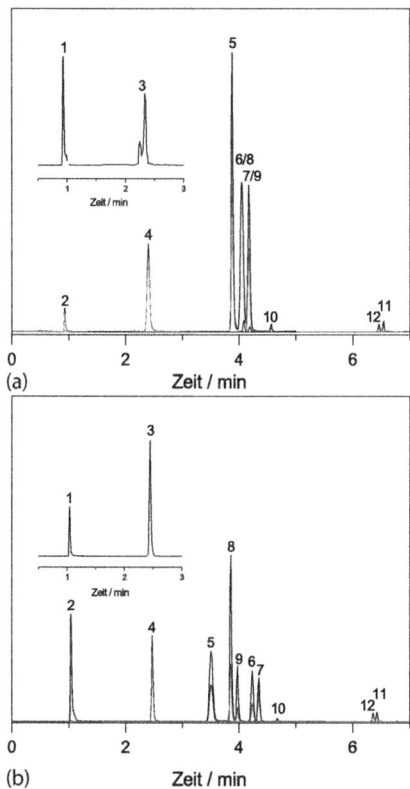

**Abb. 3.13** Vergleichende Trennung von zwölf Zytostatika auf einer ChromaNik SunShell RP-Aqua C-28 (50 × 2,1 mm, 2,6 µm) Trennsäule; chromatografische Parameter: (a) Temperatur: 40 °C; Injektionsvolumen: 100 µL; mobile Phase: A = Wasser + 0,1 % Essigsäure, B = Acetonitril + 0,1 % Essigsäure; Flussrate: 350 µL min$^{-1}$; (b) Temperatur: 40 °C; Injektionsvolumen: 100 µL; mobile Phase: A = Wasser + 0,1 % Ameisensäure, B = Acetonitril + 0,1 % Ameisensäure; Flussrate: 350 µL min$^{-1}$; Detektion: MS – Multiple Reaction Monitoring.

halten werden. Eine generische LC-MS-Methode ist deshalb immer ein Kompromiss zwischen der bestmöglichen chromatografischen Auflösung und den speziellen und oftmals limitierenden Vorgaben durch die Massenspektrometrie. Beim Vergleich der Chromatogramme in Abb. 3.13a und b fällt ebenfalls auf, dass die Selektivität und Elutionsreihenfolge unterschiedlich sind. Durch den Zusatz von 0,1 % Ameisensäure ergibt sich eine deutlich bessere Trennung der Zielverbindungen.

Wir möchten an dieser Stelle deshalb auf weiterführende Literatur verweisen, wie eine zielgerichtete Optimierung der Methode unter Berücksichtigung des pH-Wertes sowie von Puffersystemen durchgeführt werden kann. Insbesondere die Arbeitsgruppe um Roses und Bosch hat hier zahlreiche Beiträge veröffentlicht und den Einfluss des organischen Lösungsmittels auf die Änderung des pH-Wertes in der wässrigen und organischen Phase im Detail beschrieben [28]. Für den Praktiker sei an dieser Stelle auf die Internetseite der Universität Liverpool verwiesen, die einen „Pufferrechner" enthält [29]. Der Anwender hat die Möglichkeit, über ein interaktives Eingabefeld wichtige Größen zur Erstellung des Puffers zu definieren. Die Software errechnet dann, sofern möglich, das entsprechende „Kochrezept" zur korrekten Herstellung des Puffers. Dabei können auch die Temperatur, bei der der Puffer hergestellt, und die Temperatur, die für die chromatografische Methode spezifiziert wird, angegeben werden. Sehr lesenswert ist auch das Buch des Autors der Website, in dem kurz und prägnant alles Wissenswerte zum Thema pH-Wert und Puffer für die praktische Anwendung im Labor aufgeführt wird [30]. Dieses enthält einen ausführlichen Anhang aller Puffersysteme, die für massenspektrometrische Anwendungen geeignet sind. Weitere praxisrelevante Informationen zur Bedeutung des pH-Wertes für die Chromatografie als auch zur Optimierungsstrategie finden sich in dem Buch mit dem Titel *HPLC richtig optimiert* [31].

### 3.3.7
**Nutzung von Simulationssoftware für Feinoptimierung**

Wenn nach Durchlaufen aller Screeningexperimente keine zufriedenstellende Trennung resultiert, ist eine Feinoptimierung mithilfe spezieller Simulationssoftware anzustreben. Solche Softwarepakete sind z. B. das vom Molnár-Institut für Angewandte Chromatografie weiterentwickelte DryLab oder das von Dr. Galushko entwickelte ChromSword. Aufgrund der Übersichtlichkeit verzichten wir an dieser Stelle auf eine explizite Erklärung der Funktionsweise dieser Softwaretools. Der interessierte Leser findet eine sehr gute Kurzdarstellung in *HPLC richtig optimiert*, Kap. 4. Wir möchten stattdessen lediglich allgemein beschreiben, wie die Optimierung einer Methode mittels DryLab durchgeführt werden kann.

Im einfachsten Fall werden vier Gradientenläufe als Basisdaten in die Software eingelesen. Dabei sollten ein Gradient mit einer niedrigen und ein Gradient mit einer höheren Gradientensteigung verwendet werden, also z. B. ein Gradient mit einer Laufzeit von 10 min und ein Gradient mit einer Laufzeit von 30 min. Da die Temperatur maßgeblich die Selektivität beeinflusst, werden die korrespondierenden Gradientenläufe bei einem niedrigen und einem höheren Temperaturniveau in die Simulation einbezogen, also z. B. bei 30 und 50 °C. Im Prinzip entspricht diese Vorgehensweise dem in Abb. 3.5 dargestellten Versuchsplan. Aus dieser Matrix kann die Software eine sogenannte „Auflösungskarte" (engl.: resolution map) erstellen. Anhand der Basisdaten lassen sich Chromatogramme bei unterschiedlicher Gradientensteigung und Temperatur simulieren. Ein komplexerer Gradientenverlauf, der z. B. isokratische Stufen enthält, führt häufig zu einer besseren Auflösung kritischer Peakpaare, gleichzeitig aber zu breiteren Peaks. Obwohl auf diese Weise die chromatografische Auflösung verbessert werden kann, wirkt sich die Peakverbreiterung ungünstig auf das Signal-zu-Rausch-Verhältnis aus. Insbesondere wenn geringe Nachweisgrenzen erreicht werden müssen, ist dies ein klarer Nachteil. Somit kann es unter Umständen sinnvoller sein, die Elution über einen einfachen linearen Gradienten mit geringer Steigung durchzuführen, um eine ausreichende chromatografische Auflösung kritischer Peakpaare zu erzielen und gleichzeitig die Peakbreite so zu steuern, dass ein ausreichendes Signal-zu-Rausch-Verhältnis für die kleinste zu detektierende Konzentration resultiert. Unsere Empfehlung lautet daher ganz klar, die Elution wenn möglich immer über einen linearen Lösungsmittelgradienten ohne isokratische Stufen durchzuführen. Dies bietet auch Vorteile bei der Übertragung von Methoden auf andere HPLC-Systeme mit unterschiedlichen System- und Verweilvolumina.

An dieser Stelle sei auch kritisch angemerkt, dass diese Art der chromatografischen Optimierung in vielen Bereichen der LC-MS-Analytik wenig oder gar nicht beachtet wird. Diese Tatsache rührt sicherlich aus dem anfangs erwähnten Fehlurteil, dass eine chromatografische Trennung bei Verwendung eines Massenspektrometers nicht unbedingt notwendig ist. Darüber hinaus ist es unmöglich, mehrere Hundert Komponenten in einem Lauf vollständig zu trennen. Aktuelle Methoden im Rahmen des Pestizidscreenings umfassen bis zu 400 Zielverbindungen. Isobare Verbindungen, die unter solchen Bedingungen nicht chromatografisch aufgelöst werden können, müssen dann als Summenparameter erfasst und quantifiziert werden. Der intelligente Einsatz von chromatografischer Simulationssoftware würde sich dennoch als Vorteil erweisen, wenn eine Verknüpfung mit massenspektrometrischen Parametern möglich wäre. Es ist festzustellen, dass die Anbieter von LC-Simulationssoftware mittlerweile auf diesen Trend reagieren und diese Aspekte bei der Weiterentwicklung berücksichtigen. Wir möchten diejenigen Anwender, die eine Anschaffung oder Nutzung solcher Software in Betracht ziehen, deshalb ermuntern, sich direkt bei den Herstellern zu informieren und diese auch nach den spezifischen Kriterien zu befragen. Aufgrund der sehr schnellen Entwicklung in diesem Bereich wären Informationen zum aktuellen Stand der Softwareprogramme bei Drucklegung dieses Buches voraussichtlich schon wieder veraltet, weshalb wir auf eine weitergehende Diskussion an dieser Stelle verzichten.

### 3.3.8
**Auswahl des chromatografischen Trägermaterials**

Auch wenn die Selektivität des Phasensystems zweifelsohne der wichtigste Parameter bei einer chromatografischen Methodenentwicklung ist, nimmt dieser in Verbindung mit der Massenspektrometrie verglichen mit der UV-Detektion einen anderen Stellenwert ein. Insbesondere bei generischen LC-MS-Methoden zur Erfassung einer Vielzahl (> 50) von Komponenten spielen andere Kriterien wie z. B. die Teilchengröße der stationären Phase bzw. die generelle Frage nach dem geeigneten chromatografischen Basismaterial eine ebenso wichtige Rolle.

Zurzeit können drei Klassen stationärer Basis- bzw. Trägermaterialien unterschieden werden: vollporöse Teilchen mit einem Partikeldurchmesser zwischen 1,5 und 5 µm, Core-shell-Teilchen, bei denen eine dünne poröse Schicht auf einen unporösen Kern aufgebracht ist mit einem Partikeldurchmesser zwischen 1,3 und 5 µm, sowie monolithische Phasen [32, 33]. Die monolithischen Phasen sind durch eine bimodale Porenstruktur gekennzeichnet und bestehen nicht aus einzelnen Partikeln. Da diese relativ große Durchflussporen aufweisen, ergibt sich eine deutlich höhere Permeabilität im Vergleich zu partikulären Materialien. Es stellt sich nun die Frage, welches Basismaterial für welchen Anwendungszweck im Kontext der LC-MS-Kopplung geeignet ist.

In den letzten Jahren haben sich zunehmend vollporöse Partikel mit einem Durchmesser < 2 µm (sogenannte sub-2 µm-Partikel) etabliert. Ein entscheidender Vorteil dieser sub-2 µm-Partikel ist, dass Analysenzeiten unter Beibehaltung der chromatografischen Auflösung im Vergleich zur Nutzung von vollporösen Partikeln mit einem Durchmesser > 3 µm signifikant verkürzt werden können. Die wichtigste Voraussetzung hierfür ist ein HPLC-System, dessen Außersäulenvolumina möglichst klein sind. Andernfalls ist die Bandenverbreiterung außerhalb der Trennsäule so groß, dass eine deutliche Peakverbreiterung resultiert. Dies betrifft bei der LC-MS-Kopplung u. a. eine zu lange Transferkapillare zwischen dem Säulenauslass und der Einlassquelle des Massenspektrometers. Oftmals ist es bei der Kopplung von (U)HPLC und MS aus gerätetechnischen Gründen nicht möglich, die für die Chromatografie optimalen Bedingungen zu wählen. Beispielsweise sind in vielen Einlassquellen spezielle Kapillaren verbaut, deren Länge und Innendurchmesser nicht angepasst werden können. Darüber hinaus lassen sich die einzelnen Module des (U)HPLC-Systems sowie das Massenspektrometer nicht immer ideal zueinander ausrichten. Abbildung 3.14 zeigt einen typischen Aufbau, wie er in vielen Laboratorien anzutreffen ist.

Es ist deutlich zu erkennen, dass je nach Positionierung des (U)HPLC-Systems vor der Einlassquelle des Massenspektrometers ein mehr oder weniger ausgeprägtes Systemvolumen resultiert. In sehr ungünstigen Fällen beträgt die Länge der Transferkapillare nach der Säule bis zu 1 m. In dem in Abb. 3.14 gezeigten Massenspektrometer befindet sich die Ionenquelle an der rechten Seite. Wird nun das HPLC-System auf der linken Seite positioniert, ist ein relativ langer Weg vom Auslass der Säule (Ausgang HPLC A) zum Einlass in die Ionenquelle zurückzulegen. Wird das HPLC-System auf der rechten Seite aufgebaut (HPLC B), kön-

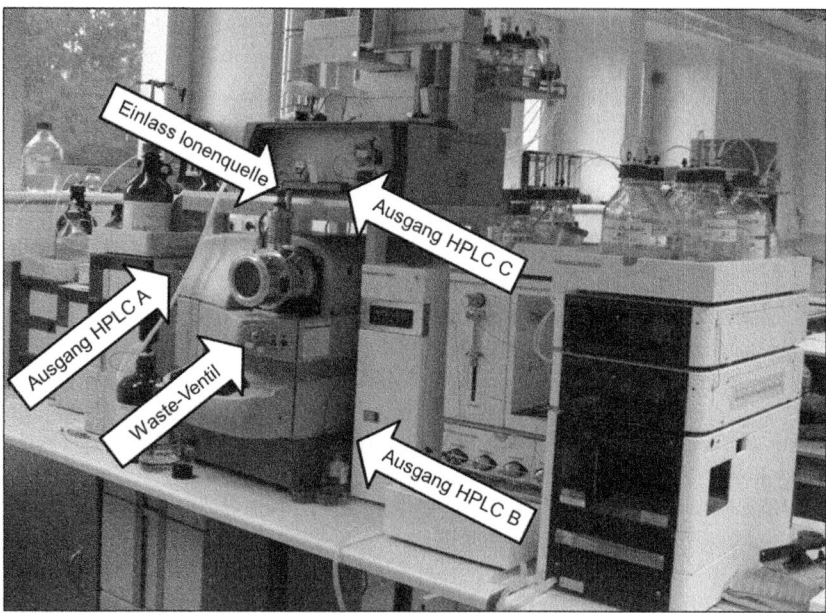

**Abb. 3.14** Typischer Systemaufbau bei der LC-MS-Kopplung.

nen die Wege minimiert werden. Eine ungünstige Positionierung der Säule im HPLC-Ofen kann trotzdem dazu führen, dass eine lange Transferkapillare verwendet werden muss. Darüber hinaus wird die Kapillare oftmals in ein zusätzliches am Massenspektrometer installiertes Ventil („Waste-Ventil") geführt, um diejenige Fraktion nicht in das MS zu leiten, die eine hohe Salzfracht enthält. Dies ist gängige Praxis, wenn eine großvolumige Direktinjektion von mehreren Hundert Mikrolitern durchgeführt wird. Die in der Probe enthaltenen Salze würden durch die Ablagerungen in der Ionenquelle und im Eingangsbereich des Ionenpfads zu einer kontinuierlichen Verminderung der Ionisationseffizienz nach nur wenigen Injektionen führen. Wie anhand der Kennzeichnung des Waste-Ventils in Abb. 3.14 zu erkennen ist, beträgt die zusätzliche Weglänge vom Säulenauslass zum Waste-Ventil und von dort in die Einlassquelle mindestens einen halben Meter.

Um die Bandenverbreiterung nach der Trennsäule zu minimieren, kann der Innendurchmesser der Kapillare angepasst werden. Ein kleinerer Innendurchmesser führt aber zwangsläufig zu einem höheren Druckabfall und kann bei sehr langen Kapillaren mit einem Innendurchmesser < 50 µm für einen erheblichen Teil des Gesamtdrucks verantwortlich sein. Je nach Bauart der Ionenquelle gibt es zusätzliche Systemvolumina, die nicht reduziert werden können. Der Einfluss dieser Systemvolumina spielt jedoch eine entscheidende Rolle, wenn die volle Trennleistung einer hocheffizienten UHPLC-Säule ausgenutzt werden soll. In vielen Fällen führt eine lange Transferkapillare, deren Innendurchmesser z. B. 130 µm oder mehr beträgt, zu einem deutlichen Verlust an Trennleistung. Die auf der Säule erzeugten schmalen Banden laufen dann in der Kapillare beim Verlassen der Trennsäule teilweise oder ganz zusammen. Darüber hinaus ist es in einigen Fällen üblich, der mobilen Phase vor Eintritt in das Massenspektrometer einen zusätzlichen Make-up-Fluss, der z. B. spezielle Ionisationshilfsmittel enthält, zuzuführen, um die Ionisation bestimmter Verbindungen zu verbessern. Dies wird i. d. R. über T-Stücke erreicht, die wiederum zu einem deutlichen Verlust der ursprünglichen Trennleistung beitragen. Vor diesem Hintergrund ist deshalb genau zu überlegen, ob stationäre Phasen mit einem Partikeldurchmesser < 2 μm wirklich für die im Labor vorhandene Gerätekonfiguration geeignet sind.

Anders sieht es aus, wenn eine Verbindung von Säule und MS auf direktem Wege möglich ist. In Abb. 3.15 ist ein Systemaufbau gezeigt, bei dem durch die flexible Anordnung des HPLC-Systems eine Verbindung der Trennsäule mit der Einlassquelle des Massenspektrometers auf sehr kurzem Weg hergestellt werden kann, wodurch sich ein deutlich geringeres Außersäulenvolumen ergibt.

In diesem Fall überbrückt der Säulenofen einen großen Teil der Weglänge, die ansonsten mithilfe einer Transferkapillare zurückgelegt werden müsste. Viele Hersteller haben auf dieses Problem mittlerweile reagiert und bieten „intelligente" Systemlösungen an. Durch einen separaten oder ausklappbaren HPLC-Ofen lassen sich die systemkritischen Volumina nach der Trennsäule minimieren. Allerdings ist anzumerken, dass diejenigen Lösungen, die auf optimale chromatografische Bedingungen ausgelegt sind, wiederum weniger Flexibilität in Bezug

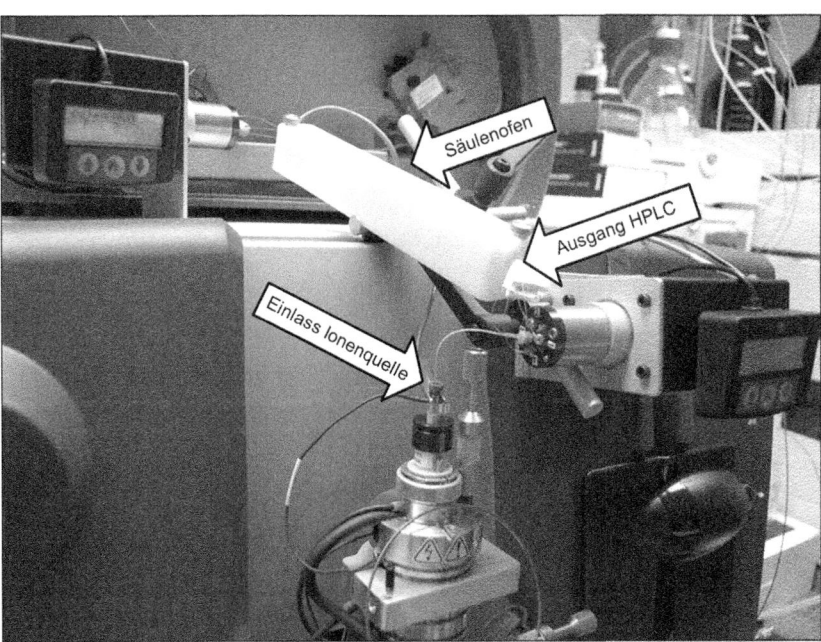

**Abb. 3.15** Optimierter Systemaufbau bei Kopplung eines flexiblen HPLC-Systems mit dem Massenspektrometer.

auf die Auswahl mehrerer Säulen ermöglichen. Nach wie vor erfreuen sich Säulenschaltventile sehr großer Beliebtheit, weil z. B. bei langen Messsequenzen über das Wochenende verschiedene Säulen für unterschiedliche Methoden ausgewählt werden können. Die Säulenschaltventile sind i. d. R. direkt in den HPLC-Ofen integriert, wodurch es wiederum schwieriger wird, eine möglichst totvolumenarme Verbindung herzustellen. Auch hier ist deshalb wieder ein Kompromiss zwischen der geforderten Flexibilität und den optimalen chromatografischen Bedingungen einzugehen.

Als Faustregel lässt sich jedoch verallgemeinern, dass immer dann, wenn ein wie in Abb. 3.15 gezeigter Systemaufbau möglich ist und zusätzlich ein Massenspektrometer mit schnellen Scan- und Polaritätsumschaltzeiten verwendet wird, die intrinsische Effizienz voll- oder teilporöser sub-2 μm-Teilchen zu einem hohen Grad ausgenutzt werden kann. Ist dies nicht der Fall, stellen z. B. monolithische Phasen eine hervorragende Alternative dar. Die im Vergleich zu den vollporösen Teilchen immer noch geringere theoretische Effizienz macht sich in der Praxis dann nicht bemerkbar, weil durch die Dispersion der Elutionsbanden in den Verbindungskapillaren per se eine geringere Trenneffizienz resultiert. Darüber hinaus ergibt sich im Vergleich zu den partikulären Phasen ein deutlich geringerer Gesamtdruck bei ansonsten identischen chromatografischen Bedingungen. Dies kann vorteilhaft sein, um den Verschleiß von Dichtungen zu reduzieren oder wenn z. B. eine Kopplung mit Bauteilen erfolgt, die nicht für einen großen Druck ausgelegt sind. Im Gegensatz zu den klassischen Edelstahlsäulen sind monolithische Säulen nur in einer Hülle aus PEEK verfügbar. Das Drucklimit dieser Phasen wird vom Hersteller mit 200 bar spezifiziert. Werden Säulen mit einer Länge < 15 cm verwendet, wird das Drucklimit jedoch auch bei Flussraten von bis zu 1 mL min$^{-1}$ und mit Methanol als organischem Lösungsmittel nicht überschritten.

Neben diesen Aspekten, die sich ausschließlich auf das Außersäulenvolumen beziehen, spielt die Probe selbst eine entscheidende Rolle in Bezug auf die Auswahl des geeigneten Partikeldurchmessers bzw. Basismaterials. Wenn relativ „saubere" Proben analysiert werden, oder extensive Probenvorbereitungsschritte, die auch eine Aufreinigung und Filtration umfassen, durchgeführt werden, können sub-2 μm-Teilchen eine gute Wahl sein. Wird z. B. eine Direktinjektion größerer Volumina vorgenommen, sind Phasen mit einem Partikeldurchmesser von etwa 3 μm bzw. die bereits erwähnten monolithischen Säulen besser geeignet. Der Hintergrund ist, dass bei sub-2 μm-Phasen ein sehr kleines Zwischenkornvolumen resultiert, weshalb diese Phasen anfälliger für Verstopfungen sind. Zudem weisen auch die Einlassfritten eine geringere Maschenweite auf als bei 3 μm- oder sogar 5 μm-Materialien. Bei monolithischen Phasen existieren aufgrund der bimodalen Porenstruktur große Durchflussporen, sodass ggf. kolloidal vorliegende Verbindungen durch die Säule transportiert werden, ohne dass es zu Verstopfungen kommt. Vor diesem Hintergrund setzen wir in unserem Labor seit einiger Zeit entweder monolithische stationäre Phasen oder vollporöse Phasen mit einem Partikeldurchmesser von 3 μm ein, wenn z. B. Abwasserproben analysiert werden.

### 3.3.9
**Einfluss des Innendurchmessers und der Flussrate**

Nach Möglichkeit sollte der Innendurchmesser der Trennsäule so gewählt werden, dass eine hohe lineare Fließgeschwindigkeit erzielt wird, um schnelle Zykluszeiten und somit einen hohen Probendurchsatz zu gewährleisten. Prinzipiell gilt: Je kleiner der Innendurchmesser der Trennsäule, desto größer ist die lineare Fließgeschwindigkeit bei konstanter Flussrate. Dieser Sachverhalt ist zur Veranschaulichung in Abb. 3.16 grafisch dargestellt. Aufgetragen ist der Innendurchmesser der Trennsäule gegen die lineare Fließgeschwindigkeit der mobilen Phase bei konstanter Flussrate von 0,5 mL min$^{-1}$. Es ist deutlich zu erkennen, dass die lineare Fließgeschwindigkeit bei Verringerung des Innendurchmessers und konstanter Flussrate deutlich ansteigt. Eine Flussrate von 0,5 mL min$^{-1}$ erweist sich in Bezug auf die LC-MS-Kopplung als bester Kompromiss, um eine akzeptable Ionisationseffizienz bei schneller Analysenzeit zu gewährleisten.

Umgekehrt bedeutet dies, dass bei konstanter linearer Fließgeschwindigkeit Trennsäulen mit geringem Innendurchmesser ideal geeignet sind, um Lösungsmittel einzusparen. Die konsequente Miniaturisierung des Trennsystems ist somit die beste Methode, um sowohl die Analysenzeit als auch den Ressourcenverbrauch zu minimieren. Wir werden auf diesen Punkt am Ende des Kapitels nochmals zu sprechen kommen. Des Weiteren ist die Reduzierung des Innendurchmessers in Verbindung mit der Massenspektrometrie auch deshalb anzustreben, weil die Elektrospray-Ionisation (ESI) mit Flussraten < 0,5 mL min$^{-1}$ häufig die höchste Effizienz aufweist. Dies ist der Grund, warum sich Trennsäulen mit einem Innendurchmesser von 2,1 mm gegenüber Trennsäulen mit einem Innendurchmesser von 4,6 mm in den meisten Laboren, die die Massenspektrometrie als Routineverfahren nutzen, durchgesetzt haben. Wird dagegen

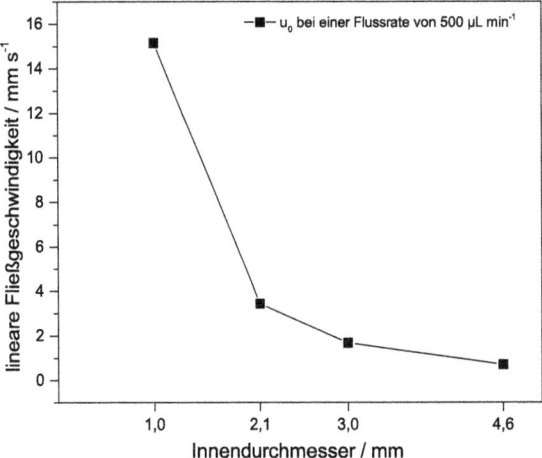

**Abb. 3.16** Auftragung des Innendurchmessers der Trennsäule gegen die lineare Fließgeschwindigkeit der mobilen Phase für eine konstante Flussrate von 0,5 mL min$^{-1}$.

eine Trennsäule mit einem Innendurchmesser von 4,6 mm verwendet, so ist der Einfluss der Systemvolumina auf die Dispersion der Elutionsbanden deutlich kleiner. Bei Säulen mit einem Innendurchmesser von 2,1 mm kann das nach der Trennsäule vorhandene Dispersionsvolumen zu einer geringeren chromatografischen Trenneffizienz führen. Es ergibt sich somit eine ähnliche Problematik, die bereits im vorhergehenden Abschnitt in Bezug auf den Partikeldurchmesser der stationären Phase beschrieben wurde. Vor diesem Hintergrund ist bei der LC-MS-Kopplung immer ein Systemaufbau anzustreben, bei dem die Trennsäule auf dem kürzesten Weg mit der Einlassquelle des Massenspektrometers verbunden wird.

### 3.3.10
### Einfluss des Injektionsvolumens

#### 3.3.10.1 Direktinjektion

Häufig ist es bei Multianalytmethoden so, dass gerne eine globale Nachweis- und Erfassungsgrenze definiert wird. Das Vorgehen erscheint aus Sicht eines analytischen Laien vollkommen verständlich, missachtet aber die Tatsache, dass, egal welches Detektionsverfahren angewendet wird, immer eine analytspezifische Abhängigkeit der Erfassungsgrenze in Bezug auf das Detektionsprinzip besteht. Ohne ein chromophores System ist eine Substanz z. B. nicht UV-aktiv, was anhand der in Abb. 3.17 aufgeführten UV-Spektren von Cyclophosphamid und Ifosfamid ersichtlich wird. Ein analoges Prinzip gilt für die Massenspektrometrie. Diese ist weit davon entfernt, eine universelle Detektionsmethode zu sein, weil die Ionisation ebenfalls substanzspezifisch ist. Viele Verbindungen sind z. B. gar nicht mittels Elektrospray-Ionisation zu ionisieren. In diesen Fällen muss auf andere Detektions- oder Ionisationstechniken zurückgegriffen werden. Dennoch verlangen viele Behörden und Auftraggeber, dass eine fest definierte Nachweisgrenze, z. B. $10\,\text{ng}\,\text{L}^{-1}$, quasi global für alle zu untersuchenden Verbindungen in einer Probe erzielt wird. Dies ist in vielen Fällen sogar möglich, oftmals aber nur mit erheblichem Mehraufwand zu erreichen.

In der Umweltanalytik hat sich deshalb ein Verfahren etabliert, das als großvolumige Direktinjektion bzw. large-volume injection (LVI) bekannt ist [34, 35]. Hierbei wird ein im Vergleich zur Säulendimension großes Volumen, z. B. 1 mL, auf eine Trennsäule mit einem Innendurchmesser von 2,1 bzw. 4,6 mm injiziert. Diese Vorgehensweise ist aus analytischer Sicht sehr effizient, weil außer einer einfachen Probenfiltration keine weiteren Schritte notwendig sind, um Zielverbindungen in geringer Konzentration zu bestimmen. Normalerweise sollte das maximale Injektionsvolumen nicht mehr als 10, besser 5 % des Volumens der mobilen Phase in der Trennsäule betragen. Wie ist es dann also möglich, bis zu 1 mL zu injizieren, was einer mehrfachen Überfüllung der Trennsäule entspricht? Schauen wir uns dazu die normale Injektion an, die schematisch in Abb. 3.18 dargestellt ist. Abb. 3.18a repräsentiert eine Trennsäule, in Abb. 3.18b ist das Chromatogramm mit den entsprechenden Elutionsprofilen für eine polare und unpolare Verbindung abgebildet.

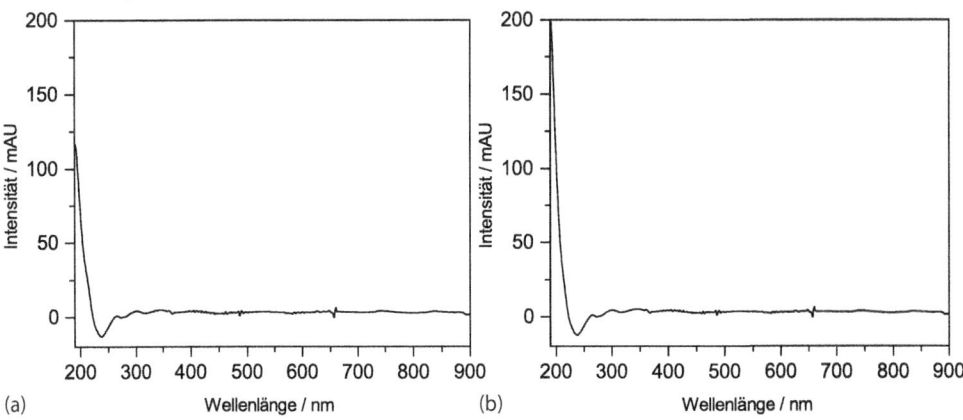

**Abb. 3.17** UV-Spektren von (a) Cyclophosphamid und (b) Ifosfamid.

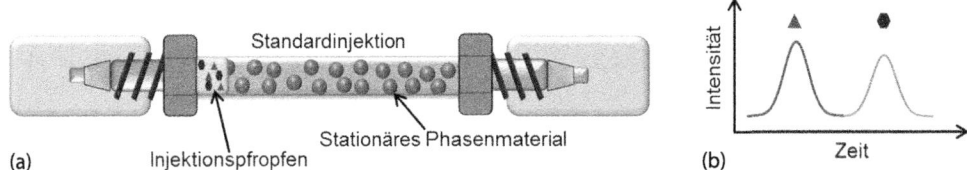

**Abb. 3.18** Schematische Darstellung für die „normale" Injektion. a) Darstellung einer Trennsäule; b) Darstellung des resultierenden Chromatogramms. Für weitere Erläuterungen: siehe Text.

Der durch einen Pfropfen markierte Injektionsbereich nimmt nur einen kleinen Teil des gesamten Säulenvolumens ein. Unabhängig davon, ob die Elution isokratisch oder über einen Lösemittelgradienten erfolgt, werden, sofern keine Gründe für ein Tailing gegeben sind, symmetrische Peakformen erhalten. Dies gilt sowohl für die polaren als auch unpolaren Verbindungen. Die Zusammensetzung des Injektionslösemittels hat in diesem Fall keinen bzw. nur einen vernachlässigbaren Einfluss auf die Peakform.

Anders verhält es sich, wenn ein großes Volumen direkt auf die Säule injiziert wird. Im ersten Fall (Abb. 3.19a) ist die Probe in Wasser gelöst. Der Injektionspfropfen nimmt in dieser Darstellung etwa die Hälfte des der mobilen Phase zur Verfügung stehenden Volumens ein. Die HPLC-Säule wird also in diesem Moment zu einer Festphasenextrationssäule. Die meisten Verbindungen werden dennoch am Säulenkopf fokussiert, weil Wasser das schwächste Elutionsmittel in der RP-Chromatografie ist. Die polaren Komponenten werden jedoch bereits mit dem Injektionspfropfen durch die Säule transportiert, da die Wechselwirkung mit der stationären Phase sehr gering ist. Im ungünstigsten Fall kann die Elutionsbande der polaren Fraktion nicht mehr durch den Lösemittelgradienten komprimiert werden, sodass Doppelpeaks bzw. stark verzerrte oder extrem breite Peakprofile erhalten werden. Die unpolaren Verbindungen hingegen können als

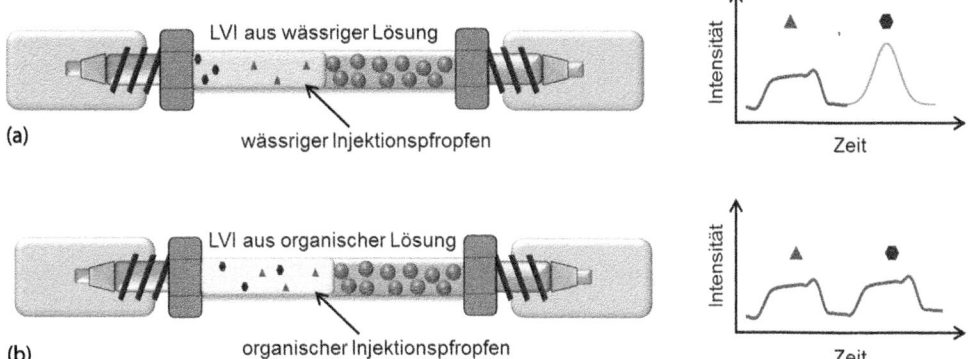

**Abb. 3.19** Schematische Darstellung der großvolumigen Direktinjektion für (a) Injektion aus wässriger Phase und (b) Injektion aus organischer Phase. Der Injektionspfropfen belegt etwa die Hälfte des der mobilen Phase in der Trennsäule zugänglichen Volumens. Für weitere Erläuterungen: siehe Text.

symmetrische und schmale Banden eluiert werden, da keine Bandenverbreiterung durch die großvolumige Direktinjektion stattgefunden hat, wie dies auf der rechten Seite in der entsprechenden Chromatogrammdarstellung in Abb. 3.19a wiedergegeben ist.

Erfolgt die LVI aus 100 % eines organischen Lösungsmittels, werden nahezu alle Substanzen mit dem Injektionspfropfen durch die Säule transportiert, sodass für fast alle Verbindungen Doppelpeaks zu beobachten sind. In der Realität bilden sich sehr unterschiedliche Peakprofile aus. Teilweise sind die Substanzzonen über einen sehr weiten Bereich im Chromatogramm „verschmiert", teilweise ergeben sich klar voneinander abgegrenzte Doppelpeaks. Als Faustregel lässt sich verallgemeinern, dass eine großvolumige Direktinjektion nur dann sinnvoll anzuwenden ist, wenn eine ausreichende Wechselwirkung der Analyten mit der stationären Phase gegeben ist.

Wir möchten nun an ein paar ausgewählten Beispielen aus der Praxis den theoretischen Hintergrund dieses Abschnitts vertiefen. Hierzu ist es hilfreich, sich ein genaues Bild von den Volumina zu machen, über die im Folgenden die Rede sein wird. Dazu müssen wir zunächst definieren, welches Volumen der mobilen Phase in der Trennsäule tatsächlich zur Verfügung steht. In erster Näherung könnte dieses dem geometrischen Volumen der Trennsäule gleichgesetzt werden, das sich über die Länge und den Durchmesser gemäß nachfolgender Gleichung berechnen lässt:

$$V_{\text{Säule}} = \frac{d_{\text{Säule}}^2}{4} \cdot \pi \cdot L \tag{3.1}$$

Da die stationäre Phase auch ein gewisses Volumen einnimmt, muss dieses vom geometrischen Volumen der Trennsäule abgezogen werden. Um die Betrachtung nicht zu kompliziert werden zu lassen nehmen wir an, dass die Porosität $\varepsilon$, die ein Maß für die Durchlässigkeit der stationären Phase ist, ein konstanter Faktor

**Tab. 3.4** Vergleichende Übersicht des effektiven Säulenvolumens in Abhängigkeit von Länge und Durchmesser von HPLC-Trennsäulen.

| Innendurchmesser/mm | 2,1 | | | 3,0 | | | 4,6 | | |
|---|---|---|---|---|---|---|---|---|---|
| Länge/mm | 50 | 100 | 150 | 50 | 100 | 150 | 50 | 100 | 150 |
| $V_{\text{Säule, effektiv}}$/µL | 121 | 243 | 364 | 247 | 495 | 742 | 582 | 1163 | 1745 |

ist, der für silikagelbasierte Umkehrphasen etwa 70 % beträgt. Vor diesem Hintergrund ist das geometrische Säulenvolumen also einfach mit der Porosität zu multiplizieren, um das der mobilen Phase zugängliche Säulenvolumen bzw. das effektive Säulenvolumen abzuschätzen.

$$V_{\text{Säule, effektiv}} = \frac{d_{\text{Säule}}^2}{4} \cdot \pi \cdot L \cdot \varepsilon \qquad (3.2)$$

In Tab. 3.4 haben wir für die gängigsten Innendurchmesser und Längen das der mobilen Phase zugängliche Volumen aufgeführt. Es wird schnell ersichtlich, dass mit zunehmender Reduzierung des Innendurchmessers eine starke Abnahme des Säulenvolumens einhergeht.

Wie bereits mehrfach diskutiert, werden für die LC-MS-Kopplung i. d. R. kurze Säulen mit einer Länge von 5 cm und einem Innendurchmesser von 2,1 mm verwendet. Eine Direktinjektion von 1 mL bedeutet demzufolge, dass der Injektionspfropfen ca. das 8,3-fache des Säulenvolumens beträgt. Anders formuliert bedeutet dies, dass die Säule über acht Mal von der Injektionslösung durchspült wird, bis die eigentliche Gradiententrennung startet. Schauen wir uns nun konkrete Beispiele aus der Praxis an. Im ersten Beispiel sollte für die in Tab. 3.2 gelisteten Verbindungen eine Methode entwickelt werden, die es erlaubt, alle Komponenten in einer Konzentration bis zu 0,1 ng mL$^{-1}$ zu bestimmen. Das in Abb. 3.20 wiedergegebene Chromatogramm wurde nach einer Injektion von 5 µL einer Referenzlösung, die 10 ng mL$^{-1}$ pro Analyt enthielt, erhalten. Die dunkel markierte Fläche kennzeichnet die Elutionsbande von Irinotecan. Hierbei handelt es sich nicht um mehrere Komponenten, die teilweise koeluieren, sondern um eine einzelne Verbindung, die über einen weiten Bereich „verschmiert" ist.

Die Injektionslösung enthielt 70 % Isopropanol und das der mobilen Phase zugängliche Säulenvolumen betrug 121 µL. Insofern verwundert es, dass keine symmetrische Peakform für alle Verbindungen erhalten wird. Rein intuitiv wäre davon auszugehen, dass insbesondere die zuerst eluierenden Komponenten am stärksten von einer Peakdeformation betroffen wären. Für diese Substanzen, wie auch für alle übrigen Analyten, werden jedoch symmetrische Peakformen erhalten. In einem zweiten Schritt wurde versucht, das Injektionsvolumen von 5 auf 10 µL zu erhöhen, da für die zu Beginn des Chromatogramms eluierenden Verbindungen die Signalintensität zu gering ist (Abb. 3.21). Nun sind mehrere Peaks über einen großen Bereich „verschmiert", obwohl das Injektionsvolumen immer noch weniger als 10 % des effektiven Säulenvolumens ausmacht.

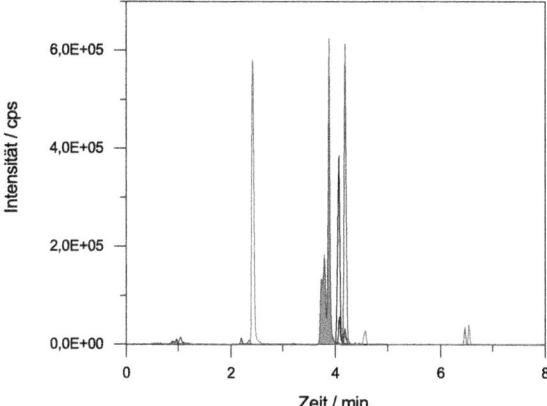

**Abb. 3.20** Trennung von zwölf Zytostatika auf einer ChromaNik SunShell RP-Aqua C-28 (50 × 2,1 mm, 2,6 µm) Trennsäule; chromatografische Parameter: (a) Temperatur: 40 °C; Injektionsvolumen: 5 µL; mobile Phase: A = Wasser + 0,1 % Essigsäure, B = Acetonitril + 0,1 % Essigsäure; Flussrate: 350 µL min$^{-1}$; Detektion: MS – Multiple Reaction Monitoring; Zusammensetzung der Injektionslösung: 30/70 (v/v) Wasser/Isopropanol. Die dunkel markierte Fläche ist die Elutionsbande von Irinotecan.

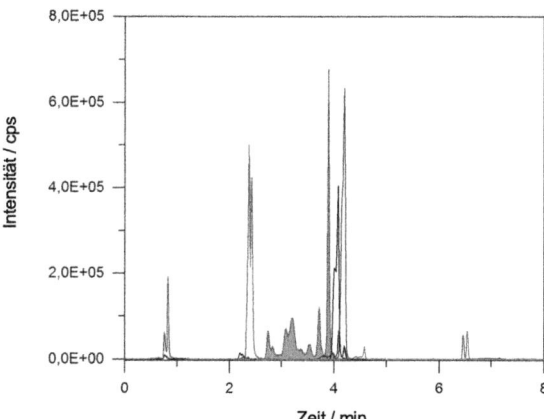

**Abb. 3.21** Trennung von zwölf Zytostatika auf einer ChromaNik SunShell RP-Aqua C-28 (50 × 2,1 mm, 2,6 µm) Trennsäule; chromatografische Parameter: (a) Temperatur: 40 °C; Injektionsvolumen: 10 µL; mobile Phase: A = Wasser + 0,1 % Essigsäure, B = Acetonitril + 0,1 % Essigsäure; Flussrate: 350 µL min$^{-1}$; Detektion: MS – Multiple Reaction Monitoring; Zusammensetzung der Injektionslösung: 30/70 (v/v) Wasser/Isopropanol. Die dunkel markierte Fläche ist die Elutionsbande von Irinotecan.

Die Strategie der Erhöhung des Injektionsvolumens zur Steigerung der Signalintensität hat also nicht zum Erfolg geführt, auch wenn diese für die zuerst eluierende Komponente deutlich erhöht werden konnte. Der einzige Ausweg aus dem Dilemma besteht in der Verdünnung der Probenlösung mit Wasser und der anschließenden Erhöhung des Injektionsvolumens um den Faktor 10, um eine Nach-

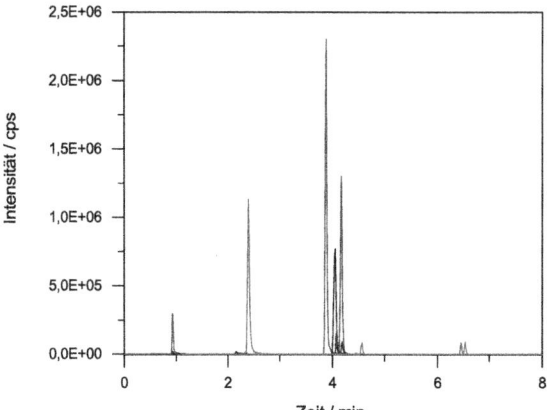

**Abb. 3.22** Trennung von zwölf Zytostatika auf einer ChromaNik SunShell RP-Aqua C-28 (50 × 2,1 mm, 2,6 µm) Trennsäule; chromatografische Parameter: (a) Temperatur: 40 °C; Injektionsvolumen: 100 µL; mobile Phase: A = Wasser + 0,1 % Essigsäure, B = Acetonitril + 0,1 % Essigsäure; Flussrate: 350 µL min$^{-1}$; Detektion: MS – Multiple Reaction Monitoring; Zusammensetzung der Injektionslösung: 93/7 (v/v) Wasser/Isopropanol.

weisgrenze von 0,1 ng mL$^{-1}$ für alle Verbindungen zu erzielen. Obwohl das Vorgehen rein intuitiv nicht logisch erscheint, überzeugt das in Abb. 3.22 dargestellte Chromatogramm von der Richtigkeit der Annahme. Warum hat die Verdünnung der Probe um denselben Faktor wie die anschließende Zunahme des Injektionsvolumens zur Lösung des Problems geführt?

Die Injektionslösung enthielt ursprünglich 70 % Isopropanol. Nach der Verdünnung betrug der Anteil lediglich 7 %. Trotz der Tatsache, dass unter den gegebenen Bedingungen ca. 82,5 % des Säulenvolumens durch den Injektionspfropfen mit einem Volumen von 100 µL belegt sind, ist offensichtlich eine ausreichende Fokussierung für alle Substanzen gegeben. Wie kann das sein? In der RP-Chromatografie besteht ein empirischer Zusammenhang zwischen dem natürlichen Logarithmus des Retentionsfaktors (ln $k$) und dem Anteil des organischen Lösungsmittels in der mobilen Phase (% B). Dieser funktionale Zusammenhang bildet die Grundlage für das sogenannte Linear-solvent-strength (LSS)-Modell, das in der RP-Chromatografie u. a. zur Vorhersage der Retention auf Basis von zwei Gradientenläufen genutzt wird [36]. Je höher der Anteil des organischen Lösungsmittels in der mobilen Phase ist, desto geringer ist die korrespondierende Retention einer Verbindung auf einer Umkehrphase. Isopropanol ist darüber hinaus ein deutlich stärkeres Elutionsmittel als z. B. Methanol oder Acetonitril. Auch wenn nur ein kleines Volumen im Verhältnis zum effektiven Säulenvolumen injiziert wird, kann der hohe Anteil des Isopropanols in der Injektionslösung bewirken, dass eine Komponente nicht am Säulenkopf fokussiert wird, sondern bereits zu einem bestimmten Anteil mit dem Injektionslösungsmittel über die stationäre Phase transportiert wird. Dieser Effekt kann so stark sein, dass die Elutionsbande trotz nachfolgender Gradientenelution nicht mehr komprimiert wird und ein stark verzerrtes Peakprofil resultiert. Durch die Verdünnung der Probe mit Wasser wird diesem Effekt entgegengewirkt, sodass dann sogar das Injektionsvolumen deutlich erhöht werden kann. Mithilfe dieser Strategie konnte das Ziel einer globalen Nachweisgrenze für alle Substanzen von 0,1 ng mL$^{-1}$ erreicht werden.

Ein nach wie vor ungelöstes Problem stellt die unzureichende Retention der polaren Moleküle wie z. B. 5-Fluorouracil bzw. Gemcitabin dar. Alle Phasensysteme, die in den Abschn. 3.3.6.1 und 3.3.6.2 beschrieben wurden, waren nicht geeignet, diese Komponenten mit einem Retentionsfaktor > 2 zu retardieren. Hier muss ein anderes Phasenmaterial wie z. B. grafitisierter Kohlenstoff (porous graphitic carbon, PGC), besser bekannt als Hypercarb, eingesetzt werden. Mit diesem Phasenmaterial ist es möglich, auch sehr polare Substanzen zu retardieren [37]. Dabei gilt es zu berücksichtigen, dass apolare Substanzen ebenfalls stark retardiert werden und die Gefahr besteht, dass diese Komponenten irreversibel gebunden werden bzw. erst sehr spät von der Trennsäule eluieren. Vor diesem Hintergrund wird im Folgenden die Injektion großer Volumina zur Anreicherung von polaren sowie apolaren Substanzen auf ein gekoppeltes Phasensystem beschrieben. Dazu wurden eine kurze PGC-Vorsäule (10 × 2,1 mm, 5 µm) sowie eine klassische C-18-Umkehrphase (50 × 2,1 mm, 3,5 µm) seriell miteinander verbunden. Der Vorteil der Verwendung dieser Säulenkombination ist, dass mithilfe der Hypercarb-Vorsäule eine ausreichende Retention für stark polare Komponenten erzielt wird und auf der anderen Seite die Retention für apolare Substanzen nicht so stark ausgeprägt ist, dass diese nicht bzw. erst sehr spät eluieren. Zunächst soll der Einfluss der Hypercarb-Vorsäule auf die Retention polarer, mittelpolarer sowie unpolarer Analyten gezeigt werden. Dazu sind in Abb. 3.23 zwei Chromatogramme der Trennung von vier Pharmaka dargestellt.

Abbildung 3.23a zeigt das Chromatogramm der Trennung ohne Hypercarb-Vorsäule, also ohne Online-Anreicherung, wohingegen in Abb. 3.23b die Trennung mit der PGC-Vorsäule dargestellt ist. Der Vergleich beider Chromatogramme verdeutlicht, dass es sowohl für das apolare Fenofibrat als auch für die mittelpolaren Analyten Ifosfamid und Cyclophosphamid keine Unterschiede in Bezug auf die Peakbreite gibt. Für diese Analyten kann die Injektion eines wässrigen Standards von 1000 µL ohne einen negativen Einfluss auf die Peakform durchgeführt werden. Im Vergleich dazu eluiert das polare Gemcitabin als breite, nicht fokussierte Bande von der C-18-Trennsäule, wenn auf die Vorsäule verzichtet wird. Die Retention von Gemcitabin auf dem C-18-Material ist so gering, dass eine Anreicherung unter diesen Bedingungen nicht möglich ist. Wird jedoch eine Kombination aus PGC-Vorsäule und C-18-Umkehrphase verwendet (Abb. 3.23b), ist ausschließlich die Retention von Gemcitabin auf der Hypercarb-Vorsäule dafür verantwortlich, dass diese Verbindung am Kopf der Vorsäule fokussiert und anschließend mithilfe des Lösungsmittelgradienten als schmale Bande eluiert werden kann. Bezogen auf das optimale Injektionsvolumen von ≤ 10 % des Säulenvolumens (≤ 12 µL) ergibt sich ein Anreicherungsfaktor von circa 83.

Abschließend soll gezeigt werden, dass die Injektion großer Volumina nicht zwangsläufig mit einem erheblichen Verlust an chromatografischer Effizienz

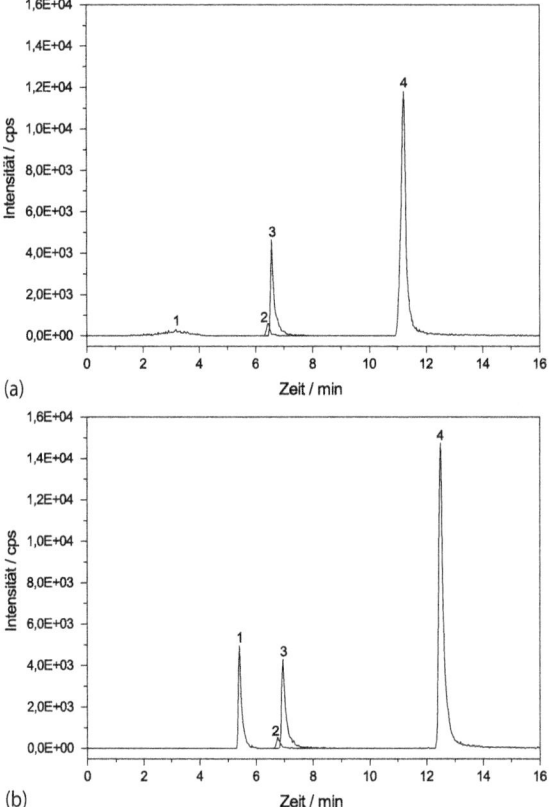

**Abb. 3.23** Trennung von vier Pharmaka (a) ohne und (b) mit Online-Anreicherung. Chromatografische Bedingungen: stationäre Phase: (a) Waters XBridge C-18 (50 × 2,1 mm, 3,5 µm), (b) Thermo Hypercarb (10 × 2,1 mm, 5 µm) gekoppelt mit einer Waters XBridge C-18 (50 × 2,1 mm, 3,5 µm) Trennsäule; mobile Phase: (A) deionisiertes Wasser mit 0,1 % Trifluoressigsäure, (B) Acetonitril mit 0,1 % Trifluoressigsäure; Flussrate: 0,5 mL min$^{-1}$; Gradient: 0–90 % B in 10 min, 10–20 min, 100 % B; Injektionsvolumen: 1000 µL; Temperatur: 35 °C; Detektion: MS. Analyten: 1) Gemcitabin, 2) Ifosfamid, 3) Cyclophosphamid, 4) Fenofibrat.

verbunden ist. In Abb. 3.24 ist die Trennung der Pharmaka in Bezug auf das Injektionsvolumen von 5 sowie 1000 µL vergleichend gegenübergestellt. Die Unterschiede hinsichtlich der Retentionszeiten sind durch die unterschiedlichen Volumina der Probenschleifen zu erklären. Für die Injektion von 5 µL wurde eine Probenschleife mit einem Volumen von 5 µL verwendet, wohingegen für die Injektion von 1000 µL eine Schleife mit einem Volumen von 1000 µL genutzt wurde. Der zeitliche Versatz von 2 min entspricht somit der Durchflusszeit durch die 1000 µL-Probenschleife bei einer Flussrate von 0,5 mL min$^{-1}$.

In beiden Fällen wurde die gleiche absolute Stoffmenge von 25 ng pro Analyt auf die Trennsäule gegeben. Der Vergleich der Peakformen und Peakweite der Analyten zeigt, dass es keine negativen Effekte aufgrund der Injektion von 1000 µL

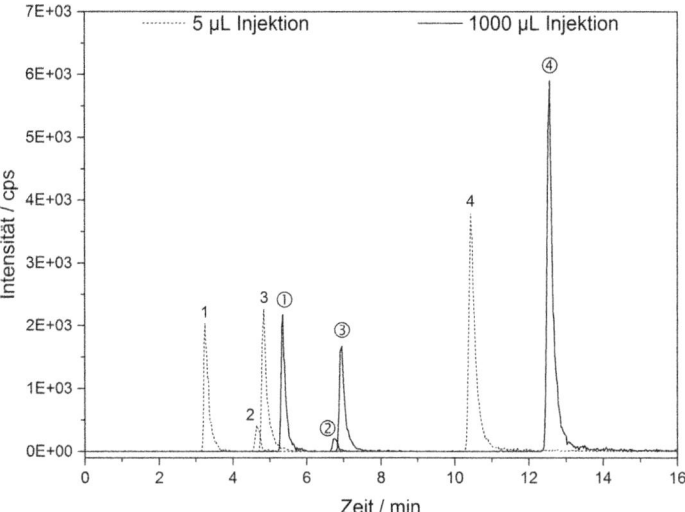

**Abb. 3.24** Trennung von vier Pharmaka. Chromatografische Bedingungen: stationäre Phase: Thermo Hypercarb (10 × 2,1 mm, 5 µm) gekoppelt mit einer Waters XBridge C-18 (50 × 2,1 mm, 3,5 µm) Trennsäule; mobile Phase: (A) deionisiertes Wasser mit 0,1 % Trifluoressigsäure, (B) Acetonitril mit 0,1 % Trifluoressigsäure; Flussrate: 0,5 mL min$^{-1}$; Gradient: 0–90 % B in 10 min, 10–20 min, 100 % B; Injektionsvolumen: s. Abb.; Temperatur: 35 °C; Detektion: MS. Aufgegebene absolute Stoffmenge: 25 ng. Analyten: 1, ① Gemcitabin, 2, ② Ifosfamid, 3, ③ Cyclophosphamid, 4, ④ Fenofibrat.

gibt. Eine zusätzliche Peakdispersion bedingt durch das hohe Injektionsvolumen kann visuell nicht beobachtet werden.

Die großvolumige Direktinjektion wird in Verbindung mit der Massenspektrometrie im Bereich der Umweltanalytik so erfolgreich eingesetzt, weil keine zusätzlichen Pumpen oder Verbrauchsmaterialien zur sensitiven Erfassung einer Vielzahl von Verbindungen in einem chromatografischen Lauf erforderlich sind. Die großvolumige Direktinjektion stößt immer dann an ihre Grenzen, wenn die Probe sehr hydrophobe Bestandteile enthält, die nur durch lange Spülschritte mit einem unpolaren Lösungsmittel von der Säule eluiert werden können. Durch das hohe Injektionsvolumen besteht nach nur wenigen Injektionen das Risiko, dass die Säule verstopft. Darüber hinaus führen die über einen langen Zeitraum eluierenden Verbindungen zu einem erhöhten Rauschen, das das Signal-zu-Rausch-Verhältnis deutlich verschlechtern kann. In diesem Fall führt wohl kein Weg daran vorbei, die Probenaufreinigung und -anreicherung über Offline- oder Online-SPE durchzuführen.

### 3.3.10.2 Online-SPE

Mehrere Hersteller bieten mittlerweile Systeme an, die eine direkte Anreicherung in der Kopplung mit der HPLC erlauben und die wir als Online-SPE bezeichnen. Im Gegensatz zur Offline-SPE hat die Online-SPE eine Reihe von Vorteilen. Im Folgenden wird eine Methodik zur direkten Kopplung einer Online-

**Abb. 3.25** Systemaufbau der Online-SPE-LC-MS/MS-Kopplung: (1) HPLC-Pumpen, (2) PAL-RTC-Probengeber, (3) automatischer Kartuschenwechsler, (4) HPLC-Ofen, (5) Tandemmassenspektrometer.

Festphasenextraktion mit der Flüssigkeitschromatografie und Tandemmassenspektrometrie (Online-SPE-LC-MS/MS) vorgestellt, die eine Vereinfachung und Beschleunigung der Probenbearbeitung in der Wasser- und Abwasseranalytik ermöglicht.

Abbildung 3.25 zeigt ein Online-SPE-LC-MS/MS-System, das zur Methodenentwicklung verwendet wurde. Dieses besteht aus einem „Prep-and-load-robotic-tool-change" (PAL RTC)-Probengeber mit einer 100 µL-, 1 mL- und 10 mL-Spritze, zwei Injektionsventilen mit unterschiedlichen Probenschleifen und einer Anreicherungseinheit für die automatisierte Online-SPE mit Kartuschenwechseleinheit. Die erste Probenschleife hat ein Volumen von 50 µL, sodass das System als reines HPLC-System mit der Möglichkeit zur Aufgabe kleiner Probenvolumina genutzt werden kann. Die zweite Probenschleife hat ein Volumen von 10 mL. Hiermit erfolgt die Anreicherung der wässrigen Probe auf einer auswechselbaren SPE-Kartusche. Optional können z. B. Waschschritte vorgenommen werden, um Salze zu entfernen. Die Übertragung der Probe von der Online-SPE-Kartusche auf die chromatografische Säule erfolgte in diesem Fall mit dem Fluss des Lösungsmittelgradienten, der auch für die HPLC-Trennung genutzt wird. Wie anhand des Vergleichs der beiden Chromatogramme in Abb. 3.26 ersichtlich wird, eluieren die Peaks, die auf einem Polymermaterial (Resin SH) angereichert wurden, als breite Banden. Demgegenüber lassen sich die Komponenten, die auf einer C-18-Kartusche angereichert wurden, als schmale Peaks detektieren.

Der Grund hierfür liegt vermutlich in dem großen Partikeldurchmesser von ca. 20–50 µm des Materials der Resin SH-Kartusche gegenüber 7 µm des Materials der C-18-Kartusche. Eine Alternative, um dieses Problem zu umgehen, besteht in der Möglichkeit, die angereicherte Probe als Pfropfen mit reinem organischem Lösungsmittel von der SPE-Kartusche zu eluieren. Dies wiederum bedingt aber, dass eine zusätzliche Pumpe benötigt wird, um den organischen Pfropfen vor dem Auftreffen auf die HPLC-Säule mit Wasser zu verdünnen (s. hierzu die Ausführungen in Abschn. 3.3.10.1). Andernfalls ist keine Fokussierung der im organischen Lösungsmittel vorliegenden Verbindungen möglich, sodass stark verzerrte Peaks zu beobachten sind. Eine Limitierung des hier genutzten Kartuschenwechslers ist, dass der Maximaldruck 300 bar nicht überschreiten sollte, da ansonsten Undichtigkeiten an den Kartuschen auftreten können. Vor diesem Hintergrund

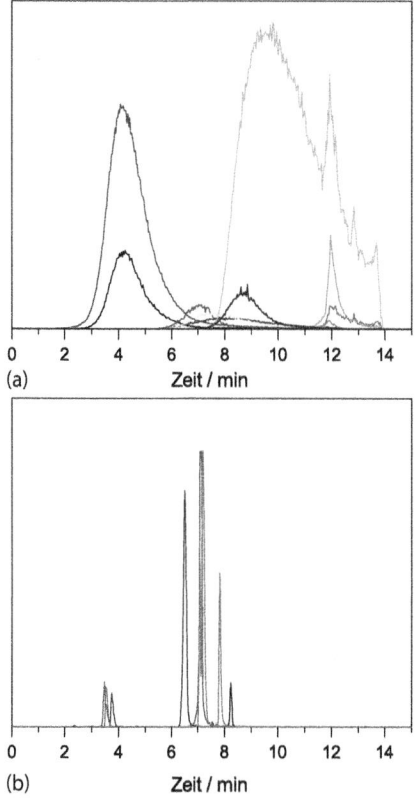

**Abb. 3.26** Vergleich der Chromatogramme einer angereicherten Probe auf einer (a) Resin SH-Kartusche und (b) C-18-Kartusche.

bietet es sich an, eine monolithische Säule zu verwenden, die bei einer Flussrate von 0,5 mL min$^{-1}$ einen Gegendruck von weniger als 100 bar aufweist, auch wenn z. B. Methanol als organisches Lösungsmittel verwendet wird (s. hierzu auch die Ausführungen in Abschn. 3.3.8). Abbildung 3.27 zeigt einen Vergleich der Wiederfindungsraten ausgewählter Pharmaka, die mittels Online- und Offline-SPE angereichert wurden. Anhand der Daten wird deutlich, dass bis auf wenige Ausnahmen keine signifikanten Unterschiede auftreten.

Der letzte Punkt betrifft die Verschachtelung aller Arbeitsschritte. Abbildung 3.28 vergleicht den zeitlichen Ablauf der Probenbearbeitung beispielhaft für die Offline- und Online-SPE. Für die manuelle Aufarbeitung einer einzelnen Probe benötigt ein Mitarbeiter beispielsweise etwa 1 h. Darin nicht inkludiert ist die Messzeit der Probe. Bei der Online-SPE kann die Bearbeitungszeit um etwa die Hälfte verringert werden, da alle manuellen Transferschritte entfallen. Mithilfe der Software CHRONOS (Axel Semrau) lassen sich alle Schritte so verschachteln, dass die Anreicherung einer Probe parallel zur Messung einer anderen

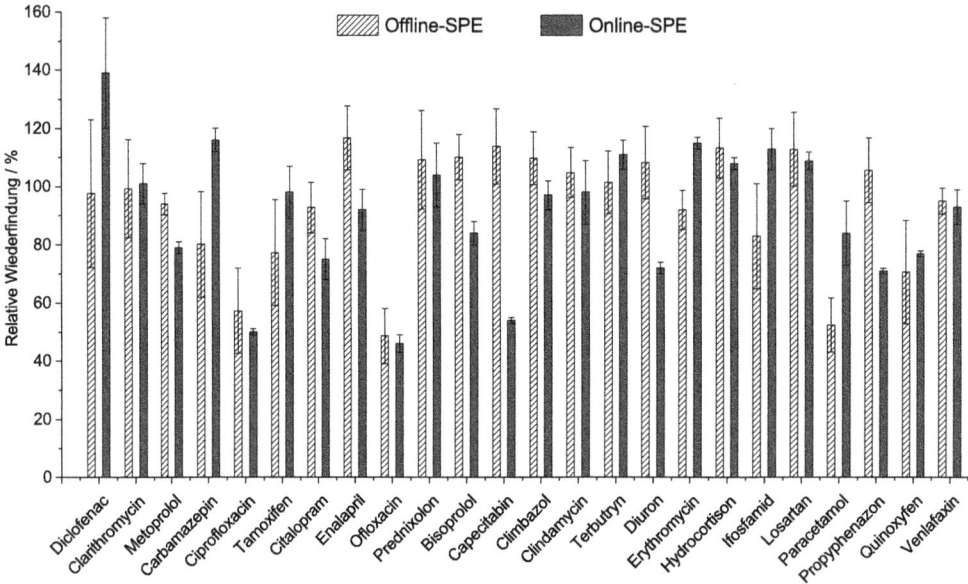

**Abb. 3.27** Vergleich der Wiederfindungsraten von Online-SPE (C-18-Kartusche, $n = 3$) und Offline-SPE (HLB-Kartusche, $n = 5$) für eine Abwasser-Multianalytmethode mit 25 Arzneimitteln und einem Aufgabevolumen von 10 mL bei der Online-SPE.

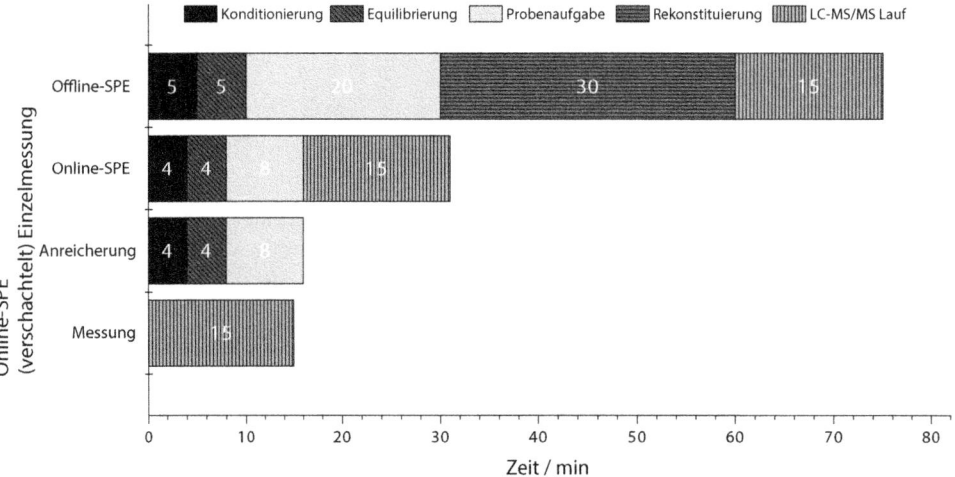

**Abb. 3.28** Zeitlicher Ablauf der Probenbearbeitung bei der manuellen Offline-SPE und der automatisierten Online-SPE.

Probe abläuft. Damit kann noch einmal etwa die Hälfte der Gesamtanalysenzeit eingespart werden.

Die Online-SPE ist bei vollständigem Automatisierungsgrad der manuellen Offline-SPE in Bezug auf die Messunsicherheit und die Zeitersparnis deutlich überlegen. Zwar ist anzumerken, dass bei entsprechender Ausstattung eines Labors mehrere Proben gleichzeitig über Offline-SPE angereichert werden können und der zeitliche Vorteil daher gegenüber der Online-SPE schrumpft. Dem muss aber entgegengehalten werden, dass der manuelle Eingriff des Laborpersonals auf ein Minimum reduziert wird und durch Ausnutzung von Nacht- oder Wochenendsequenzen viele Proben automatisiert bearbeitet werden können. Im Zuge stetig steigender Personalkosten ist die Online-SPE daher eine echte Alternative zur etablierten und zeitaufwendigen manuellen Probenvorbereitung.

#### 3.3.10.3 Vergleichende Übersicht der Anreicherungsmethoden

Die Direktinjektion großer Volumina lässt sich immer dann erfolgreich anwenden, wenn relativ „saubere" Proben wie z. B. Oberflächen- oder Trinkwasser analysiert werden. Um den Eintrag unerwünschter Salzfrachten in die Ionenquelle des Massenspektrometers zu vermeiden, sollten nach Möglichkeit Waste-Ventile genutzt werden. Eine Alternative zur großvolumigen Direktinjektion bzw. Offline-SPE ist die Online-SPE. Immer dann, wenn stark matrixhaltige Proben analysiert werden, die sehr hydrophobe Verbindungen enthalten, kann die Lebensdauer der analytischen Trennsäule deutlich erhöht werden, wenn diese Komponenten von der SPE-Kartusche zurückgehalten werden. Für die Analyse polarer Verbindungen haben sich stationäre Phasen auf Basis von porösem Kohlenstoff bewährt. Diese erlauben eine ausreichende Retention in Bezug zur Durchflusszeit, sodass die Quantifizierung nicht durch koeluierende Salze beeinträchtigt wird.

### 3.3.11
**Festlegung der massenspektrometrischen Parameter**

#### 3.3.11.1 Einleitung

Als Nächstes möchten wir die Strategie der Optimierung der massenspektrometrischen Parameter erläutern, um möglichst gute Signalintensitäten für alle in einer Methode zu erfassenden Verbindungen zu erzielen. In der Norm heißt es dazu, *dass für jede Substanz im positiven oder negativen Modus, je nach den chemischen Eigenschaften der Substanz, die jeweils optimalen Einstellungen für die Ionisierung unter den festgelegten chromatografischen Bedingungen gewählt werden sollen.* Wenn lediglich zwei bis fünf Komponenten in einer Methode analysiert werden sollen, ist dies sicherlich möglich, da die massenspektrometrischen Parameter teilweise während eines chromatografischen Laufs angepasst werden können. Je mehr Substanzen in einem Lauf zu erfassen sind, desto wichtiger ist es, generische Parameter zu definieren. Insofern ist es zunächst essenziell, diejenigen massenspektrometrischen Einflussparameter zu definieren, die im Kontext der Methodenentwicklung besonders wichtig sind. Wir möchten an dieser Stelle explizit darauf hinweisen, dass wir uns bezüglich der in den Abschnitten 3.3.11.2 bis 3.3.11.6 beschriebenen Parameter auf ein Massenspektrometer der Firma SCIEX beziehen. Dies betrifft neben der verwendeten Nomenklatur auch die Empfehlungen für bestimmte Einstellungen wie z. B. die Ionisationsspannung etc. Je nach verfügbarem Gerät kann es notwendig werden, dass weitere Parameter in die Optimierung einbezogen werden müssen. Darüber hinaus unterscheiden sich auch die Begrifflichkeiten von Hersteller zu Hersteller. Nichtsdestotrotz besitzt die allgemeine Vorgehensweise generelle Gültigkeit.

### 3.3.11.2 Ausrichtung der Sprayerposition

Die Position der ESI-Nadel innerhalb der Ionenquelle kann einen signifikanten Einfluss auf die Signalintensität ausüben. Wird z. B. eine geringe Flussrate < 100 µL min$^{-1}$ eingestellt, empfiehlt sich eine Ausrichtung der ESI-Nadel näher zur Öffnung der curtain plate. Bei höheren Flussraten sollte der Abstand der ESI-Nadel zur curtain plate vergrößert werden. Dies gilt auch für Proben mit sehr hohen Matrixfrachten, damit der Eingang des Ionenpfads weniger verschmutzt. Dies kann z. B. über eine Fließinjektion der Analyten erfolgen. Um die Intensitätsveränderung zu überprüfen bietet es sich an, die Massenübergänge aller relevanten Substanzen über einen bestimmten Zeitraum in der MS-Software aufzuzeichnen. Dabei kann ebenfalls auf analytspezifische Eigenschaften reagiert werden. Wenn Analyten innerhalb der Methode vorhanden sind, die einen verminderten Response aufweisen, kann die Nadel so ausgerichtet werden, dass eine möglichst hohe Signalintensität für diese Verbindungen erzielt wird.

### 3.3.11.3 Curtain gas

Wie in Kap. 1 bereits beschrieben wurde, handelt es sich bei der Elektrospray-Ionisation um eine Technik, die bei Atmosphärendruck arbeitet. Im Gegensatz dazu werden die massenspektrometrischen Experimente im Hochvakuum durchgeführt. Nun gilt es, diese Teile voneinander zu trennen bzw. eine Flutung des Vakuums zu vermeiden. Dies wird bei der LC-MS-Kopplung durch das sogenannte curtain gas (CUR) sichergestellt. In der Regel wird dazu ein Stickstoffstrom verwendet, dessen Stärke der Anwender in der massenspektrometrischen Methode einstellen kann. Darüber hinaus hat dieser Stickstoffvorhang die Aufgabe, nicht ionisierte Neutralteilchen und Matrixbestandteile vom Hochvakuumteil des Massenspektrometers fernzuhalten, damit eine Kontamination der für den Anwender nicht zugänglichen Bauteile verhindert wird. Hierbei muss allerdings darauf geachtet werden, einen „sinnvollen" Druck für das curtain gas einzustellen. Ist dieser zu niedrig, kann es zu Verschmutzungen des Gerätes kommen; ist er zu hoch, kann unter Umständen der Analyteintrag negativ beeinflusst werden. Dabei kann es möglicherweise zu Kompromissen zwischen „gewolltem" Verschmutzungsgrad und höherem Analyteintrag kommen. Als Faustregel ist festzuhalten, dass der Druck für das curtain gas möglichst hoch eingestellt werden sollte, ohne dass die Analytintensität negativ beeinflusst wird. Nichtsdestotrotz hat jeder Hersteller seine spezifischen Richtwerte für das jeweilige Massenspektrometer, da es in Abhängigkeit des Quellendesigns zu Besonderheiten kommen kann, die es zu berücksichtigen gilt.

### 3.3.11.4 Ionisierungsspannung (ESI-Spannung)

Die Ionisierungsspannung beschreibt das elektrische Potenzial, welches zur Ionisierung der Analyten angelegt wird. Für den Bereich der Elektrospray-Ionisation im positiven Ionisationsmodus liegt die Spannung in der Regel zwischen 3,5 und 5,5 kV. Bei negativer Ionisierung liegt die Spannung üblicherweise zwischen −3,5 und −4,5 kV. Wie bereits oben erwähnt, sind diese Werte als Richtwerte zu verstehen, die hersteller- und substanzspezifisch variieren können. Eine Optimierung dieses Parameters ist unabdingbar, da er einen direkten Einfluss auf die Signalintensität ausübt. Eine zu hohe ESI-Spannung kann zu einer Fragmentierung des Zielanalyten in der Quelle oder in extremen Fällen zu einer leuchtenden Glimmentladung an der ESI-Nadelspitze führen. Neben dem Abriss des Analytionenstroms ins Massenspektrometer kann es sogar zu Spannungsüberschlägen in den Bauteilen der Ionenfokussierung kommen.

### 3.3.11.5 Quellentemperatur

Die eingestellte Temperatur hat einen direkten Einfluss auf die Verdampfung der mobilen Phase, aber auch auf den Analyten selbst. Deswegen muss die Temperatur so eingestellt werden, dass keine unerwünschten Reaktionen in der Quelle, die auch als In-source-Fragmentierungen bezeichnet werden, auftreten. Beinhaltet die Methode sowohl thermolabile als auch thermostabile Substanzen, muss ein Kompromiss bezüglich der optimalen Quellentemperatur eingegangen werden. Für diesen Fall kann über die Einstellung der Gasströme, welche im Abschn. 3.3.11.6 genauer beschrieben werden, die Sensitivität der einzelnen Substanzen optimiert werden. Wenn allerdings eine Vielzahl an Komponenten (> 15) in einem chromatografischen Lauf analysiert werden soll, muss die Temperatur generisch ausgewählt werden, um eine möglichst umfassende Analyse zu gewährleisten. Eine Änderung der Quellentemperatur während des chromatografischen Laufs ist aufgrund der benötigten Equilibrierungszeiten bei Multianalytmethoden nicht sinnvoll.

### 3.3.11.6 Gasströme

Generell wird zwischen Vernebelungs- und Trocknungsgas unterschieden. Je nach Hersteller kann die Nomenklatur innerhalb der Software variieren. Das Vernebelungsgas ist der Gasstrom, der an der ESI-Nadel vorbeiströmt und einen Einfluss auf die Sprayformierung ausübt. Wichtig ist dabei zu beachten, dass der eingestellte Druck für das Vernebelungsgas eng mit der Position der ESI-Nadel verbunden ist. Das Trocknungsgas wird angelegt, um eine möglichst homogene Temperaturverteilung innerhalb der Quelle zu gewährleisten. Ein geringer Volumenstrom führt zu einer schlechteren Temperaturverteilung, wohingegen ein höherer Volumenstrom eine bessere Temperaturverteilung bewirkt.

### 3.3.12
### Optimierung der massenspektrometrischen Parameter

### 3.3.12.1 Einleitung

Die massenspektrometrischen Quellenparameter sind ein oftmals unterschätzter Parameter, obwohl die gewählten Einstellungen einen signifikanten Einfluss auf die resultierende Signalintensität ausüben können. Generell sollte sich die Optimierung nach der Anzahl der zu untersuchenden Analyten richten. Wird eine limitierte Anzahl an Komponenten (≤ 15) untersucht, ist die analytspezifische Optimierung sinnvoll. Muss im Gegensatz dazu eine Multikomponentenmethode (> 15) entwickelt werden, sollte die Optimierung generisch sein. Als Grundlage für die massenspektrometrische Optimierung dient eine Standard- bzw. Referenzlösung, die alle zu untersuchenden Analyten enthält. Dabei sollte allerdings auf die Konzentration geachtet werden. Ist diese zu gering, wird u. U. nur ein sehr geringes Signal erhalten. Falls diese zu hoch eingestellt wird, kann das Signal in die Sättigung des Detektors laufen, wodurch eine qualifizierte Aussage über die optimalen Bedingungen nicht möglich ist. In Abhängigkeit der Flussrate wird der Analyt entweder über eine Spritzenpumpe oder den Probengeber als Fließinjektionsanalyse (FIA) injiziert. Prinzipiell kann die Optimierung über die FIA auf verschiedenen Wegen, die im Folgenden erläutert werden, durchgeführt werden.

### 3.3.12.2 Manuelle bzw. teilautomatisierte Optimierung

Mittlerweile unterstützen viele Gerätehersteller den Anwender bei der Optimierung der Quellenparameter mittels softwareimplementierter Workflows. Dabei erstellt der Anwender zunächst eine LC-MS-Methode, die sowohl eine chromatografische Methode, die ermittelten Massenübergänge als auch eine Vorauswahl geeigneter Quellenparameter beinhaltet. Im nächsten Schritt wird die Trennsäule für die Fließinjektion durch einen Verbinder ausgetauscht. Im Optimierungsmodus kann anschließend auf die erstellte Methode zurückgegriffen werden. Als chromatografische Methode wird i. d. R. eine isokratische Elution bei einer Zusammensetzung von z. B. 50/50 (v/v) Wasser und organischem Lösungsmittel gewählt. Die Flussrate sollte nach Möglichkeit derjenigen entsprechen, bei der die tatsächliche Analyse durchgeführt werden soll. Zu beachten ist, dass die Zusammensetzung der mobilen Phase ebenfalls einen großen Einfluss auf die Ionisationseffizienz ausübt. Eluieren die Analyten z. B. in der finalen Methode bei einem hohen Wasseranteil, sind die Experimente bei einer Zusammensetzung von 90/10 (v/v) Wasser und organischem Lösungsmittel durchzuführen.

In der Software können anschließend die unterschiedlichen Einstellungen für die jeweiligen Quellenparameter ausgewählt werden. Die Software berechnet die Anzahl an Injektionen inklusive des benötigten Probenvolumens. Dabei sollte natürlich darauf geachtet werden, ein ausreichendes Volumen des Standards vorzulegen. Nachdem alle Einstellungen definiert wurden, kann die FIA gestartet werden. Insofern alle Einstellungen korrekt vorgenommen wurden, arbeitet das System autonom alle gewählten Bedingungen nacheinander ab. Für die Injektion wird der Probengeber des LC-Systems verwendet. Zum Abschluss erhält der Anwender einen Bericht mit den Intensitäten für alle Massenübergänge unter den gewählten Bedingungen. Des Weiteren erstellt die Software eine Methode mit den geeigneten Parametern auf Basis der Summe aller Intensitäten. Diese Art der Optimierung ist sicherlich etwas komfortabler als die klassische manuelle Optimierung. Nichtsdestotrotz sollte der Anwender die resultierenden Daten sehr genau prüfen, da in manchen Fällen Besonderheiten auftreten können, die wir im Abschn. 3.3.12.4 vertiefend diskutieren.

### 3.3.12.3 Optimierung mittels statistischer Versuchsplanung

Immer dann, wenn eine systematische Evaluierung der Abhängigkeiten unterschiedlicher Parameter durchgeführt werden soll, bietet sich der Einsatz von statistischer Versuchsplanung (design of experiments – DoE, quality by design – QbD) an. Mittlerweile gibt es eine Vielzahl von Softwarepaketen, die den Anwender bei diesem Vorhaben unterstützen. Klassische Softwarepakete sind z. B. Unscrambler oder Fusion QbD. Mithilfe dieser Softwaretools können Versuchspläne erstellt werden, um den Einfluss der einzelnen Parameter bzw. wechselseitige Abhängigkeiten zu untersuchen. Der Anwender muss sich allerdings im Vorfeld sehr genau überlegen, was sinnvolle Parameter sind und welche Niveaus untersucht werden sollen. Anschließend kann der erstellte Versuchsplan abgearbeitet werden. Im nächsten Schritt müssen die erhaltenen Zielwerte (Intensität oder Peakfläche) in das Programm überführt werden. Die Software ermittelt dann ein globales Optimum, wo die Zielgröße maximal sein sollte.

Bezogen auf die LC-MS-Kopplung bietet sich der Einsatz solcher Softwarepakete ebenfalls an, da oftmals die manuelle Optimierung auf Trial-and-Error basiert. Für die Erstellung eines Versuchsplans können die Quellenparameter als Variablen angegeben werden. Idealerweise sollte der erstellte Versuchsplan randomisiert abgearbeitet werden.

### 3.3.12.4 Vergleich der Optimierungsstrategien

Aus Abschn. 3.3.12.2 und 3.3.12.3 geht hervor, dass die Optimierung der massenspektrometrischen Quellenparameter auf verschiedenen Wegen möglich ist. Nun stellt sich die Frage, welcher Ansatz zu besseren Resultaten führt. Zur Evaluierung wird dies im Folgenden anhand der Optimierung der Signalintensität für zwölf ausgewählte Zytostatika diskutiert. Dabei werden die Ergebnisse beider Verfahren vergleichend gegenübergestellt. Für beide Methoden wurden zunächst die oben genannten verfahrensspezifischen Arbeitsschritte durchgeführt. Abbildung 3.29 zeigt ein Balkendiagramm der resultierenden Intensitäten in Prozent normiert auf die maximale Intensität des jeweiligen Analyten für die Quellentemperatur (TEM). Durch diese Darstellung ist der Verlust der Intensität durch die Variation des Parameters direkt ersichtlich.

Dabei zeigen die Komponenten Docetaxel, Paclitaxel und Etoposid einen immensen Intensitätsverlust, wenn die Temperatur größer als 250 °C ist. Für Docetaxel beträgt die Intensität bei 450 °C lediglich noch 10 % der maximalen Intensität. Für nahezu alle anderen Substanzen resultiert ein Intensitätsgewinn mit steigender Temperatur. Da die MS-Software die optimale Temperatur auf Grundlage der Summe der Intensitäten berechnet, schlägt die Software eine Methode bei 450 °C vor, da dort das Maximum liegt. Diese Art der Datenauswertung kann also dazu führen, dass bestimmte Einstellungen, die für einzelne Analyten ein überproportionales Signal erzeugen, zu einer geringeren Ionisationseffizienz für alle anderen Analyten führen. Aus diesem Grund sei der Anwender an dieser Stelle darauf aufmerksam gemacht, die vorgeschlagene Methode kritisch zu hinterfragen. Wenn eine bestimmte Nachweisgrenze für alle Komponenten erreicht werden muss, kann eine zu hohe Temperatur dazu führen, dass für die tempe-

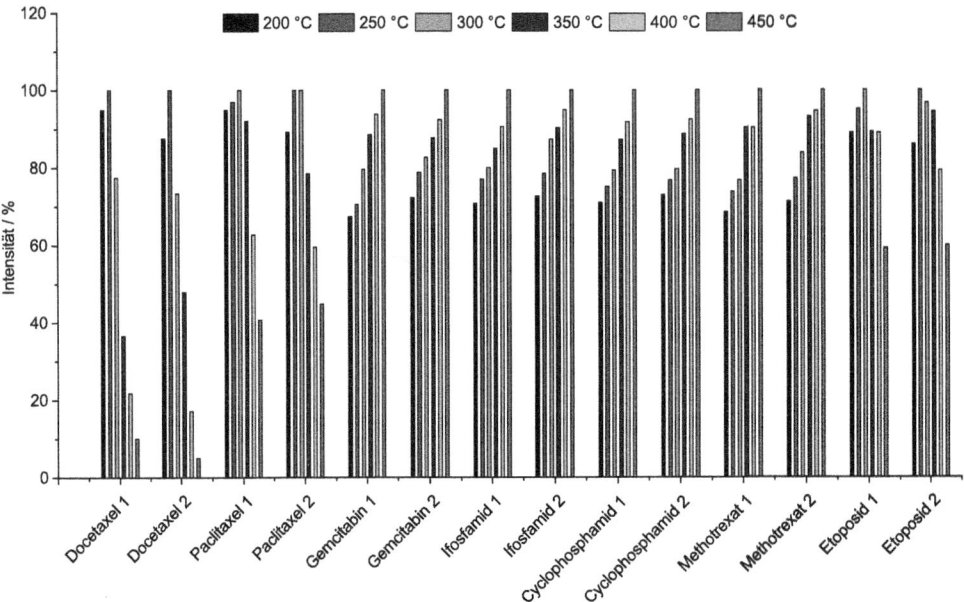

**Abb. 3.29** Resultierende Intensitäten für die zwei Massenübergänge der jeweiligen Analyten in Abhängigkeit der eingestellten Quellentemperatur.

raturlabilen Analyten eine geringere Signalintensität erreicht wird. Ohne weitere Datenanalyse durch den Anwender ist dies aber nicht ersichtlich. Weiterhin muss der Anwender bei der klassischen Optimierung die Einstellungen selber auswählen. Dadurch ist es möglich, dass die optimalen Bedingungen gar nicht untersucht wurden, wenn der Variationsbereich der Parameter zu eng gesetzt wurde und die Temperaturoptimierung wie unter Abschn. 3.3.12.2 beschrieben beispielsweise nur für die chromatografischen Startbedingungen erfolgt wäre.

Im Gegensatz dazu basiert die Optimierung mittels des QbD-Ansatzes auf wenigen Randparametern für die jeweiligen Einflussparameter. Durch die Abarbeitung des erstellten Versuchsplans ist sichergestellt, dass die Software im Anschluss durch statistische Modellierung und den Einsatz eines Suchalgorithmus ein globales Maximum für alle Komponenten findet. Des Weiteren ist es möglich, eine Gewichtung vorzunehmen. Dies bietet sich im vorliegenden Fall an, da die Optimierung der Quellenparameter speziell auf die temperaturlabilen Komponenten ausgerichtet werden kann. Aus Abschn. 3.3.11.6 geht hervor, dass die Quellentemperatur für die Optimierung des Vernebelungsgasstroms (GS2) berücksichtigt werden muss. Abbildung 3.30 zeigt den Einfluss des GS2 auf die Intensität der Massenübergänge der jeweiligen Analyten für zwei unterschiedliche Temperaturniveaus.

Aus Abb. 3.30a wird deutlich, dass für die temperaturlabilen Substanzen bei einer Temperatur von 450 °C ein geringes GS2 vorteilhaft ist. Alle anderen Substanzen weisen erhöhte Intensitäten bei einem höheren Gasstrom auf. Wenn die

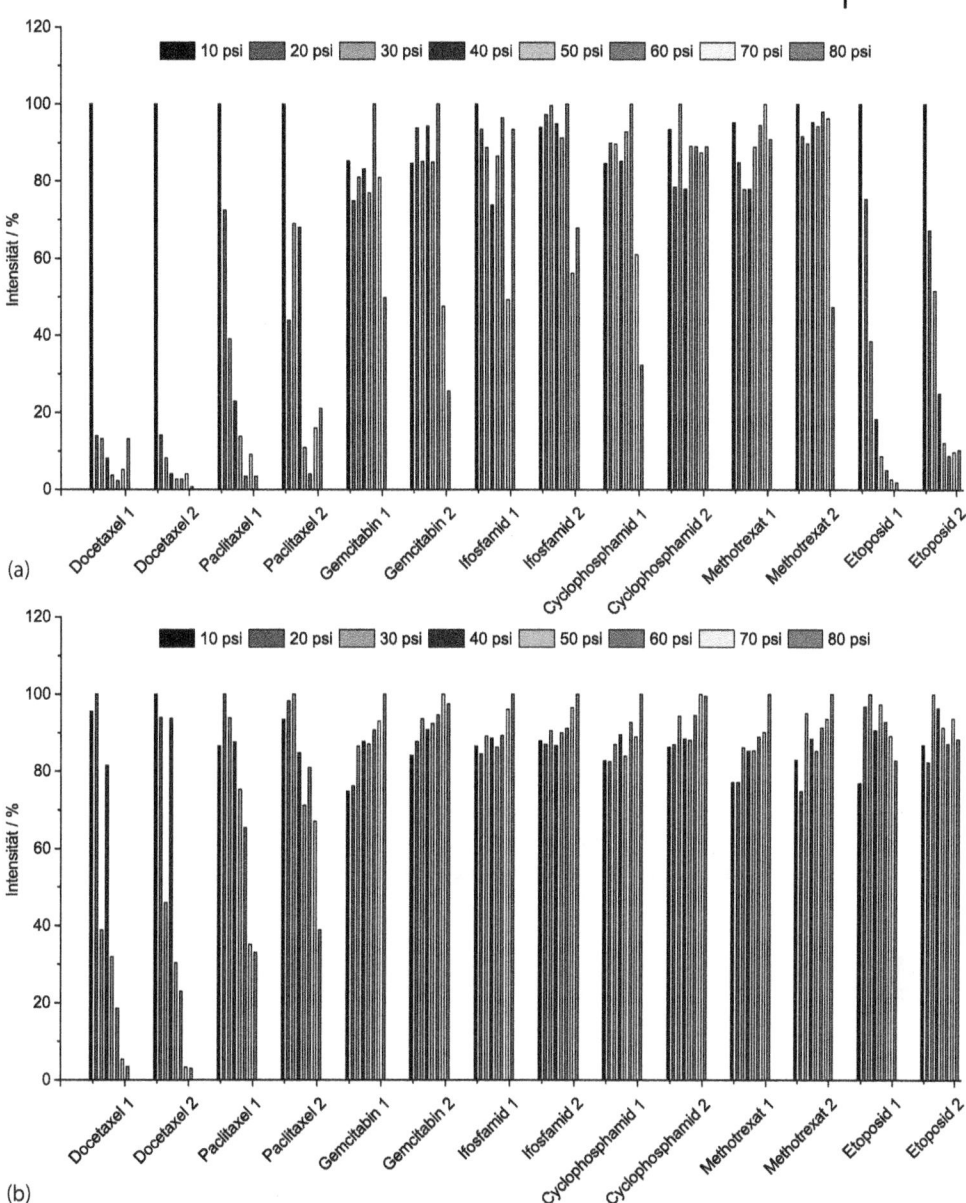

**Abb. 3.30** Resultierende Intensitäten für die zwei Massenübergänge der jeweiligen Analyten in Abhängigkeit des eingestellten Volumenstroms des Vernebelungsgases bei einer Quellentemperatur von (a) 450 °C und (b) 250 °C.

Temperatur nun auf 250 °C reduziert wird, zeigen sich deutlich andere Abhängigkeiten in Bezug auf das GS2. Dies ist in Abb. 3.30b dargestellt. Eine Temperatur von 250 °C wurde ausgewählt, da dort die Intensität für das thermolabile

**Tab. 3.5** Resultierende Quellenparameter in Abhängigkeit der verwendeten Evaluierungsstrategie.

| | MS Software | Manuelle Evaluierung | QbD-Ansatz | Gewichteter QbD-Ansatz |
|---|---|---|---|---|
| Curtain gas/psi | 20 | 20 | 20 | 20 |
| CAD-Gas/psi | hoch | mittel | mittel | mittel |
| Ionisierungsspannung/kV | 5,5 | 5,5 | 5,5 | 5,5 |
| Temperatur/°C | 450 | 250 | 281,3 | 263,1 |
| Gasstrom 1/psi | 20 | 20 | 10 | 10 |
| Gasstrom 2/psi | 60 | 10 | 90 | 28,5 |

Docetaxel am größten ist (Abb. 3.29). Für die temperaturinstabilen Substanzen zeigt sich nun, dass erhöhte Gasströme angelegt werden sollten. Die maximale Intensität wird bei einem GS2 zwischen 20–30 psi erreicht. Für alle anderen Substanzen erweist sich der maximale Wert als Optimum. Anhand dieses Vergleichs wird deutlich, dass eine Veränderung der Quellentemperatur immer eine erneute Optimierung des GS2 nach sich zieht.

Nun muss die Frage beantwortet werden, ob die Auswertung mittels statistischer Versuchsplanung ähnliche Werte für die Quellenparameter im Vergleich zur erweiterten manuellen Auswertung liefert. Anhand des Vergleichs der in Tab. 3.5 aufgeführten Werte wird ersichtlich, dass die Optimierung mittels statistischer Versuchsplanung es ermöglicht, direkt den optimalen Bereich für alle Substanzen zu ermitteln. Insbesondere der gewichtete QbD-Ansatz liefert vergleichbare Werte zur erweiterten manuellen Evaluierung. Die durch die Gerätesoftware präferierte Methode hingegen weicht an dieser Stelle deutlich von den optimalen Parametern ab.

## 3.4
### Quantifizierung mittels LC-MS

In den letzten Jahren hat sich gezeigt, dass für den Bereich der Targetanalytik nicht mehr nur Triple-Quadrupol-, sondern auch hochauflösende Flugzeitmassenspektrometer oder Orbitraps verwendet werden, da die Robustheit, der lineare Arbeitsbereich und die Nachweisempfindlichkeit stark verbessert wurden. Nichtsdestotrotz ist der Anteil der hochauflösenden Massenspektrometer für den Einsatzzweck der Quantifizierung im Vergleich zu Triple-Quadrupol-Geräten immer noch gering. Wir möchten deshalb die generellen Probleme, die bei der Erstellung und Anwendung einer Multianalytmethode für die Targetanalytik auftreten, am Beispiel dieser Tandemmassenspektrometer diskutieren.

Triple-Quadrupol-Massenspektrometer (QqQ) haben sich als „Arbeitspferde" in der Rückstands- und Spurenanalytik etabliert, weil eine selektive Erfassung der Zielanalyten bei gleichzeitigem Ausblenden der Matrix möglich ist. Wie in Abschn. 3.3.3 besprochen, können die in der Matrix enthaltenen Verbindungen einen erheblichen Einfluss auf die Ionensuppression haben. Um darüber hinaus eine hohe Absicherung der Quantifizierungsergebnisse zu erzielen, sind mindestens zwei Massenübergänge je Substanz aufzunehmen, wie auch in der zitierten Norm gefordert, wobei der nachweisstärkere Massenübergang zur Quantifizierung und der andere zur Substanzverifizierung verwendet werden. Die Akquisition der Massenübergänge erfordert jedoch Zeit, weshalb die Anzahl an Substanzen, die in einem Analysenlauf erfasst werden können, beschränkt ist. Zusätzlich zu der Akquisitionszeit für einen Massenübergang, die in der Fachliteratur als dwell time bzw. Verweilzeit bezeichnet wird, muss eine Umschaltzeit (pause time) berücksichtigt werden. Erst im Anschluss an die pause time kann der nächste Massenübergang gemessen werden. Die Addition aller Zeitwerte ergibt dann die sogenannte Zykluszeit (cycle time), die benötigt wird, um für jeden Massenübergang einen Datenpunkt zu erzeugen.

Des Weiteren ist es bei einer Vielzahl von Geräten möglich, bei der Ionisierung zwischen den Polaritäten zu wechseln. In der Regel wird bei ESI häufig im positiven Ionisationsmodus gearbeitet, einige Analyten sind jedoch im negativen Ionisationsmodus selektiver bzw. nachweisstärker zu erfassen. Ob ein sogenannter Polaritätswechsel in einem Analysenlauf sinnvoll erscheint, ist zum einen von der Anzahl der zu detektierenden Verbindungen als auch von der Zeit zwischen zwei Peaks, zwischen denen ein Polaritätswechsel erfolgen soll, abhängig. Außerdem spielt die benötigte Umschaltzeit des Massenspektrometers für den Polaritätswechsel eine entscheidende Rolle. Für die nachfolgenden Beispielrechnungen wird ein Polaritätswechsel nicht berücksichtigt, da sich dieser noch ungünstiger auf die Anzahl an Datenpunkten pro Peak auswirkt. Im Gegensatz dazu kann ein Polaritätswechsel bei Methoden, die nur wenige Zielanalyten umfassen, durchaus sinnvoll sein, wenn z. B. im negativen Ionisationsmodus eine nachweisstärkere oder selektivere Detektion als im positiven Ionisationsmodus möglich ist.

Der erste Schritt bei der Entwicklung einer LC-MS-Multianalytmethode besteht in der Optimierung der massenspektrometrischen Parameter. Wie den Anmerkungen in Abschn. 3.3.12 entnommen werden kann, ist die Optimierung der Parameter, die die Ionisationseffizienz für einen spezifischen Massenübergang beeinflussen, sehr aufwendig. Im Anschluss daran sind die Retentionszeiten für alle Analyten, die in einer Multianalytmethode gemessen werden sollen, zu ermitteln. Dies kann entweder durch Injektion der Einzelstandards oder des Standardmixes, der alle Komponenten enthält, erfolgen. Sind nun alle Retentionszeiten bekannt, können eine Kalibrationsreihe gemessen und der lineare Arbeitsbereich bestimmt werden. Hierbei kann es jedoch zu ersten „bösen" Überraschungen kommen. Abbildung 3.31 zeigt das resultierende Chromatogramm eines Multianalytstandards mit 91 Substanzen. Bei der Betrachtung des Chromatogramms wird ersichtlich, dass dreieckige Peakformen resultieren und lediglich ein Datenpunkt pro Peak erhalten wurde. Offenbar wurden ungünstige Einstellungen der MS-Akquisitionsparameter gewählt. Was ist hier schiefgelaufen?

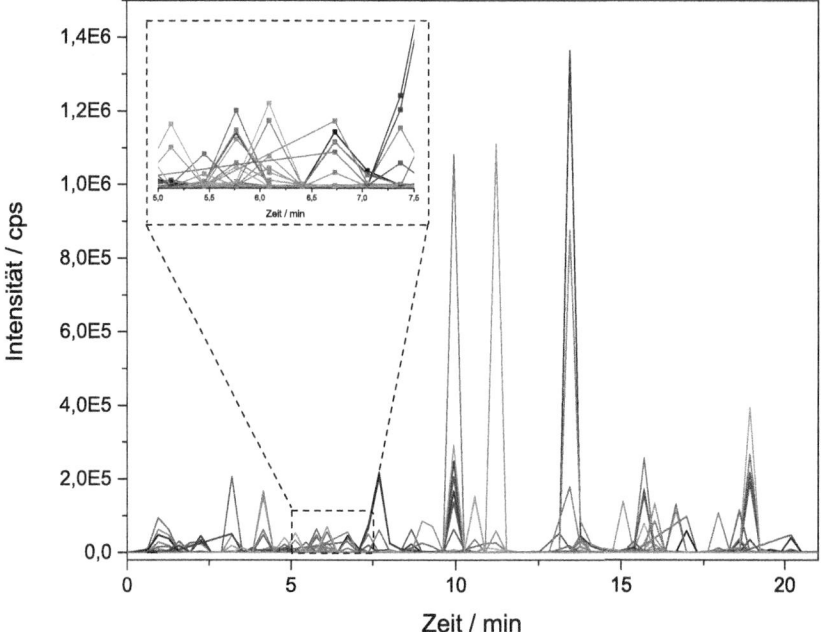

**Abb. 3.31** LC-MS/MS-Chromatogramm von 182 Massenübergängen auf einer 50 × 2 mm Merck Chromolith FastGradient RP18 HPLC-Säule. Chromatografische Parameter: Temperatur: 40 °C; Injektionsvolumen: 20 µL; mobile Phase: A = Wasser + 0,1 % Ameisensäure, B = Methanol + 0,1 % Ameisensäure; Gradient: 5–95 % B in 20 min; Flussrate: 400 µL min$^{-1}$; massenspektrometrische Parameter: pause time: 5 ms; dwell time: 100 ms (ungeglättete Rohdaten).

Bei der in Abb. 3.31 dargestellten Methode wurden insgesamt 182 Massenübergänge kontinuierlich über den gesamten chromatografischen Lauf gemessen, wobei für jede Verbindung zwei charakteristische Massenübergänge ausgewählt wurden. Dieser sogenannte retentionszeitunabhängige MRM-Modus (MRM, multiple reaction monitoring) hat den großen Vorteil, dass es keiner Festlegung bedarf, zu welcher Zeit oder in welchem Zeitfenster die Erfassung eines in der MS-Methode hinterlegten Massenübergangs erfolgt. Kleine Schwankungen in der Retentionszeit sowie die Änderung des Lösungsmittelgradienten bedingen somit keine weiteren Anpassungen hinsichtlich der MS-Methode. Der Nachteil ist jedoch, dass zu jeder Zeit immer die volle Anzahl der ausgewählten MRM-Übergänge gemessen wird. Anhand des folgenden Rechenbeispiels wird deutlich, dass die in der MS-Methode hinterlegten Parameter nicht in einem optimalen Verhältnis zur Anzahl der simultan zu erfassenden Komponenten stehen. Für das in Abb. 3.31 angegebene Beispiel betrugen die dwell time 100 ms und die pause time 5 ms. Bei diesen Einstellungen handelt es sich um „Standardwerte", die z. B. vom Gerätehersteller empfohlen werden. Diese Einstellungen haben durchaus ihre Berechtigung, da eine große dwell time von 100 ms gewährleistet, dass die Signalintensität erhöht sowie das Rauschen minimiert werden. Enthält die Me-

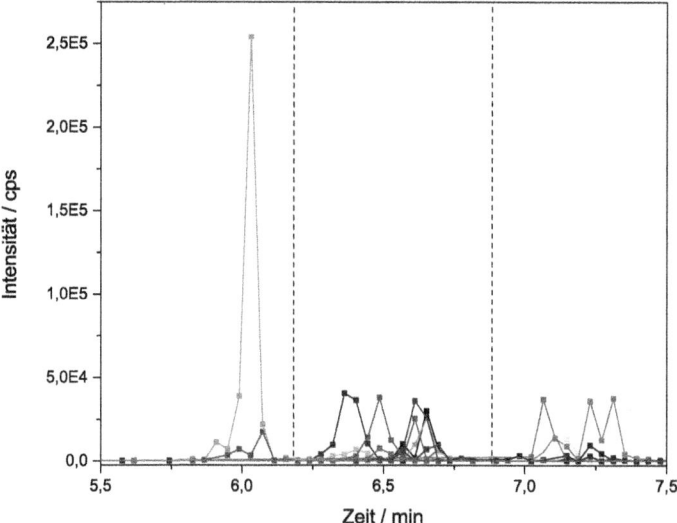

**Abb. 3.32** Ausschnitt eines LC-MS/MS-Chromatogramm von 182 Massenübergängen auf einer 50 × 2 mm Chromolith FastGradient RP18 HPLC-Säule. Chromatografische Parameter: Temperatur: 40 °C; Injektionsvolumen: 20 μL; mobile Phase: A = Wasser + 0,1 % Ameisensäure, B = Methanol + 0,1 % Ameisensäure; Gradient: 5– 95 % B in 20 min; Flussrate: 400 μL min$^{-1}$; massenspektrometrische Parameter: pause time: 5 ms; dwell time: 10 ms (ungeglättete Rohdaten).

thode nur wenige Analyten, die quantifiziert werden sollen, ist die Gefahr einer unzureichenden Anzahl an Datenpunkten pro Peak deutlich geringer. Für das hier gewählte Beispiel resultiert allerdings eine cycle time von 19,1 s, bis alle 182 MRM-Übergänge einmal gemessen wurden und somit für jede Substanz ein Datenpunkt erhalten wird. Dies entspricht einer Datenaufnahmerate von 0,05 Hz und verdeutlicht, dass die als „Standardwerte" hinterlegten Parameter kritisch hinterfragt werden müssen. Im Prinzip ist es also Zufall, an welcher Stelle ein Datenpunkt für eine Substanz registriert wird. Eine korrekte Darstellung des Peakprofils, wie es für die Quantifizierung gefordert wird, ist nicht möglich. Von der Forderung der DIN, mindestens zwölf Datenpunkte über den Peak zu generieren, sind wir also noch „meilenweit" entfernt. Was also ist der Ausweg aus diesem Dilemma?

Es muss nun versucht werden, die in der MS-Methode ausgewählten Parameter für die Verweilzeit und Umschaltzeit anzupassen. Werden die Werte auf 10 ms für die dwell time und 5 ms für die pause time gesetzt, resultiert eine Zykluszeit von 2,73 s, was einer Datenaufnahmerate von 0,37 Hz entspricht. Das korrespondierende Chromatogramm mit Hervorhebung der einzelnen Datenpunkte für alle extrahierten Massenübergänge ist in Abb. 3.32 dargestellt.

Obwohl es nun gelungen ist, die Anzahl an Datenpunkten über einen Peak zu erhöhen, sind wir immer noch weit von der Forderung der Norm entfernt. Eine weitere Reduzierung der cycle time ist mit dem hier genutzten Massenspektrometer zwar möglich, allerdings steigt dann auch das Rauschen, sodass die Methode nicht mehr für die Bestimmung sehr kleiner Konzentrationen geeignet ist. Es wäre zu überlegen, die Peakbreite für jeden Analyten zu erhöhen. Solche Vorschläge wurden tatsächlich auf Anwenderseminaren diskutiert, als die modernen UHPLC-Systeme Einzug in die Routinelaboratorien fanden. Ein solcher Vorschlag ist jedoch nicht zielführend, da nicht nur eine wesentlich geringere chromatografische Trenneffizienz und damit einhergehend auch ein Intensitätsverlust resultiert, sondern auch die Laufzeit der Methode verlängert wird. Dies steht in klarem Widerspruch zur Erhöhung des Probendurchsatzes. Eine Alternative ist, das Chromatogramm in Perioden einzuteilen, die durch die gestrichelten Linien im Chromatogrammausschnitt von Abb. 3.32 gekennzeichnet sind. In einer Periode können dann nur diejenigen MRM-Übergänge derjenigen Analyten gemessen werden, die innerhalb dieses Zeitfensters eluieren.

Wenngleich es durch die Aufteilung des Chromatogramms in einzelne Perioden gelingt, die Anzahl sequenziell zu messender MRM-Übergänge pro Zeiteinheit zu reduzieren, gibt es aus praktischer Sicht noch ein paar Fallstricke, die zu beachten sind. Um das Chromatogramm sinnvoll in Perioden zu unterteilen, müssen Bereiche identifiziert werden, in denen kein Zielanalyt eluiert. Dies ist für das in Abb. 3.32 dargestellte Beispiel zwar gegeben, jedoch können kleine Schwankungen in der Retentionszeit dazu führen, dass ein Peak nicht innerhalb des erwarteten Retentionszeitfensters erfasst wird. Des Weiteren sinkt mit zunehmender Komplexität der Probe und steigender Anzahl der zu untersuchenden Analyten die Wahrscheinlichkeit, überhaupt Regionen im Chromatogramm zu identifizieren, in denen kein relevanter Peak eluiert. Je kleiner die chromatografische Auflösung zwischen benachbarten Peaks ist, desto schwieriger ist die Unterteilung des Chromatogramms in einzelne Perioden.

Die technischen Fortschritte der letzten Jahre haben schließlich dazu geführt, eine schnellere Elektronik und neue Messalgorithmen zu nutzen, um die gestellte Forderung nach einer simultanen Erfassung vieler Substanzen in einem chromatografischen Lauf zu ermöglichen. Als Lösung für dieses Problem haben die MS-Gerätehersteller hierfür den sogenannten retentionszeitabhängigen MRM-Modus entwickelt. Dieser ist unter den Bezeichnungen timed, targeted oder scheduled MRM bekannt. Mit diesem MRM-Modus ist es möglich, Messzeitfenster für einen spezifischen MRM-Übergang frei zu definieren. Der große Vorteil liegt hierbei darin, die MRM-Übergänge nicht mehr über den gesamten chromatografischen Lauf zu messen, sondern nur innerhalb des Zeitraums, in dem die betreffende Komponente tatsächlich von der Säule eluiert. Dabei sollten substanztypische Schwankungen in der Retentionszeit berücksichtigt werden. Beispielsweise wirken sich kleine Änderungen des pH-Wertes der mobilen Phase stärker auf diejenigen Substanzen aus, bei denen der eingestellte pH-Wert näher am $pK_s$-Wert liegt (s. hierzu auch die Ausführungen in Abschn. 3.3.6.5). Es ist also davon auszugehen, dass geringe Änderungen des pH-Wertes, wie es z. B. durch unsauberes Arbeiten beim Ansetzen der mobilen Phase oder durch eine großvolumige Probeninjektion vorkommen kann, zu ausgeprägten Verschiebungen der ursprünglich ermittelten Retentionszeit führen. Insbesondere die früh eluierenden Verbindungen sind bei einer großvolumigen Direktinjektion am stärksten von Retentionszeitschwankungen betroffen, weshalb hier sehr genau auf die Festlegung des Detektionsfensters (detection window) für jeden MRM-Übergang geachtet werden sollte. Ausgeklügelte Algorithmen erlauben sogar, die Akquisitionszeit für jeden MRM-Übergang individuell zu definieren. Auf diese Weise wird die zu einer gegebenen Zeit resultierende Anzahl an gemessenen MRM-Übergängen drastisch reduziert. Im retentionszeitabhängigen MRM-Modus muss die sogenannte target scan time angegeben werden. Anders als im klassischen MRM-Modus wird hierbei die Zykluszeit, die erreicht werden soll, vorgegeben. In Abhängigkeit der Anzahl der sequenziell gemessenen Massenübergänge wird die dwell time automatisch so angepasst, dass in Summe mit der pause time die target scan time erreicht wird. Abbildung 3.33 zeigt einen Ausschnitt des unter den optimierten Bedingungen resultierenden Chromatogramms mit Hervorhebung der einzelnen Datenpunkte.

Nach Festlegung der spezifischen Retentionszeitfenster sollte dann die Region des Chromatogramms inspiziert werden, die die größte Peakdichte aufweist, was gleichzeitig der größten Anzahl sequenziell gemessener MRM-Übergänge entspricht. Anhand der durchschnittlichen Peakbreiten, die einfach aus dem Chromatogramm abgelesen werden können, kann nun die Festlegung der target

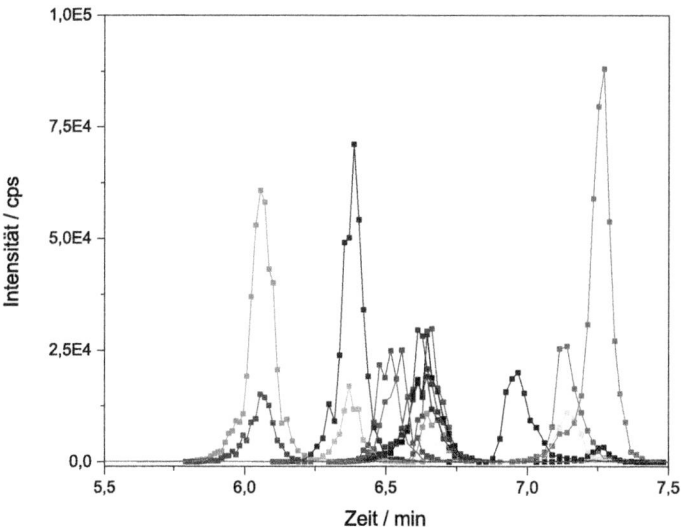

**Abb. 3.33** Ausschnitt eines LC-MS/MS-Chromatogramms von 182 Massenübergängen auf einer 50 × 2 mm Chromolith FastGradient RP18 HPLC-Säule. Chromatografische Parameter: Temperatur: 40 °C; Injektionsvolumen: 20 µL; mobile Phase: A = Wasser + 0,1 % Ameisensäure, B = Methanol + 0,1 % Ameisensäure; Gradient: 5–95 % B in 20 min; Flussrate: 400 µL min$^{-1}$; massenspektrometrische Parameter: pause time: 5 ms, MRM detection window: 60 s, target scan time: 2 s (ungeglättete Rohdaten).

scan time erfolgen, um eine ausreichende Datenpunktanzahl für eine erfolgreiche Quantifizierung zu erreichen.

Die folgende Beispielrechnung, die nun von dem o. a. Chromatogramm entkoppelt ist, soll diesen Sachverhalt verdeutlichen. Dabei gehen wir von zwei Fällen aus. Im ersten Fall wird angenommen, dass ein UHPLC-System zur Verfügung steht und dass alle kritischen System- und Totvolumina vor und hinter der Säule sehr gering sind. Wir rechnen nun mit einer mittleren Peakbreite von 1 s. Im zweiten Fall betrachten wir den für eine LC-MS-Kopplung typischen Fall, dass die Wege vom Auslass der Säule zum Einlass in die Ionenquelle ungünstig sind. In diesem Fall rechnen wir mit einer mittleren Peakbreite von 10 s. Als Peakbreite seien hier der Beginn und das Ende des Peaks durch die von der Software gesetzten Integrationspunkte definiert. Breitere Peaks werden an dieser Stelle nicht diskutiert, da somit eine noch größere Anzahl an Datenpunkten erhalten wird. Gehen wir weiterhin davon aus, dass trotz Nutzung des retentionszeitabhängigen MRM-Modus immer noch Bereiche im Chromatogramm existieren, bei denen 20 Substanzen – und somit 40 MRM-Übergänge(!) – sequenziell erfasst werden müssen. Bei älteren MS-Geräten ist die minimale dwell time mit etwa 5 ms zu veranschlagen, bei modernen Geräten kann diese auf bis zu 0,8 ms reduziert werden. Es ist aber dringend davon abzuraten, den kleinsten einstellbaren Wert zu nutzen, insbesondere dann, wenn die Methode zur Bestimmung kleiner Konzentrationen ausgelegt ist. In der Regel erhöht sich lediglich das Rauschen, und die Nachweisgrenzen verschlechtern sich. Rechnen wir also mit einer dwell time von 20 ms für ältere und 2,5 ms für moderne Systeme. Bei 40 MRM-Übergängen bedeutet dies, dass bereits 800 bzw. 100 ms für die Messung von 40 MRM-Übergängen veranschlagt werden müssen. Zusätzlich ist die pause time zu berücksichtigen. Nehmen wir auch hier wieder „vernünftige" Werte von 5 ms für ältere und 1 ms für moderne Geräte an, so ergibt sich eine Gesamtumschaltzeit von 200 bzw. 40 ms. Es resultiert demzufolge eine Zykluszeit von exakt 1 s für ältere bzw. 140 ms für moderne Geräte, was einer Datenaufnahmerate von 1 bzw. 7,14 Hz entspricht. Bei einer Peakbreite von 1 s wird also bei älteren Massenspektrometern trotz eines ausgeklügelten retentionszeitabhängigen MRM-Modus nur ein Datenpunkt pro Peak erhalten. Im Gegensatz dazu sind es bei den modernen Massenspektrometern immerhin schon sieben Datenpunkte. Bei einer Peakbreite von 10 s resultieren im ersten Fall zehn Datenpunkte, im zweiten Fall 71 Datenpunkte.

Als Zwischenfazit ist somit festzuhalten, dass eine hocheffiziente UHPLC-Trennung mit sehr schmalen Peaks von 1 s in Verbindung mit älteren Massenspektrometern und einer hohen Anzahl zu erfassender Zielanalyten keine geeignete Kombination darstellt. Die auf der Trennsäule generierten Peaks sind einfach zu schmal. Diese Schlussfolgerung bedeutet jedoch nicht, dass die Kombination eines UHPLC-Systems mit einem älteren Massenspektrometer nicht sinnvoll ist. Ein großer Vorteil moderner UHPLC-Systeme liegt in der konsequenten Reduzierung aller Systemvolumina. Um schnelle Analysenzyklen zu realisieren, ist ein kleines Gradientenverweilvolumen deshalb eine zwingende Voraussetzung. Insbesondere dann, wenn eine relativ niedrige Gesamtflussrate von z. B. 300 µL min$^{-1}$ eingestellt wird, können sich bei älteren HPLC-Systemen mit ei-

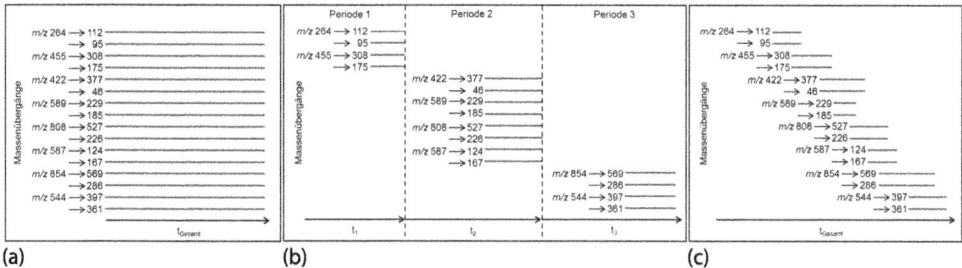

**Abb. 3.34** Vergleichende Darstellung des Prinzips des Multiple Reaction Monitoring. (a) Retentionszeitunabhängiger MRM-Modus; (b) retentionszeitunabhängiger MRM-Modus mit Einteilung des Chromatogramms in Perioden; (c) retentionszeitabhängiger MRM-Modus mit variablen Detektionsfenstern.

nem Gradientenverweilvolumen von 1 mL lange Zykluszeiten ergeben, die sich nachteilig auf den Probendurchsatz auswirken.

Der Anwender sollte nun anhand der Spezifikationen des eigenen Gerätes für die eigene Methode die Anzahl der resultierenden Datenpunkte pro Peak ermitteln. Dabei ist die mittlere Peakbreite aus dem Chromatogramm als Grundlage zu nehmen. Diese Annahme ist gerechtfertigt, weil aufgrund der Bandenkompression im Lösungsmittelgradientenmodus i. d. R. eine konstante Peakbreite resultiert. Eluieren Peaks jedoch auf einem isokratischen Plateau, z. B. zu Beginn oder am Ende des Gradienten, sollte natürlich eine entsprechende Anpassung der Peakbreiten für diese Elutionszeitfenster berücksichtigt werden. In Abb. 3.34 sind die im Text erläuterten Modi zur Messung eines spezifischen Massenübergangs vergleichend gegenübergestellt.

## 3.5
### Screening mittels LC-MS

In diesem Abschnitt gehen wir auf die Anforderungen beim suspected-target und non-target screening mittels LC-MS ein. Entgegen der weitläufigen Meinung, dass für solche Screeninganalysen nur hochauflösende Systeme wie Flugzeitmassenspektrometer oder Orbitraps eingesetzt werden können, muss klargestellt werden, dass auch mit anderen Massenspektrometertypen wie Ionenfallen, Triple-Quadrupol-Massenspektrometern oder „QTRAPs" (quadrupole linear ion trap, QqLIT) die Charakterisierung von Substanzen mit „messdateninformationsabhängigen MS- und MS/MS-Experimenten" möglich ist. Diese kombinierten Messalgorithmen werden auch als data dependent acquisition (DDA), data independent acquisition (DIA) oder information dependent acquisition (IDA) bezeichnet. Mittels all ion fragmentation (AIF) aufgenommene Daten können in gleicher Weise ausgewertet werden. Ein Vorteil bei diesem Messalgorithmus liegt darin, dass zu jedem Zeitpunkt alle Daten aufgenommen werden und nicht wie bei den datenabhängigen Messalgorithmen eine Einschränkung auf z. B. die acht höchsten Intensitäten oder eine zuvor definierte Positivliste erfolgt. Beispiele für Screeninguntersuchungen auf erwartete Substanzen sind das Pestizidscreening in der Lebensmittelüberwachung oder das Drogenscreening im Bereich der forensischen und klinischen Toxikologie [38–41].

Generell gelten alle in Abschn. 3.3 getroffenen Aussagen in Bezug auf die LC-MS-Kopplung auch für den Ansatz der Screeninganalyse. Dies bedeutet, dass sich die Auswahl der stationären Phase ebenfalls an den Möglichkeiten, die das Massenspektrometer bereitstellt, orientieren sollte. Das Gleiche gilt für die mobile Phase sowie den Gradientenverlauf. Die in Abschn. 3.3 getroffenen Aussagen werden deshalb an dieser Stelle nicht wiederholt. Ein wichtiger Unterschied, der aber trotzdem diskutiert werden soll, bezieht sich auf die Auswahl der Ionisierungstechnik sowie die passenden massenspektrometrischen Einstellungen. Bei Screeninganalysen gibt es keine oder nur eine geringe Vorinformation bezüglich der erwarteten Analyten (s. hierzu auch die Erläuterungen in den Abschn. 3.2.2 und 3.2.3). Insofern müssen generische Parameter definiert werden, um eine möglichst große Anzahl an Substanzen zu erfassen, denn eine Identifizierung ist nur für die ausreichend gut ionisierbaren Substanzen möglich. Dies betrifft im Wesentlichen die Einstellungen zur Ionisierung der Analyten wie Ionisierungsspannung, Gaseinstellungen, Ionisationstemperatur für die Verdampfung des Lösungsmittels etc.

Beim Screening mit HRMS-Geräten muss zwischen reinen MS-full-scan-Analysen und kombinierten MS- und MS/MS-Experimenten unterschieden werden. Die vom Hersteller angegebene maximale Empfindlichkeit und Massenauflösung lässt sich generell nicht bei der maximalen Datenaufnahmerate erreichen. Hier muss ein Kompromiss gefunden werden. Es macht einen entscheidenden Unterschied, ob in einem chromatografischen Lauf möglichst viele Substanzen anhand der Summenformel durch einen Datenbankabgleich oder lediglich einzelne Substanzen, die in sehr geringen Konzentrationen im Vergleich zu den Matrixbestandteilen vorliegen, identifiziert werden sollen. Bezogen auf den für kleine Moleküle relevanten Massenbereich von $m/z$ 50–1000 kann bei einer Anpassung der Massenauflösung des Gerätes i. d. R. mit einer ausreichend hohen Scanrate (> 10 Datenpunkte pro Peak) mit Orbitraps, Flugzeitmassenspektrometern oder auch Quadrupol-Flugzeitmassenspektrometern aufgenommen werden. Prinzipiell ergeben sich also bezüglich der schnellen Chromatografie keine Einschränkungen.

Allerdings ist die Bestimmung der Summenformel bei vielen Screeningansätzen kein ausreichendes Kriterium, um Substanzen aus komplexen Matrizes sicher zu identifizieren. Vor diesem Hintergrund haben sich hochauflösende Massenspektrometer mit der Option, Produkt-Ionenspektren aus Vorläuferionen zu generieren, etabliert. Hierbei gilt die Regel: die Ableitung zusätzlicher Informationen über z. B. MS/MS-Spektren benötigt Zeit. Dies bedeutet auch, dass die Herstellerspezifikationen in Bezug auf die Scanrate im reinen MS-full-scan-Modus kritisch hinterfragt bzw. korrigiert werden müssen. Allgemein gültige Regeln in Bezug auf die Festsetzung dieser Parameter können nicht abgeleitet werden, da es häufig dem Anwender überlassen bleibt, wie er die aus seiner Einschätzung „richtigen" Screeningparameter setzt. Dieser abstrakte Sachverhalt soll daher durch

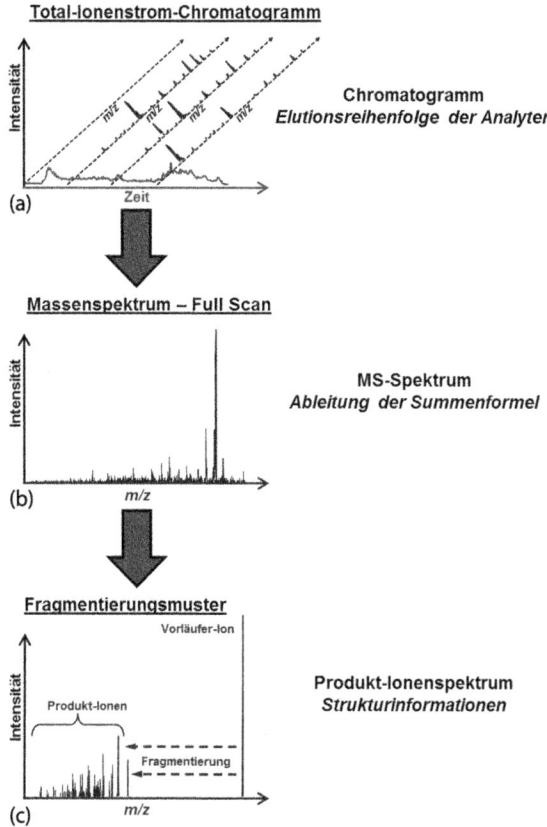

**Abb. 3.35** Allgemeiner Ablauf einer LC-MS- und MS/MS-Screeninganalyse. a) Total-Ionenstrom-Chromatogramm; b) MS Full-scan Spektrum zur Ableitung der Summenformel; c) zu b) zugehöriges Produkt-Ionenspektrum.

ein Beispiel näher erläutert werden. Abbildung 3.35 verdeutlicht den allgemeinen Ablauf einer Screeninganalyse.

In Abb. 3.35a ist das Total-Ionenstrom-Chromatogramm dargestellt. Dieses ergibt sich aus der Summe aller am Detektor registrierten Ionen. Das TIC-Chromatogramm besitzt i. d. R. nur eine geringe Aussagekraft. Entsprechend der eingestellten Scanrate befindet sich zu jedem Datenpunkt ein vollständiges Full-scan-Spektrum, das exemplarisch in Abb. 3.35b gezeigt ist. Dieses Full-scan-Spektrum gibt das zu einem gegebenen Zeitpunkt registrierte Massenspektrum über den ausgewählten Masse-zu-Ladungs-Bereich an. Anhand des $m/z$-Verhältnisses und des Isotopenverhältnisses als zweites Kriterium neben der Massenabweichung kann auf mögliche Summenformeln der unbekannten Verbindung geschlossen werden. Allerdings ist die alleinige Bestimmung der Summenformel noch kein Garant dafür, dass es sich auch tatsächlich um die vermutete Verbindung handelt. Anders als in der GC-MS mit der Elektronenstoßionisierung sind die bei der LC-MS generierten Massenspektren stark von den eingestellten Parametern und dem Gerätetyp abhängig. Mittlerweile sind die in Datenbanken hinterlegten MS/MS-Spektren auch von verschiedenen Geräteherstellern sowie für unterschiedliche MS-Gerätetypen vergleichbar, wenn diese nach einem standardisierten Protokoll (einheitliche Kollisionsenergie) aufgenommen wurden [40]. Neben einer eigenen Referenzdatenbank sind kommerzielle oder freie Bibliotheken eine sinnvolle Alternative für einen Datenabgleich. Zunehmend an Bedeutung gewinnen frei zugängliche Datenbanken wie u. a. CheLIST, Chemspider, DAIOS, Drugbank, HMDB, mzCloud, Norman MassBank, Metfusion, Metlin, PPDB, Stoff-Ident oder TOXNET. Diese unterscheiden sich in Umfang der Substanzen, der Anzahl der MS/MS-Spektren, den Metainformationen (mögliche Substanznamen, Summenformel, Löslichkeit, REACH-Daten, Literaturverweise) und den Suchmöglichkeiten [7–13].

Um nun die Identität der vermuteten Verbindung weiter abzusichern, bietet sich die Aufnahme von Produkt-Ionenspektren an. In Abb. 3.35c ist dieses Vorgehen schematisch dargestellt. Bei den informationsabhängigen Experimenten wird z. B. das Vorläuferion aus dem Massenspektrum mit der höchsten Intensität ausgewählt und fragmentiert. Hieraus leitet sich ein Produkt-Ionenspektrum ab, das zusätzliche Informationen liefert, die dann gezielt Rückschlüsse auf die Struktur der Verbindung zulassen.

Bei den kombinierten MS- und MS/MS-Experimenten ist nun die Anzahl der Zyklen festzulegen, bevor ein neues Full-scan-Massenspektrum aufgenommen wird. Beispielsweise ist es sinnvoll, wenn nicht nach jedem full scan nur ein einziges, sondern mehrere informationsabhängige Experimente durchgeführt werden. Abbildung 3.36 verdeutlicht den Messzyklus für die Akquisition von vier bzw. acht messdateninformationsabhängigen MS- und MS/MS-Experimenten. Die Anzahl möglicher MS/MS-Experimente ist wiederum von der Peakbreite abhängig.

Im ersten Fall wurden neben dem full scan vier messdateninformationsabhängige Experimente durchgeführt. Die Akquisitionszeit für den full scan betrug 20 ms, die Akquisitionszeiten für die Aufnahme der Produkt-Ionenspektren 20 ms und die pause time 10 ms. Werden alle Zeitwerte addiert, resultiert eine Zykluszeit von 150 ms. Wie anhand des Peakprofils in Abb. 3.36a ersichtlich ist, konnten ca. sieben bis acht Datenpunkte erhalten werden. Dieser Aufbau steht stellvertretend für alle Systeme, mit denen hocheffiziente chromatografische Trennungen in Verbindung mit der Massenspektrometrie durchgeführt werden können.

Im zweiten Fall wurden demgegenüber acht MS/MS-Experimente nach einem full scan durchgeführt. Dies war möglich, weil die Peaks eine Breite von etwa 10–12 s aufwiesen. Die Akquisitionszeit für den full scan betrug 250 ms, die Akquisitionszeiten für die Aufnahme der Produkt-Ionenspektren 100 ms und die pause time 10 ms. Werden alle Zeitwerte addiert, resultiert eine Zykluszeit von 1140 ms. Die einzelnen Peaks wurden auf diese Weise mit ca. neun bis zehn Datenpunkten abgebildet. Im Gegensatz zur Targetanalytik, die eine Quantifizierung der Substanzen zum Ziel hat, ist es bei Screeninguntersuchungen nicht unbedingt erforderlich, einen Peak mit zwölf oder mehr Datenpunkten abzubilden. Soll die Methode jedoch später auch genutzt werden, um eine Quantifizierung auf bekannte

Analyten zu ermöglichen, müssten die MS-Parameter dementsprechend angepasst werden. Anhand der oben vorgestellten Beispielrechnungen wird deutlich, dass bei messdateninformationsabhängigen MS- und MS/MS-Experimenten eine entsprechende additive Messzeit erforderlich ist, sodass sich die Anzahl an Datenpunkten pro Peak gegenüber dem reinen MS-Modus deutlich reduziert.

## 3.6
## Miniaturisierung – LC-MS quo vadis?

Das Kapitel schließt mit einem Ausblick in Richtung Miniaturisierung, da dieses Thema mittlerweile auch außerhalb des rein akademischen Umfeldes immer mehr an Bedeutung gewinnt. In Bezug auf die LC-MS-Kopplung ist zu sagen, dass anstelle der auch als „Ofenrohre" bezeichneten 4,6 mm-Säulen mittlerweile überwiegend Säulen mit einem Innendurchmesser von 2,1 mm verwendet werden. Hinsichtlich der Restriktionen in Bezug auf die Flussrate bei der Elektrospray-Ionisation sollte an dieser Stelle erwähnt werden, dass die Reduzierung des Innendurchmessers auf 1,0 mm wünschenswert ist (s. hierzu auch die Ausführungen in Abschn. 3.3.9). Allerdings herrscht immer noch die Meinung vor, dass

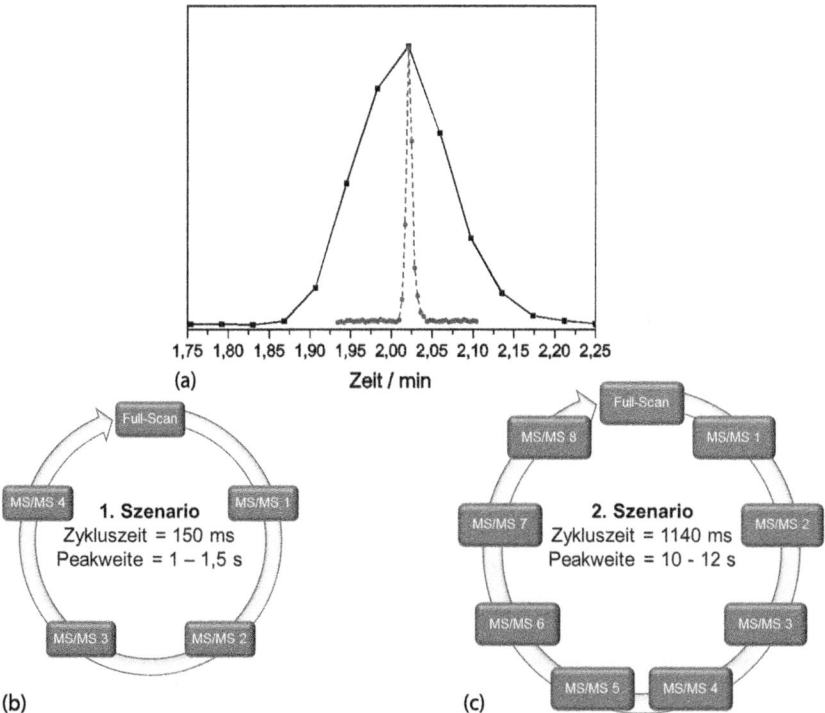

**Abb. 3.36** Übersicht der Zykluszeiten für kombinierte messdateninformationsabhängige MS- und MS/MS-Experimente.

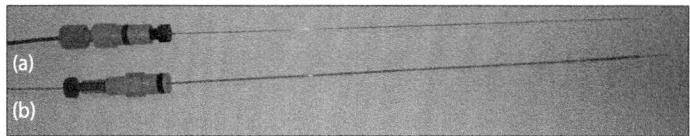

**Abb. 3.37** Vergleich kommerziell verfügbarer Emitter-Tips. (a) klassisches Emitter-Tip mit einem Innendurchmesser von 100 µm, ausgelegt auf 1/16″-Verschraubungen; (b) miniaturisiertes Emitter-Tip mit einem Innendurchmesser von 25 µm, ausgelegt auf 1/32″-Verschraubungen.

diese Säulen nicht entsprechend gut gepackt werden können und somit eine deutlich niedrigere Trenneffizienz aufweisen, als theoretisch zu erwarten wäre. Ein zentraler Aspekt bei der Minimierung des Totvolumens ist die konsequente Reduzierung aller Volumina der Verbindungskapillaren. Häufig ist es sehr frustrierend, dass trotz aller Anstrengungen, die ein versierter HPLC-Experte vornimmt, der volle Nutzen hocheffizienter Trennsäulen praktisch nicht verfügbar ist. Dies ist immer dann der Fall, wenn z. B. eine möglichst direkte Kopplung zwischen zwei Modulen, wie z. B. dem Säulenofen und dem Einlass der Ionenquelle, nicht möglich ist (s. hierzu auch den in Abb. 3.14 dargestellten Systemaufbau). Ist eine entsprechend optimierte Anordnung, wie in Abb. 3.15 gezeigt, gegeben, so können ungünstige Innendurchmesser des verwendeten Emitter-Tips immer noch zu einer merklichen Bandenverbreiterung führen. Dies kann dann auch den Einsatz von Säulen mit einem Innendurchmesser kleiner als 1 mm illusorisch oder visionär erscheinen lassen.

Mit dem im Folgenden beschriebenen Versuchsaufbau sollte deshalb der Frage nachgegangen werden, ob es möglich ist, Nano-HPLC-Säulen in Verbindung mit einem Mikro-LC-System und einem konventionellen Massenspektrometer zu nutzen. Als Trennsäule wurde eine monolithische Säule von Merck mit einem Innendurchmesser von 100 µm verwendet. Diese wurde über einen Filter mit dem Injektor des Mikro-LC-Systems sowie dem Emitter-Tip des Massenspektrometers verbunden. Als Massenspektrometer wurde ein älteres Gerät von SCIEX (3200 QTRAP) verwendet. Um die Bandenverbreiterung nach der Trennsäule zu minimieren, wurde anstelle des konventionellen Emitter-Tips mit einem Innendurchmesser von 100 µm ein Tip mit einem Innendurchmesser von 25 µm eingesetzt. In Abb. 3.37 sind beide Varianten des Emitter-Tips gezeigt. Während das klassische Tip aus Edelstahl gefertigt ist, besteht das modifizierte Tip aus einer PEEK-Sil-Kapillare. Um die Ionisierung zu gewährleisten, wird am Ende der PEEKSil-Kapillare eine Spitze aus Metall mit dem jeweiligen Innendurchmesser verarbeitet. In Bezug auf die Anschlusstechnik ist anzumerken, dass die PEEKSil-Tips auf 1/32″-Verschraubungen ausgelegt sind. Dabei werden hochdruckstabile Fittings in einen 1/32″-Verbinder verschraubt. Dieser Verbinder (Union) bietet darüber hinaus den Vorteil, dass er als Erdungspunkt genutzt werden kann.

Der Wechsel des Tips ist ohne großen Aufwand innerhalb weniger Minuten möglich. Wie anhand des Systemaufbaus in Abb. 3.38 deutlich wird, kann die monolithische Säule wie eine Transferkapillare zwischen Injektor und Ionenquelle des Massenspektrometers eingespannt werden.

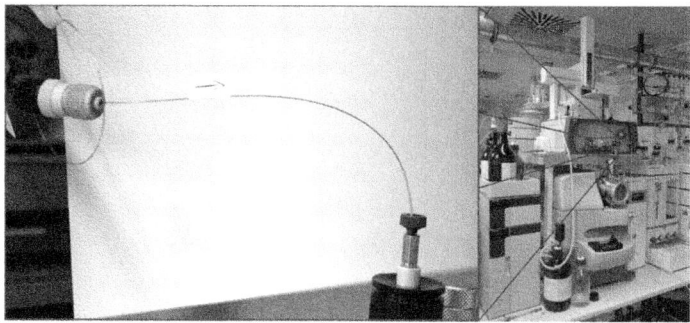

**Abb. 3.38** Versuchsaufbau für die Trennung von Arzneistoffen mit einer monolithischen Nano-HPLC-Säule (Merck CapROD 150 × 0,1 mm).

Laut Empfehlungen des Säulenherstellers sollte ein Druck von 200 bar nicht überschritten werden, sodass die Flussrate unter den gegebenen Bedingungen auf 5 µL min$^{-1}$ eingestellt wurde. Abbildung 3.39 zeigt die Chromatogramme der Trennung von ca. 50 Arzneistoffen.

Abbildung 3.39a zeigt die Trennung mit einem konventionellen HPLC-System und einer monolithischen Phase mit einem Innendurchmesser von 2,0 mm. Im zweiten Fall (Abb. 3.39b) wurde der in Abb. 3.38 dargestellte Versuchsaufbau gewählt. Bei Betrachtung der Peakbreiten fällt auf, dass keine signifikante Bandenverbreiterung zu beobachten ist, wenn eine Nano-HPLC-Trennsäule verwendet wird. Dieses Ergebnis mag zunächst überraschen, zumal keine Modifikationen an der Ionenquelle des Massenspektrometers vorgenommen werden müssen, um diese in einem niedrigen Flussbereich einsetzen zu können. Des Weiteren sei an dieser Stelle erwähnt, dass für die Messung mit einer Nano-HPLC-Trennsäule (Abb. 3.39b) keine optimierten massenspektrometrischen Bedingungen eingestellt wurden, wodurch kein „fairer" Vergleich bezüglich der Sensitivität gegenüber der Anwendung mit der konventionellen HPLC-Trennsäule (Abb. 3.39a) erfolgen kann. Der hier dargestellte Vergleich soll lediglich das herausragende Potenzial der beschriebenen Kopplung aufzeigen. Allerdings muss betont werden, dass eine Reduzierung des Innendurchmessers der Trennsäule bis 100 µm nur mit speziellen für die Mikro- oder Nano-HPLC ausgelegten Systemen möglich ist. Diese sind allerdings seit mehreren Jahren von einer Vielzahl an Anbietern kommerziell verfügbar. Des Weiteren ist es zwingend erforderlich, die Dispersion nach der Trennsäule zu minimieren. Ohne die Anpassung des Innendurchmessers des Emitter-Tips auf 25 µm ist die Nutzung von Nano-HPLC-Säulen mit dem gewählten Aufbau nicht möglich.

In Bezug auf die Miniaturisierung ist festzustellen, dass konventionelle ESI-Quellen ohne Modifikation auch bei einer Flussrate von wenigen Mikrolitern pro Minute zuverlässig und robust arbeiten. Die Minimierung der Flussrate hat zur Folge, dass der Lösemittelverbrauch nur noch 1 % beträgt, wenn eine Nano-HPLC-Säule verwendet wird. Ein möglicherweise viel wichtigerer Aspekt in Bezug auf die LC-MS-Kopplung ist jedoch, dass weniger „Dreck" in das Massenspektrometer gelangt. Dies ist ein ganz wichtiger Punkt, da die Abtrennung

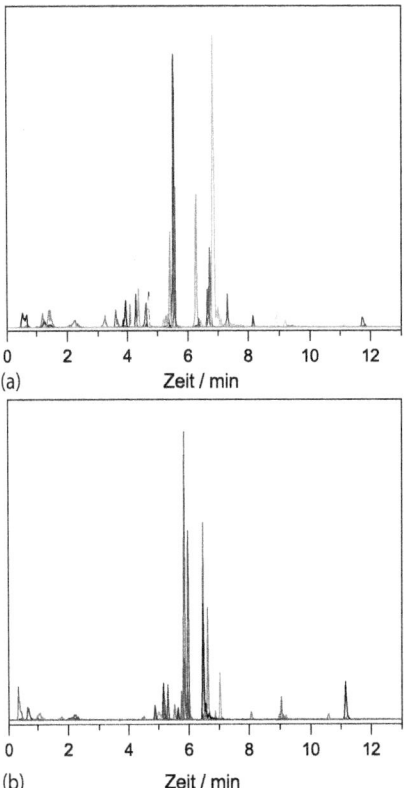

**Abb. 3.39** LC-MS/MS-Chromatogramm einer Trennung von 50 Arzneistoffen auf (a) einer 50 × 2 mm Chromolith Fast-Gradient RP18 Trennsäule; chromatografische Parameter: Temperatur: 40 °C Injektionsvolumen: 10 µL; mobile Phase: A = Wasser + 0,1 % Ameisensäure, B = Acetonitril + 0,1 % Ameisensäure; Flussrate: 500 µL min$^{-1}$; massenspektrometrische Parameter: pause time: 5 ms; dwell time: 20 ms; (b) einer 150 × 0,1 mm Chromolith CapROD C-18 Trennsäule; chromatografische Parameter: Temperatur: Raumtemperatur; Injektionsvolumen: 100 nL; mobile Phase: A = Wasser + 0,1 % Ameisensäure, B = Acetonitril + 0,1 % Ameisensäure; Flussrate: 5 µL min$^{-1}$; massenspektrometrische Parameter: pause time: 5 ms; dwell time: 20 ms.

der Matrix von den Zielanalyten eine große Herausforderung darstellt. In der Praxis wird häufig beobachtet, dass sehr niedrige Nachweisgrenzen erzielt werden können, wenn ein in einem hochreinen Lösungsmittel angesetzter Referenzstandard gemessen wird. Durch die in jeder Realprobe enthaltenen Verunreinigungen kommt es zu mehr oder weniger stark ausgeprägten Matrixeffekten, die zur Ionensuppression führen. Insofern stellt die Miniaturisierung insbesondere bei der Messung stark matrixbelasteter Realproben einen Vorteil dar, da auch die Injektionsvolumina reduziert werden müssen. Dies wiederum führt auch dazu, dass sich die Intervalle zum Reinigen der Quelle deutlich verlängern.

Die Präsentationen auf den Tagungen der letzten Jahre deuten ebenfalls darauf hin, dass sich alle Hersteller mit der Frage der Miniaturisierung beschäftigen und dass sich dieser Trend weiter fortsetzen wird.

## Literatur

1. DIN 38407-47 (geplant) (2015) Deutsche Einheitsverfahren zur Wasser-, Abwasser- und Schlammuntersuchung – Gemeinsam erfassbare Stoffgruppen (Gruppe F) – Teil 47: Bestimmung ausgewählter Arzneimittelwirkstoffe und weiterer organischer Stoffe in Wasser und Abwasser – Verfahren mittels Hochleistungs-Flüssigkeitschromatographie und massenspektrometrischer Detektion (HPLC-MS/MS oder -HRMS) nach Direktinjektion (F 47).
2. Moschet, C., et al. (2013) Alleviating the reference standard dilemma using a systematic exact mass suspect screening approach with liquid chromatography-high resolution mass spectrometry. *Anal. Chem.*, **85**(21), 10312–10320.
3. Hug, C., et al. (2014) Identification of novel micropollutants in wastewater by a combination of suspect and nontarget screening. *Env. Poll.*, **184**, 25–32.
4. Martínez Bueno, M.J., et al. (2012) Simultaneous measurement in mass and mass/mass mode for accurate qualitative and quantitative screening analysis of pharmaceuticals in river water. *J. Chromatogr. A*, **1256**, 80–88.
5. Zedda, M. und C. Zwiener (2012) Is nontarget screening of emerging contaminants by LC-HRMS successful? A plea for compound libraries and computer tools. *Anal. Bioanal. Chem.*, **403** (9), 2493–2502.
6. Schymanski, E.L., et al. (2014) Strategies to characterize polar organic contamination in wastewater: Exploring the capability of high resolution mass spectrometry. *Env. Sci. Technol.*, **48**(3), 1811–1818.
7. BB-X Stoffident, STOFF-IDENT wird nun vom Bayrischen Landesamt für Umwelt bereitgestellt und ist unter folgender URL zu erreichen: https://www.lfu.bayern.de/stoffident/#!home, Zugriff: 19.03.2017.
8. Chemspider, URL: www.chemspider.com/, Zugriff: 19.03.2017.
9. Daios Online, URL: www.daios-online.de/, Zugriff: 19.03.2017.
10. MassBank, URL: http://www.massbank.eu/MassBank/, Zugriff: 19.03.2017.
11. Metlin Scripps, URL: http://metlin.scripps.edu/index.php, Zugriff: 19.03.2017.
12. MSBI, URL: http://msbi.ipb-halle.de/MetFusion/, Zugriff: 19.03.2017.
13. MzCloud, URL: www.mzcloud.org/, Zugriff: 19.03.2017.
14. Human Metabolome Database, URL: www.hmdb.ca/, Zugriff: 19.03.2017.
15. Pesticide Properties Database, URL: http://sitem.herts.ac.uk/aeru/ppdb/en/index.htm, Zugriff: 19.03.2017.
16. Drugbank, URL: www.drugbank.ca/, Zugriff: 19.03.2017.
17. Toxicology Data Network, URL: http://toxnet.nlm.nih.gov/, Zugriff: 19.03.2017.
18. Chemical Lists Information System, URL: https://ec.europa.eu/jrc/en/scientific-tool/chemical-lists-information-system, Zugriff: 19.03.2017.
19. Wolf, S., et al. (2010) In silico fragmentation for coumputer assisted identification of metabolite mass spectra. *BMC Bioinform.*, **11**, 148.
20. Davis, J.M. und J.C. Giddings (1983) Statistical theory of component overlap in multicomponent chromatograms. *Anal. Chem.*, **55**(3), 418–424.
21. Dolan, J.W. (2007) *LCGC Europe*, **21**, 386.
22. Teutenberg, T. (2010) *High Temperature Liquid Chromatography – A User's Guide for Method Development*, Cambrige, Royal Society of Chemistry.

23 Teutenberg, T., et al. (2009) High-temperature liquid chromatography. Part II: Determination of the viscosities of binary solvent mixtures—Implications for liquid chromatographic separations. *J. Chromatogr. A*, **1216**(48), 8470–8479.

24 Hetzel, T., Teutenberg, T., und Schmidt, T.C. (2015) Selectivity screening and subsequent data evaluation strategies in liquid chromatography: the example of 12 antineoplastic drugs. *Anal. Bioanal. Chem.*, **407**(28), 8475–8485.

25 Kowal, S.B.P., Werres, F., und Schmidt, T.C. (2012) *Anal. Bioanal. Chem.*, **403**(6), 1707–1717.

26 Neue, U.D.M.A. (2007) Selectivity in reversed-phase separations: General influence of solvent type and mobile phase pH. *J. Sep. Sci.*, **30**, 949.

27 Neue, U.D. (2008) Peak capacity in unidimensional chromatography. *J. Chromatogr. A*, **1184**(1–2), 107–130.

28 Subirats, X., Rosés, M., und Bosch, E. (2007) On the Effect of Organic Solvent Composition on the pH of Buffered HPLC Mobile Phases and the pKa of Analytes—A Review. *Separation & Purification Rev.*, **36**(3), 231–255.

29 Liverpool, U.O. (2006) URL: https://www.liverpool.ac.uk/buffers/buffercalc.html, Zugriff: 05.04.2017.

30 Beynon, R.E.J. (2003) *Buffer Solutions – The Basics*, Taylor & Francis Group.

31 Kromidas, S. (2006) *HPLC richtig optimiert*, Wiley-VCH Verlag GmbH, Weinheim.

32 Fekete, S., Oláh, E., und Fekete, J. (2012) Fast liquid chromatography: The domination of core–shell and very fine particles. *J. Chromatogr. A*, **1228**, 57–71.

33 Hayes, R., et al. (2014) Core–shell particles: Preparation, fundamentals and applications in high performance liquid chromatography. *J. Chromatogr. A*, **1357**, 36–52.

34 Leonhardt, J., et al. (2014) Large volume injection of aqueous samples in nano liquid chromatography using serially coupled columns. *Chromatographia*, **78**(1), 31–38.

35 Li, Y., Whitaker, J.S., und McCarty, C.L. (2012) Analysis of iodinated haloacetic acids in drinking water by reversed-phase liquid chromatography/electrospray ionization/tandem mass spectrometry with large volume direct aqueous injection. *J. Chromatogr. A*, **1245**, 75–82.

36 Snyder, L.R.D.J.W. (2007) *High-Performance Gradient Elution – The Practical Application of the Linear-Solvent-Strenght Model*, Wiley-Interscience, John Wiley & Sons.

37 West, C., Elfakir, C., und Lafosse, M. (2010) Porous graphitic carbon: A versatile stationary phase for liquid chromatography. *J. Chromatogr. A*, **1217**(19), 3201–3216.

38 Alder, L., et al. (2006) Residue analysis of 500 high priority pesticides: Better by GC-MS or LC-MS/MS? *Mass Spectrom. Rev.*, **25**(6), 838–865.

39 Dresen, S., et al. (2009) ESI-MS/MS library of 1,253 compounds for application in forensic and clinical toxicology. *Anal. Bioanal. Chem.*, **395**(8), 2521–2526.

40 Oberacher, H., et al. (2012) On the inter-instrument and the inter-laboratory transferability of a tandem mass spectral reference library. 3. Focus on ion trap and upfront CID. *J. Mass Spectrom.*, **47**(2), 263–270.

41 Oberacher, H., Weinmann, W., und Dresen, S. (2011) Quality evaluation of tandem mass spectral libraries. *Anal. Bioanal. Chem.*, **400**(8), 2641–2648.

**Teil II**
**Tipps, Beispiele, Trends**

# 4
# LC-MS für alle(s)? – LC-MS-Tipps
*F. Mandel*

## 4.1
### Einführung

Sie setzen bereits LC-MS ein oder planen dessen Einsatz und haben sicher Ihre guten Gründe hierfür. Doch eines sollten Sie nicht – die „traditionellen" optischen Detektionsmethoden ad acta legen. Die Nachweisempfindlichkeit, Selektivität und Aussagekraft von LC-MS(/MS) mögen unerreicht sein, doch bedeutet es einen signifikant höheren Investitionsaufwand an Gerät und Zeit, bis eine LC-MS-Methode „steht". Alle LC-MS-Nachweistechniken sind in der Regel weniger linear als die UV-Detektion, weisen einen geringeren dynamischen Bereich sowie eine geringere Reproduzierbarkeit auf. Messen Sie in komplexer Probenmatrix, so müssen Sie sich auch über Interferenzen der Matrixkomponenten auf das Signal der Analyte Gedanken machen („Ionensuppression").

**Wozu nun der ganze Aufwand an Mensch und Gerät?**
Sie sparen Zeit in der Entwicklung neuer Nachweismethoden und gewinnen meist eine oder zwei Größenordnungen an Nachweisempfindlichkeit. Das ist kein Widerspruch zu oben Gesagtem. Der Zeitbedarf bei der Ausarbeitung der Nachweismethode ist zwar erhöht, doch sparen Sie ein Vielfaches dieses Mehraufwandes durch Vereinfachen der Probenaufarbeitung sowie der chromatografischen Trennung wieder ein. LC-MS(/MS) ist prädestiniert für die schnelle Chromatografie komplexer Proben. Für diejenigen unter uns, die in ihrer HPLC-Laufbahn die Basislinientrennung von Peaks zur Perfektion getrieben haben bedeutet LC-MS einen Paradigmenwechsel. LC-MS bedeutet, koeluierende Peaks zu quantifizieren sowie das Puffersystem auf den Detektor und nicht auf die chromatografische Trennung zu selektieren und zu optimieren. Im Vergleich zur UV-Detektion bietet LC-MS neben schnelleren Trennungen eine deutlich gesteigerte Nachweisempfindlichkeit sowie eine eindeutige Identifizierung anhand von Fragmentierungsmustern. Allerdings stecken die LC-MS-Spektrenbibliotheken noch in den Kinderschuhen. Dies liegt weniger an den Geräten selbst als an der mangelnden Standardisierung der Aufnahmeparameter. Die begleitenden Softwarepakete der jeweiligen Gerätehersteller übernehmen ferner mehr und mehr Aufgaben, die der

Anwender in den frühen Tagen von LC-MS selbst in die Hand nehmen musste, wie z. B. Optimierung von Ionentransmission und Kollisionsenergie. So ist es heute möglich quantitative Multimethoden für Hunderte Inhaltsstoffe ohne Zutun des Anwenders zu erstellen. Leider wird hierdurch das Verständnis auf die reine Bedienung der Systeme reduziert – die chemischen und physikalischen Prozesse hingegen bleiben in dieser „Blackbox" verborgen. Dieses Wissen ist aber vor allem bei der Fehlersuche unabdingbar, s. dazu auch die Ausführungen im Kap. 2.

So wie beim Autofahren die Beachtung einiger Regeln der Fahrphysik das Ankommen am Ziel erleichtert, so kann man auch bei LC-MS nicht „einfach so loslegen". In den vorliegenden LC-MS-Tipps wird Ihnen gezeigt, wie Sie die zu Ihrem Analysenproblem passende LC-MS-Technik finden und wie Sie die der jeweiligen LC-MS-Technik innewohnenden Schwächen und Fehlermöglichkeiten erkennen und minimieren können. Sie werden es vielleicht bereits wissen – die „universelle" LC-MS-Technik gibt es leider nicht. Sie haben die Qual, aber auch die Chance der Wahl aus diversen Ionisierungsarten und Massenanalysatoren, deren Anwendungsbereiche meist überlappen. Keine Sorge, die nachfolgenden Tipps sind kein Exkurs in die Physik von Ionen, sondern vielmehr eine pragmatische Darstellung zum Thema „wie gelangt die Ladung auf mein Molekül" und „wie detektiere ich das geladene Molekül". Dem Autor ist es ein besonderes Anliegen, nicht nur das „Wie", sondern auch das „Warum" der Tipps zu vermitteln, damit Sie Ihre Nachweismethoden ohne ständiges Nachschlagen ausarbeiten und optimieren können.

LC-MS hat bereits seit geraumer Zeit den Hauch des Exotischen abgelegt. Es existieren Massenspektrometer, die kaum mehr Stellfläche auf dem Labortisch einnehmen als die HPLC/UHPLC-Anlage. Es begann in den 1970er-Jahren, doch dauerte es bis zum Beginn der 1990er bis routinefähige Instrumente und Ionisierungsarten verfügbar waren. Der große Durchbruch gelang mit der Verwendung von Ionisationstechniken bei Atmosphärendruck, wofür John Fenn im Jahre 2003 der Nobelpreis für Chemie verliehen wurde. Sie können mit LC-MS im Spurenbereich quantifizieren, massenbasiert fraktionieren, Strukturaufklärung mit $MS^n$ betreiben, geringste Mengen von Proteinen mit Nano-HPLC-Techniken identifizieren und vieles mehr, s. Details in den Kap. 1 und 3. Die Benutzeroberflächen der Datensysteme sind inzwischen sehr einfach zu bedienen, bis hin zu „Open Access"- oder „Walk-up"-Massenspektrometrie, wo das LC-MS-System zur „Blackbox" mutiert. Die folgenden Tipps geben Ihnen einen Eindruck, was sich hinter den Kulissen Ihres LC-MS-Gerätes abspielt.

## 4.2
## Tipp 1

### 4.2.1
### Die Qual der Wahl des LC-MS-Interfaces

Bei allen Entscheidungen, die Sie in Sachen LC-MS treffen, ist das wichtigste Kriterium die Ionisation. Wie viel Aufwand Sie auch immer treiben, um die Analyte

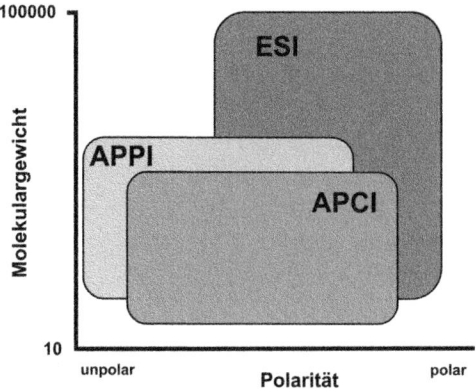

**Abb. 4.1** Anwendungsbereiche der API-Techniken.

hochempfindlich, hochselektiv und/oder hochaufgelöst zu messen – entscheidend ist, die Analyte möglichst schonend zu ionisieren. Ein Massenspektrometer kann nur positiv oder negativ geladene Moleküle („Pseudomolekülionen") nachweisen. Leider macht es Ihnen die Chemie nicht leicht – die nachzuweisenden Analyte erstrecken sich über einen weiten Polaritäts- und Molekulargewichtsbereich und sind mehr oder weniger thermolabil (sonst würden wir ja GC-MS und nicht LC-MS betreiben). Hinzu kommt, dass ein Massenspektrometer im Hochvakuum arbeitet. Wir müssen also zuallererst die mobile Phase verdampfen und vom Analyt trennen („desolvatisieren"). Wie wir im nächsten Abschnitt sehen werden, vertragen manche LC-MS-Interfaces hohe LC-Flussraten, andere wiederum entwickeln ihre Stärken bei niedrigen LC-Flussraten. Auf jeden Fall werden Sie eine API-Technik (atmospheric pressure ionization) wie Elektrospray-Ionisation (ESI), atmospheric pressure chemical ionization (APCI) oder atmospheric pressure photoionization (APPI) (Abb. 4.1) verwenden. Alle anderen Kopplungstechniken (Thermospray, particle beam) sind als „historisch" anzusehen.

#### 4.2.1.1 Polar, thermolabil, hohes Molekulargewicht, Kapillar- oder Nano-HPLC?

Versuchen Sie zuerst Elektrospray! Zuerst sollten Sie jedoch verstehen, wie es funktioniert. Elektrospray ist genau genommen keine Methode zur Ionisation der Analyte. Vielmehr setzt Elektrospray die Kationen oder Anionen frei, die in dem HPLC-Puffersystem durch Säure-Base-Gleichgewicht oder Anlagerung von Kationen oder Anionen gebildet wurden (Abb. 4.2). Dieser Aspekt ist von grundlegender Bedeutung bei der Methodenentwicklung und bei der Fehlersuche. Wählen Sie also pH-Bedingungen, unter denen Ihre Analytmoleküle in Lösung als freies Kation oder Anion vorliegen.

Elektrospray nutzt üblicherweise einen pneumatischen Zerstäuber („Nebulizer"), um den Eluenten in ein Aerosol zu überführen. Man spricht dann von „pneumatisch unterstütztem Elektrospray" oder „Ionspray®". Das Aerosol wird in ein elektrostatisches Feld gesprüht. Hierzu wird eine Spannung von einigen

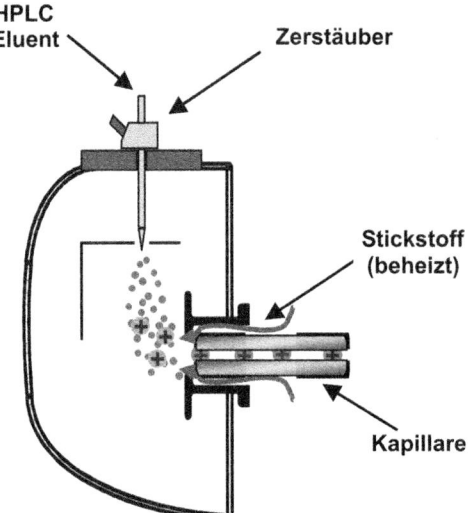

**Abb. 4.2** Schema einer Elektrospray-Ionenquelle.

Kilovolt zwischen Zerstäuber und der Eintrittsöffnung der Ionen in das Vakuumsystem („orifice") angelegt. Je nach Polarität der geladenen Analytmoleküle tragen die Aerosoltröpfchen eine positive oder negative Nettoladung. Hierdurch werden sie zum orifice oder der Transferkapillare hingezogen und in die Ionenoptik des Massenspektrometers überführt. Es muss nun unbedingt verhindert werden, dass die geladenen Tröpfchen in das Massenspektrometer gelangen. Dies würde zu einem hohen Untergrundsignal führen und somit die Nachweisempfindlichkeit erheblich beeinträchtigen. Modern konstruierte Ionenquellen arbeiten deshalb mit einer orthogonalen oder annähernd orthogonalen Geometrie, wobei der Eluent senkrecht zur Eintrittsöffnung und Bewegungsrichtung der Ionen versprüht wird. Gleichzeitig wird Wärme über einen beheizten Stickstoffstrom zugeführt, um das Lösungsmittel aus den Aerosoltröpfchen zu verdampfen. Auf ihrem Weg in Richtung orifice bzw. Transferkapillare durchlaufen die Tröpfchen eine Kaskade aus Schrumpfung und zerplatzen in kleinere Tröpfchen zur Stabilisierung der Oberflächenladung („Coulomb-Explosion") und spontaner Emission von (Pseudo-)Molekülionen. Bei orthogonalen Ionenquellen gelangen fast ausschließlich desolvatisierte (Pseudo-)Molekülionen in das Massenspektrometer. Noch verbleibende Tröpfchen können aufgrund ihrer hohen Masse nicht um 90° abgelenkt werden. Neben dem Vorteil an Nachweisempfindlichkeit zeichnen sich orthogonale Ionenquellen durch Robustheit und geringe Anfälligkeit hinsichtlich Verschmutzung aus.

Welche Flussraten vertragen nun Elektrospray-Ionenquellen? Mit pneumatischer Unterstützung reicht der Anwendungsbereich von 0,5 µL/min bis 2 mL/min. Natürlich geht das nicht immer mit ein und derselben Geometrie und/oder Zerstäuber. Üblicherweise nimmt man für die Flussraten von 0,5 µL/min bis ca. 50 µl/min einen auf geringes Totvolumen optimierten Sprayer („Mikrospray") sowie einen Standardsprayer für die höheren Flussraten. Diese liefern, je nach Hersteller, maximale Ionenausbeute im Bereich von 100 μL/min bis 1 mL/min. Da, wie wir nun wissen, bei Elektrospray die Ionisierung in Lösung erfolgt, ist es eine konzentrationsabhängige Nachweistechnik wie z. B. die UV-Detektion. Dies hat den Vorteil, dass man den Eluentenstrom vor dem Massenspektrometer splitten kann, ohne Nachweisempfindlichkeit einzubüßen. Das ist besonders nützlich bei der Verwendung großer HPLC-Säulendurchmesser und entsprechend hoher (U)HPLC-Flussraten, wenn man zwei Detektoren gleichzeitig benutzen will oder wenn der Hauptanteil des Eluats MS-gesteuert („mass-directed", „mass-based") fraktioniert werden soll.

Geringste Probenmengen und -volumina wie in der Protein- und Peptidanalytik erfordern eine hochempfindliche Nachweistechnik. Die zurzeit empfindlichste LC-MS-Technik ist Nanospray in Verbindung mit Nano-HPLC. Nanospray ist eigentlich eine Variante des ursprünglichen „klassischen" Elektrosprays, wobei das Aerosol einzig durch die Wirkung eines Hochspannungsfeldes erzeugt wird, ohne jegliche pneumatische Unterstützung. Momentan ist die Anwendung von Nanospray auf den Nachweis von Biopolymeren (Peptide, Proteine) beschränkt, könnte aber bei zunehmender Robustheit auch auf andere Anwendungsbereiche übertragen werden.

Eine wichtige Eigenheit von Elektrospray ist die Bildung mehrfach geladener (Pseudo-)Molekülionen – je nach Anzahl basischer (ESI+) oder saurer (ESI–) funktioneller Gruppen im Molekül und abhängig vom HPLC-Puffersystem. Warum ist das so wichtig? Jedes Massenspektrometer besitzt einen limitierten Massenbereich. Obere Grenze ist typischerweise $m/z$ 4000–6000. Ausnahme sind Time-of-flight-Massenspektrometer mit hoher Beschleunigungsspannung. Wie Sie vermutlich wissen, messen wir in der Massenspektrometrie immer das Ver-

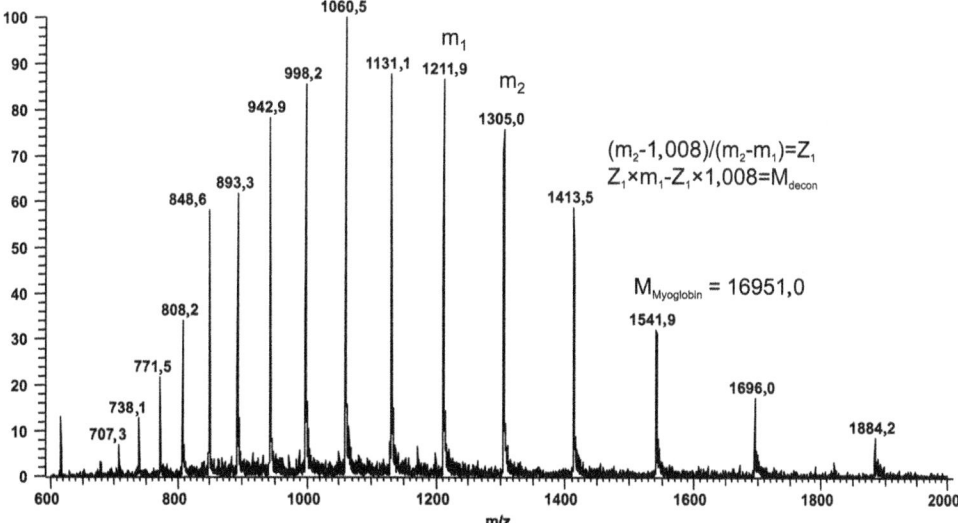

**Abb. 4.3** Elektrospray-Massenspektrum von Myoglobin.

hältnis Masse/Ladung. Nur aufgrund der Eigenschaft von Elektrospray, mehrfach geladene Molekülionen zu bilden, ist es uns möglich, Proteine mit über 100 000 Da Molekulargewicht oder gar intakte Viren zu messen. Abbildung 4.3 zeigt das Massenspektrum eines kleineren Proteins. Jeder Peak repräsentiert einen anderen Ladungszustand des Molekülions.

### 4.2.1.2 Geringe Polarität, hohe HPLC-Flussraten, Analyt verdampfbar?

Dann ist APCI das Interface Ihrer Wahl. Der bauliche Unterschied von APCI zu Elektrospray ist minimal, jedoch entscheidend für den Ionisationsprozess. Wir nutzen nicht wie bei Elektrospray die in Lösung gebildeten Ionen, sondern generieren sie in der Gasphase. Hierzu wird das aus mobiler Phase und Analyt gebildete Aerosol in eine beheizte Kartusche aus Keramik oder Quarz versprüht und vollständig verdampft. Dieser Dampf passiert nun eine mit einigen Kilovolt beaufschlagte Nadel, an deren Spitze sich eine kontinuierliche Gasentladung ausbildet („corona discharge"). In dem hierbei entstehenden Plasma laufen nun die Prozesse einer chemischen Ionisation ab. Bei Stößen mit den noch neutralen Analytmolekülen sind ionisierte Lösungsmittelmoleküle Protonendonor oder -akzeptor. Entscheidend ist der Unterschied in der Protonenaffinität der miteinander stoßenden Moleküle. Bei stark elektronegativen Analytmolekülen können auch Elektroneneinfangreaktionen beobachtet werden. Da die Ladung durch Einzelstöße auf das Analytmolekül übertragen wird, erzeugen wir in APCI ausschließlich einfach geladene Molekülionen. Dies beschränkt natürlich den nachweisbaren Molekulargewichtsbereich im Vergleich zu Elektrospray. Eine weitere Einschränkung von APCI ist die Notwendigkeit, den Analyt unzersetzt zu verdampfen. Viele thermolabile Substanzen überstehen diese Prozedur nicht. Die Verdampfertemperatur ist demnach ein wichtiger Parameter in der APCI-Methodenentwicklung (Abb. 4.4).

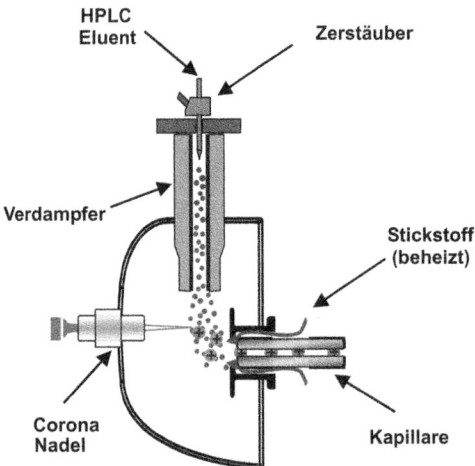

**Abb. 4.4** Schema einer APCI-Ionenquelle.

Welche Gründe sprechen nun dafür, sich für APCI als Nachweistechnik zu entscheiden? Für hohe HPLC-Flussraten ist APCI bestens geeignet. Die meisten APCI-Konstruktionen laufen bei 0,5–1,5 mL/min zur Höchstform auf. Ein großer Vorteil von APCI ist die Ionisation auch schwach polarer Analyte, die in Elektrospray nicht oder nur bei Verwendung extremer pH-Werte zugänglich sind. Der pH-Wert in der mobilen Phase ist bei APCI kein Kriterium, sondern vielmehr die Basizität/Acidität in der Gasphase. Sie können deshalb den pH-Wert einzig und allein auf die chromatografische Trennung hin optimieren und müssen keine Rücksicht auf das Massenspektrometer nehmen. Außerdem findet in APCI keine „gemischte Ionisation" (Protonierung plus Adduktbildung) statt. Wie wir in einem der folgenden Tipps sehen werden, besitzen APCI-Methoden häufig eine bessere Linearität als Elektrospray und leiden weniger unter Suppressionseffekten.

### 4.2.1.3 Noch immer kein Signal, Analyt unpolar und schwer verdampfbar, APCI zu unempfindlich?

Auch wenn noch wenig verbreitet, APPI könnte die Lösung sein. atmospheric pressure photoionization ist eine leichte Abwandlung von APCI. Nach dem Verdampfungsschritt passieren Analyt und mobile Phase eine UV-Gasentladungslampe mit einer emittierten Energie von ungefähr 10 eV. Diese Anregungsenergie sorgt nun für die Fotoionisation der Analyte, deren Ionisationsenergie natürlich unter der Anregungsenergie liegen muss. Da die üblichen HPLC-Lösungsmittel wie Wasser, Methanol, Acetonitril und Hexan Ionisationsenergien oberhalb der Anregungsenergie besitzen, werden sie nicht ionisiert. Bei einer Kollision kann nun ein Lösungsmittelmolekül ein Wasserstoffatom auf das aus dem Analyten gebildete Radikalkation übertragen. Manchmal lassen sich Radikalkation und Molekülkation nebeneinander nachweisen. Reicht die Nachweisempfindlichkeit durch diese direkte Fotoionisation nicht aus, so kann man einen leicht fotoionisierbaren Modifier („Dopant") unmittelbar vor der Ionenquelle zuspeisen (maxi-

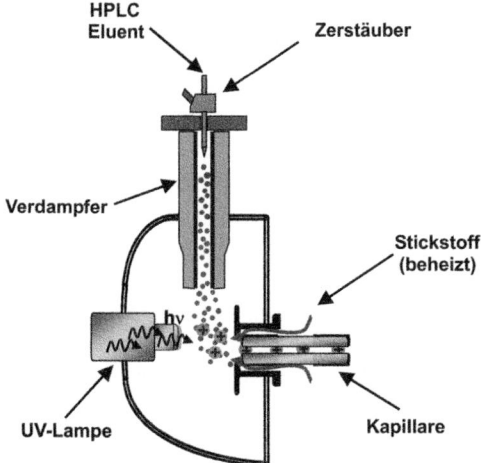

**Abb. 4.5** Schema einer APPI-Ionenquelle.

mal 5 Vol.-% des Eluenten), der dann seinerseits als Protonendonor für den Analyten dient. Man spricht dann von „Dopant-APPI". Typische Zusätze sind Aceton und Toluol. Aceton ist außerdem ein guter Lieferant thermalisierter Elektronen, die dann nach Eletroneneinfang zur Bildung von Analytanionen dienen können. Die für APPI optimale HPLC-Flussrate liegt bei 0,5 mL/min (Abb. 4.5).

Es ist erstaunlich, welch unpolare Verbindungen mittels APPI nachgewiesen werden können. So ist APPI die einzige Ionisationsart, mit der polyzyklische aromatische Kohlenwasserstoffe empfindlich kationisiert werden können. Da im Gegensatz zu APCI Aerosoltröpfchen im Spray den Ionisationsprozess nicht stören, kann man den Zerstäuber bei deutlich tieferen Temperaturen betreiben. Dies kommt natürlich dem Nachweis thermolabiler Verbindungen zugute, die z. B. mit Elektrospray nicht zugänglich sind. Allgemein kann gesagt werden, dass die Grundempfindlichkeit von APPI derjenigen von APCI entspricht. Allerdings ist die Bandbreite an Polarität und Thermolabilität der Analyte deutlich größer.

## 4.3
## Tipp 2

### 4.3.1
### Welche mobilen Phasen passen zu LC-MS?

Sie ahnen es bereits – als LC-MS-Anwender müssen Sie sich von einem langjährigen Begleiter durch die HPLC verabschieden – dem Phosphatpuffer. Wie wir gleich sehen werden, gibt es zu jeder Regel eine Ausnahme, aber grundsätzlich sollte man bei der Entwicklung oder Umstellung von LC-MS-Methoden flüchtige Puffersysteme zugrunde legen. Doch bevor wir über Puffer diskutieren – welche Lösungsmittel passen zu welchem LC-MS-Interface?

#### 4.3.1.1 Die Lösungsmittel
Für Elektrospray und APCI sind geeignet: Alkohole, Acetonitril, Tetrahydrofuran, Wasser, Aceton, Dimethylformamid, Methylenchlorid, Chloroform. Ersetzt man in APCI Acetonitril, zumindest teilweise, durch Methanol, so steigert man die Nachweisempfindlichkeit und die Langzeitstabilität des Analytsignals. Gasförmiges Acetonitril ist nämlich eine relativ starke Base und ist deshalb ein starker „Mitbewerber" um die Protonierung. Außerdem polymerisiert Acetonitril im APCI-Plasma und überzieht dadurch die APCI-Nadel nach längerem Betrieb mit einer Isolatorschicht – die Konsequenz ist häufiges mechanisches Reinigen der APCI-Nadel. Dimethylformamid sollte unter 10 % v/v in Elektrospray liegen; in APCI muss man mit einem hohen Untergrundsignal rechnen. THF in APCI neigt ebenfalls zur Polymerisation, besonders wenn das Tetrahydrofuran Spuren von Peroxiden enthält. Hier gibt es einen Trick, um den Niederschlag in der APCI-Ionenquelle zu unterdrücken. Unmittelbar vor der Ionenquelle speist man ca. 5 Vol.-% Wasser zu. Hierdurch wird auch die Koronaentladung stabilisiert. Die halogenierten Kohlenwasserstoffe können in APCI als Modifier die Ionenausbeu-

te deutlich erhöhen. Auf Elektrospray zeigen sie weder positiven noch negativen Einfluss. Je weniger protisch ein Lösungsmittel ist, desto weniger eignet es sich für Elektrospray (Säure-Base-Gleichgewicht).

In APCI benötigen wir die mobile Phase ausschließlich als „Reaktandgas" im Rahmen der chemischen Ionisation. Deshalb sind, außer den bereits erwähnten Lösungsmitteln, auch aliphatische und aromatische Kohlenwasserstoffe sowie $CS_2$ und $CCl_4$ erlaubt. Toluol ist ein ausgezeichneter Protonenlieferant in APCI.

#### 4.3.1.2 Die Additive

Wenn keinen Phosphatpuffer, was dann? Wichtigste Grundregel ist die Verwendung flüchtiger Pufferzusätze und die Verwendung organischer Säuren. Ich höre bereits den Protest der eingefleischten HPLC-Anwender. Doch seien Sie bitte ehrlich – mit den modernen RP-Säulenmaterialien lassen sich die meisten Trennungen auch „MS-kompatibel" meistern. Bedenken Sie auch, dass das Massenspektrometer auch Komponenten über das Massensignal unterscheidet, die nicht chromatografisch getrennt sind. Für Ihre validierten Methoden, die Phosphatpuffer erfordern, gibt es jedoch die erwähnte Ausnahme von der Regel.

Doch zuerst die erlaubten Additive: Verwenden Sie Ammoniumacetat oder -formiat zum Puffern und im Positivmodus Essigsäure, Ameisensäure oder Trifluoressigsäure (TFA) zum Ansäuern sowie Ammoniak, Triethylamin (TEA) oder Ammoniumbicarbonat zum Einstellen eines basischen pH-Wertes im Negativmodus. Eine weitere Regel ist, die Pufferkonzentration so niedrig wie möglich zu wählen – unter 10 mmol/L in Elektrospray und maximal 100 mmol/L in APCI bzw. APPI. Bedenken Sie bitte, dass TFA ein schwacher Ionenpaarbildner ist und deshalb die Nachweisempfindlichkeit für viele Analyte verringert. Meiden Sie außerdem den Einsatz von noch so geringen Mengen TFA, falls Sie öfters von Kationen- auf Anionennachweis wechseln. Das TFA-Anion liefert ein permanentes Untergrundsignal bei $m/z$ 113. Wenn Sie einen basischen pH-Wert zur Trennung und/oder Ionisation benötigen, so verwenden Sie bevorzugt Ammoniak anstelle von TEA. Ammoniak zeigt keinerlei Memory-Effekt in Ihrem HPLC-System, während TEA bei nachfolgenden Messungen im Positivmodus ein Untergrundsignal bei $m/z$ 102 erzeugt. Sowohl bei TFA als auch bei TEA kann es Tage dauern, bis diese Untergrundmassen auf akzeptable Intensitäten abgeklungen sind.

Warum nun die ganze Aufregung um flüchtige Puffer und niedrige Pufferkonzentrationen? Nicht flüchtige Pufferbestandteile schlagen sich in der Ionenquelle als Schicht nieder und können, je nach Ionenquellengeometrie, nach kurzer Zeit zu Verstopfung der Ioneneintrittsöffnung führen oder Kriechströme und Kurzschlüsse verursachen. Selbst wenn dies nicht eintritt, so blockieren z. B. Alkalikationen (Natrium- oder Kaliumphosphat) die Oberfläche der in Elektrospray gebildeten Aerosoltröpfchen und verhindern dadurch die Freisetzung der Analytkationen. Der Zwang zu niedriger Pufferkonzentration ist ebenso schnell erklärt. Bei allen API-Techniken bildet sich eine Ladungswolke aus Kationen bzw. Anionen der Analyte, koeluierender Probenmatrix und der Pufferadditive. Die Ladungsdichte in dieser Wolke ist begrenzt durch die gegenseitige Abstoßung von Ladungsträgern derselben Polarität, was letztendlich zu einer Aufweitung und einer „Verdünnung" der Analytionen bei hohen Pufferkonzentrationen führt. Die Ladungswolke in ESI ist stärker kollimiert als in APCI und APPI – deshalb sind die letztgenannten Techniken für hohe Pufferkonzentrationen besser geeignet.

## 4.4
## Tipp 3

### 4.4.1
### Phosphatpuffer – die Ausnahme

Dieser Tipp ist kein Freibrief, um nun doch in alter Gewohnheit mit Phosphatpuffern zu arbeiten. Von der eisernen Regel, Methoden für LC-MS mit flüchtigen Puffern zu entwickeln, sollten Sie nicht abrücken. Was aber, wenn man im Chromatogramm einen Peak aufklären muss – dummerweise ist diese Methode aber mit Phosphatpuffer langwierig ausgearbeitet und/oder validiert worden? Dann dürfen Sie ausnahmsweise mit dem „verbotenen" Puffersystem arbeiten. Allerdings müssen Sie sich auf eine starke Kontamination der Sprayerkammer und einen gewissen Reinigungsaufwand einstellen. Im einfachsten Fall genügt es, die Ionenquelle bei laufendem Gerät mit Wasser zu spülen. Bei vielen Ionenquellenkonstruktionen jedoch können Sie das Werkzeug schon bereitlegen. Bitte sprechen Sie gegebenenfalls mit dem Gerätehersteller oder Anwendern desselben Massenspektrometertyps.

#### 4.4.1.1 Wie funktioniert es?
Bitte erinnern Sie sich an die ersten Tipps. Wollen Sie Analytkationen bestimmen, so erleidet Elektrospray einen dramatischen Einbruch an Nachweisempfindlichkeit mit Natrium- oder Kaliumphosphatpuffern. Grund ist der Suppressionseffekt der Alkalikationen im Aerosol. Deshalb müssen Sie in diesem Falle APCI als Ionisationstechnik wählen. In APCI werden Analyt und mobile Phase vor der Ionisation verdampft. Natürlich schlagen sich die anorganischen Pufferbestandteile als weißes Pulver in der Ionenquelle nieder, die Analyte jedoch werden trotzdem in der Koronaentladung protoniert. Aufgrund der starken Kontamination der Ionenquelle „überlebt" Ihr LC-MS-System diese Prozedur je nach Pufferkonzentration nur wenige Stunden oder gar nur eine Analyse lang. Für den Anionennachweis sollten Sie hingegen Elektrospray wählen. Das Phosphatanion ist genügend flüchtig, um ähnlich wie die Analyte aus den Aerosoltröpfchen eliminiert zu werden. Rechnen Sie trotzdem mit verringerter Empfindlichkeit. Wichtig ist, dass Sie für die nichtflüchtigen Puffer ein extra HPLC-System verwenden. Das Massenspektrometer hat die Alkalikationen relativ schnell „vergessen", Ihr HPLC-System jedoch und Ihre Trennsäule liefern noch nach Wochen genügend Alkalikationen, um zu einer unerwünschten und oftmals äußerst störenden Adduktbildung zu führen.

#### 4.4.1.2 Fazit

In Ausnahmefällen (!) können Sie mit nicht flüchtigen Puffersystemen arbeiten. Nehmen Sie APCI für den Nachweis von Kationen und Elektrospray für den Nachweis von Anionen. Machen Sie sich auf eine sehr schnell fortschreitende Kontamination Ihrer Ionenquelle gefasst und auf die hiermit verbundenen häufigen Reinigungsprozeduren. Nehmen Sie ein dediziertes HPLC-System für nicht flüchtige Additive.

## 4.5 Tipp 4

### 4.5.1 Gepaarte Ionen

Neben Phosphatpuffern gibt es noch ebenso wirksame Störenfriede – die Ionenpaarbildner. Ebenso wie die nicht flüchtigen Puffersysteme reduzieren Ionenpaarbildner die Nachweisempfindlichkeit erheblich. Lassen Sie sich nicht durch Publikationen irritieren, die das Gegenteil behaupten – wenn Analyte nicht zur Ionenpaarbildung tendieren, dann wird ihre Ionisation natürlich nicht eingeschränkt. Doch warum möchten Sie denn überhaupt derartige Pufferzusätze einsetzten? Sie möchten stark polare Verbindungen, die in der mobilen Phase ionisch vorliegen, lipophiler machen und damit die Retention auf RP-Phasen erhöhen, oder Sie versuchen, ein Peaktailing zu verhindern. Wie Sie aber wissen, beruht Elektrospray auf der Freisetzung von Ionen aus Aerosoltröpfchen. Ist nun das Ionenpaar aus Analyt und Gegenion durch Wärmezufuhr nicht spaltbar, so sind diese maskierten Analytionen nicht nachweisbar.

### 4.5.2 Welches Gegenmittel gibt es?

Meiden Sie starke und nicht flüchtige Ionenpaarbildner wie z. B. Tetrabutylammoniumbromid oder Heptansulfonsäure. Nicht nur, dass ihr Gebrauch Nachweisempfindlichkeit kostet – da sie selbst ionisch in Lösung vorliegen, kontaminieren sie jedes HPLC-System für lange Zeit und geben ein hohes Untergrundsignal. So liefern geringste Spuren des Tetrabutylammoniumkations ein intensives Signal bei $m/z$ 242. Selbst die in der Peptidanalytik verbreitete Trifluoressigsäure, obwohl ein relativ schwacher Ionenpaarbildner, kann das Signal basischer Verbindungen wie z. B. vom LSD-Metaboliten LAMPA deutlich unterdrücken. Wie Abb. 4.6 zeigt, bleibt dagegen das LSD selbst von TFA unbeeinflusst.

Dieser Suppressionswirkung von TFA kann man dadurch gegensteuern, dass man vor der Elektrospray-Ionenquelle eine hohe Konzentration einer organischen Säure (z. B. 50 % v/v Propionsäure in Isopropanol) zuspeist und das TFA-Anion aus dem Ionenpaar verdrängt („TFA-Fix"). Wenn die Verwendung von Ionenpaarbildnern unvermeidlich ist, so sollte man auf deren Flüchtigkeit achten.

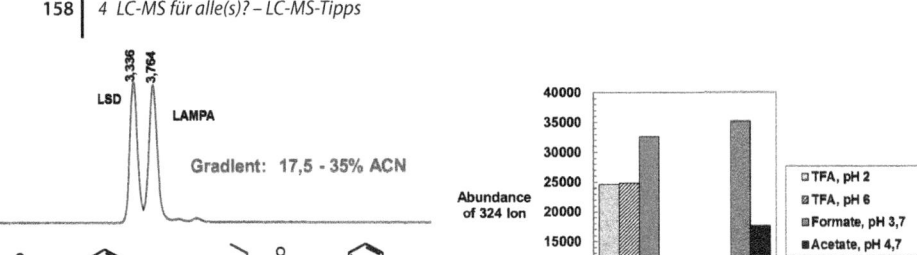

**Abb. 4.6** LSD (Lysergsäure-diethylamid) und LAMPA (Lysergsäure-methylpropylamid) mit TFA (Trifluoressigsäure).

So kann man saure funktionelle Gruppen gut mit aliphatischen Aminen (Triethylamoniumacetat, n-Butyl-dimethylammoniumacetat, di-n-Butylammoniumacetat) maskieren. Umgekehrt eignen sich perfluorierte organische Säuren unterschiedlicher Alkylkettenlänge sehr gut als Ersatz für die Alkansulfonsäuren. Meistens ist selbst in Elektrospray die Nachweisempfindlichkeit nur in geringem Maße beeinträchtigt. Wenn möglich sollten jedoch APCI oder APPI vorgezogen werden, da die soeben beschriebenen schwachen Ionenpaare durch den Verdampfungsschritt gespalten werden. Seien Sie aber auf ein deutliches Untergrundsignal gefasst, sobald Sie im Anschluss an Ihre Messreihe die Ionenpolarität umkehren sollten. Genau wie bei der Verwendung von hohen Alkalikonzentrationen (Phosphatpuffer) sollten Sie die verwendeten Lösungsmittelflaschen und HPLC-Säulen entsprechend der verwendeten Ionenpaarbildner markieren und niemals für „normale" mobile Phasen verwenden. Eine gute Idee ist es auch, diese „kontaminierten" mobilen Phasen nicht durch Vakuumentgaser zu leiten. Diese besitzen eine große innere Oberfläche – in der Regel aus porösem Teflon – mit dem entsprechend unangenehmen Memory-Effekt.

### 4.5.3
**Fazit**

Traditionelle Ionenpaarbildner sind für LC-MS ungeeignet. Verwenden Sie flüchtige Reagenzien wie aliphatische Amine oder perfluorierte organische Säuren in möglichst niedriger Konzentration. Vermeiden Sie die Kontamination Ihres Vakuumentgasers und verwenden Sie spezielle Vorratsflaschen und dedizierte HPLC-Säulen für die Ionenpaarchromatografie.

## 4.6
## Tipp 5

### 4.6.1
### Verbesserte Elektrospray-Ionisation durch Additive

In LC-MS ist es ebenso wie im restlichen Leben – auf die Dosierung kommt es an. So können Zusätze von Na- und K-Ionen in Form von -Acetat oder -Formiat zum Eluenten die Ionisation und die Nachweisempfindlichkeit durchaus positiv beeinflussen. Wichtig ist die richtige Konzentration in der ESI-Ionenquelle – sie sollte etwa 0,5 mmol/L betragen. Bitte nutzen Sie die Möglichkeit der Nachsäulenaddition, und setzen Sie die Modifier nicht von vorneherein der mobilen Phase zu. So vermeiden Sie böse Überraschungen durch Kontamination des HPLC-Systems.

Die Kationisierung durch Alkalisalze ist ideal sich alle Verbindungen, die mehrere OH-Funktionen enthalten, wie z. B. Kohlenhydrate oder Steroide. Diese sind sehr schlecht protonierbar und somit ihr Nachweis in Elektrospray entsprechend unempfindlich. Durch die Addition von Modifiern erreichen Sie eine einheitliche Ionenbildung und somit eine höhere Empfindlichkeit wie auch eine gesteigerte Reproduzierbarkeit. Abbildung 4.7a zeigt am Beispiel von Prednisolon, dass man selbst bei starkem Ansäuern mit TFA eine Vielzahl von Molekülkationen erzeugt. Die Intensität verteilt sich auf viele Molekülkationen. Da diese Peakverhältnisse je nach Qualität der mobilen Phase stark schwanken können, ist in diesem Falle eine reproduzierbare Quantifizierung nicht möglich. In Abb. 4.7b wurde nun ein äquimolares Gemisch verschiedener Modifier zugespeist, um den mit der höchsten Affinität zum Prednisolon zu ermitteln. Wie man leicht erkennt, liefert das Na-Addukt das intensivste Signal. Abbildung 4.7c zeigt nun das Ergebnis einer Nachsäulenaddition von Na-Acetat. Die Ionisation verläuft nun einheitlich und liefert ein stabiles Pseudomolekülkation. Doch nicht nur Alkalisalze erleichtern den Nachweis von Kohlenhydraten in Elektrospray. So kann man zum Beispiel 50 mM HCl postcolumn zuspeisen (Konzentration in der ESI-Quelle ca. 2 mmol/L) und Chloridaddukte erzeugen. Diese werden dann natürlich in ESI– nachgewiesen.

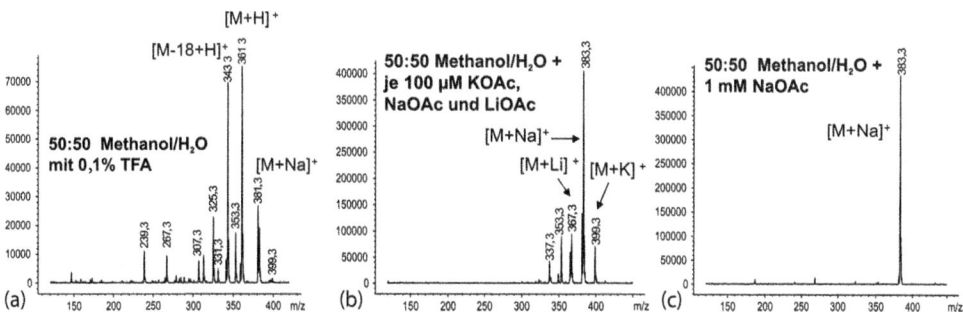

**Abb. 4.7** Adduktbildung ESI mit Zugabe von Alkalisalzen (Natrium-, Kalium-, Lithiumacetat).

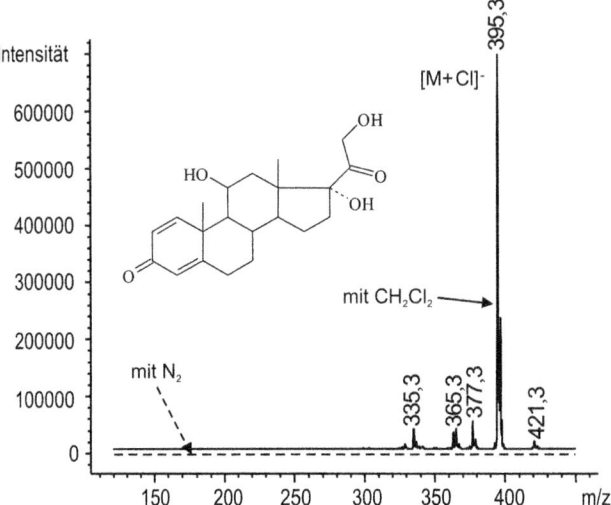

**Abb. 4.8** APCI-Addukte von Prednisolon.

4.6.2
**Additive für APCI**

Bleiben wir bei unserem obigen Beispiel, dem Prednisolon. Normalerweise liefert es in APCI+ ein $[M + H-H_2O]^+$-Signal, in APCI− ist es nicht nachweisbar. Addiert man jedoch 1–5 % Methylenchlorid postcolumn, so erhalten wir ein sehr intensives $[M + Cl]^-$-Ion (Abb. 4.8). Phenolische Verbindungen werden in APCI mit gesteigerter Empfindlichkeit detektiert, sobald Spuren von Sauerstoff oder Trichlormethan gegenwärtig sind. Ein sehr verbreiteter Modifier in APCI ist Toluol. Speist man es postcolumn in ca. 5 Vol.-% dem Eluenten zu, so verfügt man über einen hervorragenden Protonendonor.

4.6.3
**Fazit**

Die Möglichkeiten an Additiven reichen von Na-Salzen über Methylenchlorid bis hin zu Sauerstoff. Es liegt auch an Ihnen, vielleicht ein eigenes „Geheimrezept" zu finden. Versuchen Sie es doch einfach mit Additiven, von denen Sie sich eine hohe Affinität zu den funktionellen Gruppen Ihrer Analyte versprechen oder die reaktive Spezies im APCI-Plasma bilden.

## 4.7
## Tipp 6

### 4.7.1
### Wie kann ich die Nachweisempfindlichkeit steigern?

Gehen Sie nochmals alle Methodenparameter Schritt für Schritt durch. Haben Sie die richtige Ionisationstechnik gewählt? Elektrospray ist i. d. R. empfindlicher als APCI oder APPI. Wenn jedoch z. B. aus chromatografischen Gründen eine mobile Phase gewählt werden muss, mit der Ihre Substanzen nicht ionisch in Lösung vorliegen, dann müssen Sie auf eine der chemischen Ionisationsmethoden ausweichen. Doch nehmen wir an, Sie haben die Ionisationstechnik passend zum Analyt gewählt.

#### 4.7.1.1 Elektrospray
Der optimale pH-Wert liegt zwei Einheiten unter (ESI+) oder über (ESI−) dem $pK_s$-Wert der nachzuweisenden Verbindungen. Dann liegen mehr als 99 % Ihrer Analyte ionisch in Lösung vor. Eventuell erreichen Sie dies nur durch Nachsäulenaddition von Säure oder Base. Manche ESI-Nebulizer generieren zu große Aerosoltröpfchen bei 100 % wässriger mobiler Phase. Führen Sie mehr Wärme zu – z. B. durch „heated drying gas" oder „turbo ion spray" – oder erhöhen Sie den organischen Anteil im Eluenten durch Nachsäulenaddition von Methanol oder Isopropanol. Kombinieren Sie dies ggf. mit der pH-Wert-Korrektur oder der Zufuhr von Additiven. Ist Ihr chemischer Untergrund deutlich höher als Ihr Analytsignal? Dann leidet Ihr ESI-Nachweis vermutlich an Suppression. Beseitigen Sie die Ursachen des hohen Untergrundsignals. Versuchen Sie eine andere Qualität der verwendeten Lösungsmittel. „HPLC-grade" bedeutet, dass sich dieses Lösungsmittel für die UV-Detektion eignet, aber nicht, dass es LC-MS-kompatibel ist. Ein Signal bei $m/z$ 102 in ESI+ stammt von vorangegangener Messung mit Triethylamin; $m/z$ 279 ist vermutlich Dibutylphthalat; eine Serie von Peaks mit $m/z$ 44 Abstand rührt von ethoxylierten Tensiden oder Polyethylenglykol her. Wenn Sie eine HPLC-Säule mit großem Innendurchmesser verwenden, so sollten Sie auf kleinere Säulendimensionen zurückgreifen (3 oder 2,1 mm). Erinnern Sie sich bitte: ESI ist konzentrationsabhängig. Die Nachweisempfindlichkeit steigt demzufolge quadratisch mit der Verringerung des Säulendurchmessers. Außerdem dient die damit verbundene reduzierte HPLC-Flussrate ebenso der Empfindlichkeitssteigerung.

#### 4.7.1.2 APCI
In APCI sollten Sie die Temperatur des Verdampfers überprüfen. Zwei Extreme können Empfindlichkeit kosten – zu hohe Temperatur erzeugt Pyrolyse, zu niedrige Temperatur unvollständige Verdampfung des Analyts. Erzeugen Sie genügend Reaktandplasma? Versuchen Sie, den Koronastrom in kleinen Schritten zu erhöhen. Meist ist dadurch das Signal nicht nur höher, sondern auch stabiler. Ist Ihre HPLC-Flussrate hoch genug? Da APCI einen massenflussabhängigen Detek-

tor (Analyt/Zeiteinheit) darstellt, gewinnen Sie Nachweisempfindlichkeit durch Verwendung eines größeren Säulendurchmessers und die dadurch verbundene höhere HPLC-Flussrate. Übertreiben Sie nicht mit der Flussrate – das Optimum für die meisten APCI-Ionenquellen liegt zwischen 0,8 und 1,5 mL/min. Versuchen Sie die im vorangegangenen Tipp vorgestellten Additive, falls Sie Verbindungen mit vielen OH-Funktionen nachweisen wollen.

#### 4.7.1.3 APPI

Die optimale Flussrate für APPI ist ca. 0,6 mL/min. Zeigt Ihr Analyt direkte Fotoionisation (APPI ohne Dopant), so ist APPI konzentrationsabhängig (Lambert-Beer); verwenden Sie Dopant (Aceton oder Toluol), so ist die Empfindlichkeit von APPI wie bei APCI massenflussabhängig. Richten Sie Ihre chromatografischen Bedingungen darauf aus. Auch die Temperatur des Verdampfers und die Kapillar- oder Cone-Spannung wirken sich in APPI auf die Empfindlichkeit aus. Leider lässt sich keine generelle Vorhersage treffen – Sie müssen das Optimum empirisch ermitteln.

#### 4.7.1.4 Optimieren der Geräteparameter

Da sich die Lampenintensität und die Anregungsenergie nicht verändern lassen, bleiben die Temperatur des Verdampfers, die Temperatur des zugeführten Stickstoffs und die Kapillar- oder Cone-Spannung als Möglichkeit zur Optimierung. Wenn Sie keine zufriedenstellende Ionisation erzeugen können, so versuchen Sie es mit Dopant. Hierzu speisen Sie 1–5 % (v/v) Toluol oder Aceton zum Eluenten hinzu (T-Stück unmittelbar vor der Ionenquelle). Für Negativ-Ionen-APPI ist Aceton der beste Elektronenlieferant. Beurteilen Sie bitte die Empfindlichkeit anhand einer Realprobe, nicht anhand eines Standards. Die absolute Intensität erscheint in APPI oft niedrig. Wichtigstes Entscheidungskriterium ist aber die selektive Ionisation der Analyte gegenüber dem chemischen Untergrund.

## 4.8
## Tipp 7

### 4.8.1
### Nicht linear und wenig dynamisch?

Wer von optischen Nachweismethoden zur Massenspektrometrie wechselt, wird sich in erster Linie an einem geringeren dynamischen Bereich und oft an nicht linearem Respons stören. Ich gebe zu, dass der dynamische Bereich um eine oder gar zwei Größenordnungen geringer ist als beim Einsatz eines Diodenarraydetektors; i. d. R. liegt er bei $10^3-10^4$. Allerdings tritt diese Begrenzung bei hohen Konzentrationen ein. Die Lösung ist einfach: Sie müssen Ihre Probe verdünnen. Dies ist bei LC-MS normalerweise kein Problem, schlägt es doch jeden optischen Detektor in der Disziplin Nachweisempfindlichkeit. Beim Thema Linearität bitte ich Sie zu bedenken, dass wir i. d. R. lineares Detektionsverhalten bei niedrigen

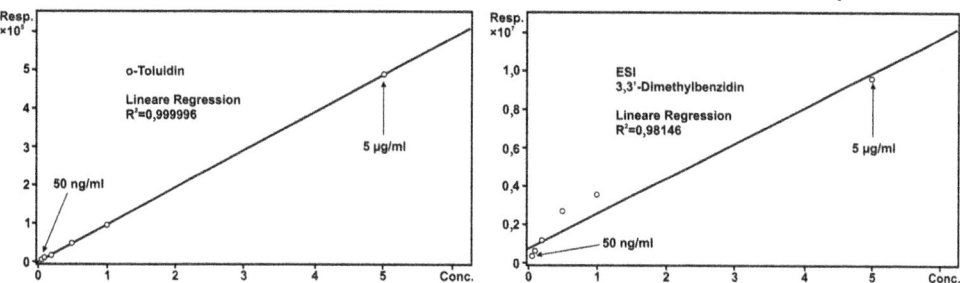

**Abb. 4.9** ESI-Kalibrationskurven für o-Toluidin und 3,3′-Dimethylbenzidin.

Konzentrationen beobachten können – erster Lösungsansatz ist wiederum Verdünnen.

### 4.8.2
### Die Gründe

Wie Sie bereits erfahren haben, erzeugen wir vor allem mit der Elektrospray-Ionisation eine hohe Ladungsdichte im Spray. Hier gerät die Ionenquelle bei injizierten Konzentrationen von ca. 0,5 mg/mL in die Begrenzung durch Raumladungseffekte. Dies bedeutet, dass sich die Ladungswolke vor der Ioneneintrittsöffnung beim Erhöhen der Konzentration lediglich aufweitet, dass jedoch nicht mehr Ionen in das Massenspektrometer gelangen. Besonders ärgerlich ist, dass gerade die Substanzen mit hoher Ionenausbeute sehr früh dieses „Soft-clipping"-Phänomen zeigen. Ein geradezu klassisches Beispiel sehen Sie in Abb. 4.9. Das o-Toluidin gibt in ESI eine lineare Responskurve, während 3,3′-Dimethylbenzidin – quasi das doppelte o-Toluidin-Molekül – quadratisches Verhalten zeigt. Die Verdoppelung der ionisierbaren Funktionen pro Molekül erhöht die Ionenausbeute und verringert somit auch den dynamischen Bereich.

### 4.8.3
### Lösungsansätze

Verwenden Sie isotopenmarkierte interne Standards – möglichst in einer Konzentration, die unterhalb der „kritischen" Analytkonzentration liegt. Die Raumladungseffekte wirken sich dann gleichermaßen auf Analyt und internen Standard aus. Noch besser: Stellen Sie Ihre Methode auf APCI oder APPI um. In beiden Fällen nimmt die erzeugte Ladungswolke ein größeres Volumen ein. Somit verschieben sich die „Soft-clipping"-Probleme deutlich zu höheren Konzentrationen. Außerdem sind die Responskurven in APCI oder APPI fast immer linearer als in Elektrospray. Unser eben diskutierter Problemfall 3,3′-Dimethylbenzidin zeigt in APCI eine sehr gute Linearität (Abb. 4.10).

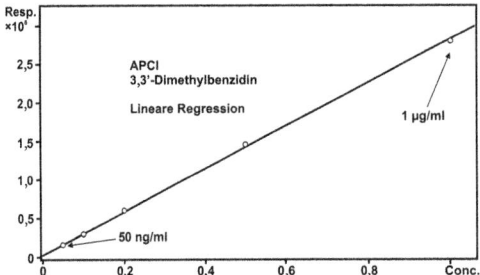

**Abb. 4.10** APCI-Kalibrationskurven für o-Toluidin und 3,3'-Dimethylbenzidin.

### 4.8.4
### Fazit

Nachweisstärke kann auch ein Fluch sein. Hohe Ionenausbeute führt zu Raumladungseffekten in der Spraykammer und beeinträchtigt sowohl dynamischen Bereich als auch Linearität, vor allem in Elektrospray. Sehr oft hilft es, den Konzentrationsbereich der Proben durch schlichtes Verdünnen anzupassen („dilute-and-shoot"). Wenn Sie über eine APCI- oder APPI-Ionenquelle verfügen, so versuchen Sie die Umstellung Ihrer Methode von Elektrospray auf diese Ionisationsarten. Leichte Einbußen in Nachweisempfindlichkeit werden durch deutlich bessere Linearität wettgemacht.

## 4.9
## Tipp 8

### 4.9.1
### Wieviel MS$^n$ brauchen Sie?

Es gibt eine Vielzahl von Gründen, sich für MS$^2$ oder MS$^n$ zu entscheiden. Lassen Sie mich auf analytisch begründete Entscheidungskriterien beschränken. Je komplexer Ihre injizierte Probe und je kürzer Ihre chromatografische Trennung sind, desto spezifischer muss der nachgeschaltete Detektor sein. Dies gilt für ein Massenspektrometer ebenso wie für andere Nachweismethoden. MS/MS ist nun deshalb so spezifisch, weil es nicht nur selektiv ein Molekülion oder ein oder mehrere Fragmentionen detektiert. Vielmehr weisen Sie einen Übergang bzw. eine Reaktion von einem „Precursor" zum Fragment nach. Deshalb spricht man auch von „single reaction monitoring" (SRM) oder „multiple reaction monitoring" (MRM). Die Aufnahme kompletter MS/MS-Spektren ist im Vergleich zu MRM mindestens einen Faktor 10 geringer empfindlich, außer bei der Verwendung von Iontrap-Massenspektrometern (Abb. 4.11).

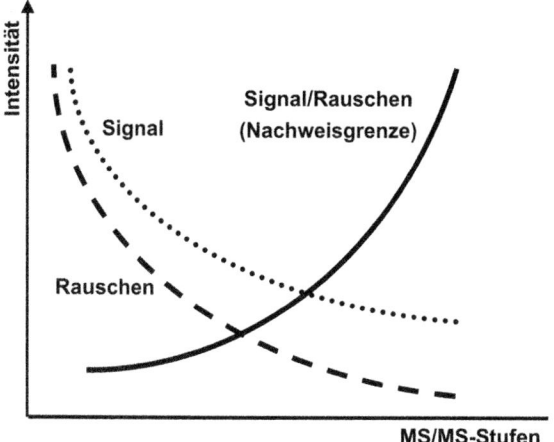

**Abb. 4.11** Signal/Rauschen als Funktion der MS$^n$-Stufen.

### 4.9.2
**Lösungsansätze**

Nach den vorangegangenen Tipps wissen Sie bereits, dass die Artefaktbildung (Ionensuppression, Alkaliaddukte) durch den Ionisationsprozess geprägt wird, egal welche Kategorie von Massenspektrometer Sie der Ionisation nachschalten. Die Notwendigkeit zur chromatografischen Trennung der Analyte von den Bestandteilen der Probenmatrix wächst mit der Komplexität der Probe. Ist die Analysenzeit ein wichtiger Faktor in Ihrer Analytik, so kommen Sie kaum umhin, ein MS/MS-fähiges Massenspektrometer zu benutzen. Selbst bei noch so ausgefeilten quantitativen MS/MS-Methoden sollten Sie jedoch mit internen Standards arbeiten, die dasselbe „Analysenerlebnis" wie die Analyte erfahren (Markierung mit stabilen Isotopen).

Sind Sie nur am Massenspektrum bzw. dem Molekulargewicht interessiert, um einen Syntheseschritt zu bestätigen, so können Sie ohne chromatografische Trennung in Fließinjektion (FIA) arbeiten und benötigen auch kein MS/MS-fähiges Massenspektrometer. Fragmentspektren erhalten Sie durch stoßinduzierte Fragmentierung (CID) in der Ionenoptik auch mithilfe sehr einfacher Massenspektrometer (z. B. Single-Quadrupol oder time of flight). Folgen Sie einer sehr selektiven Probenaufarbeitung und/oder haben Sie eine sehr gute chromatografische Trennmethode entwickelt, so können Sie auch ohne MS/MS sehr empfindlich und sehr selektiv arbeiten.

### 4.9.3
**Fazit**

Stellen Sie sich nicht die Frage „wie viel MS$^n$ brauche ich", sondern „wie viel Aufwand an chromatografischer Trennung muss ich betreiben, um MS-Artefakte zu minimieren".

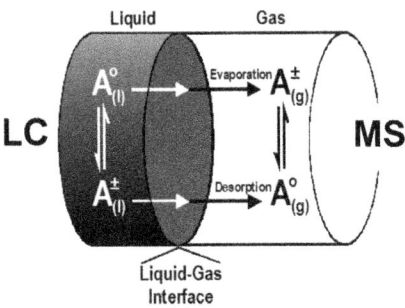

**Abb. 4.12** Das Prinzip der Ionisation bei Atmosphärendruck. Mögliche Kombinationen von Phasenübergang und Ladungstransfer.

Und zum Schluss noch fünf LC-MS-Tipps zur Ionisation bei Atmosphärendruck.

Obwohl moderne Ionenquellen deutlich unkritischer hinsichtlich LC-Flussraten und Pufferbedingungen sind, möchte ich hier auf einige Grundprinzipien der Ionisation bei Atmosphärendruck eingehen (Abb. 4.12).

### 4.9.3.1 Optimierung der Ionisation

Es mag trivial erscheinen: Nur ionische Analyte werden vom Massenspektrometer detektiert. Wir erinnern uns: In der Elektrospray-Ionisation (ESI) werden die Analytkationen bzw. -anionen bereits in Lösung gebildet und in der Ionenquelle dann aus den geladenen Aerosoltröpfchen freigesetzt. Dies bedeutet, dass der pH-Wert des Eluenten beim Eintritt in die ESI-Ionenquelle zwei pH-Einheiten unter (ESI+) oder über (ESI−) den $pK_s$-Werten der Analyte liegen sollte. Dann lägen 99,9 % der Analyte in protonierter oder deprotonierter Form vor.

Zum Glück ist die massenspektrometrische Detektion selektiv genug, um nicht um jeden Preis basisliniengetrennte Peaks anstreben zu müssen. Man kann in leicht saurem pH-Wert chromatografieren und trotzdem Analytanionen in Negativ-Ionen-Elektrospray detektieren. Dies jedoch bei suboptimaler Nachweisempfindlichkeit. Umgekehrt kann man Analytkationen in Positiv-Ionen-Elektrospray detektieren, nachdem man z. B. durch Addition von Ammoniumhydroxid einen alkalischen pH-Wert eingestellt hat. Auch hier muss betont werden, dass dies mit einer Einbuße an Nachweisempfindlichkeit einhergeht.

Für den Fall, dass die pH-Werte für die chromatografische Trennung und die Ionisation via Säure-Base-Gleichgewicht inkompatibel sind, gibt es mehrere Möglichkeiten zur Lösung des Problems. Wenn Sie über eine zusätzliche HPLC-Pumpe verfügen, so können Sie Säure oder Base nach der Chromatografiesäule hinzufügen. Der pH-Wert kann somit zu für die Elektrospray-Ionisation optimalen Werten verschoben werden. Dies kann sogar eine pH-Umkehr bedeuten. Wichtig ist, dass der Eluent nicht zu sehr verdünnt wird (Elektrospray ist eine konzentrationsabhängige Nachweismethode) und dass die Analyte nicht ausfallen.

Neben der Nachsäulenaddition von Säure oder Base können viele Analyte kationisiert oder anionisiert werden, indem sie nicht kovalente Addukte bilden. So tendieren z. B. Verbindungen, die OH-Gruppen enthalten, zur Adduktbildung mit Alkalikationen. Die empfohlene Konzentration für die Alkalisalze liegt unter

1 mmol/L (z. B. Natriumacetat), um Ionensuppression zu vermeiden. Es ist wichtig, die Kationenaddukte mittels Nachsäulenaddition zu erzielen und auf keinen Fall durch Zumischen der Alkalisalze zum HPLC-Puffer. Dies würde eine lange Zeit andauernde Kontamination des HPLC-Systems bewirken. Kohlenhydrate können als Chloridaddukte in Negativ-Elektrospray detektiert werden, indem man durch Nachsäulenaddition von HCl eine Konzentration von 2 mmol/L beim Eintritt in die Ionenquelle erzeugt.

Alternativ kann versucht werden, eine andere Ionisationstechnik zu nutzen, bei welcher die Kationisierung bzw. Anionisierung in der Gasphase stattfindet. Dies sind die chemische Ionisation bei Atmosphärendruck (atmospheric pressure chemical ionization oder APCI) und Fotoionisation (atmospheric pressure photoionization oder APPI).

Bei diesen Ionenquellen wird der Eluent samt Analyt komplett verdampft, bevor die eigentliche Ionisation erfolgt. Dieser Verdampfungsschritt bedeutet allerdings eine merkliche thermische Belastung der Analyte, da die mobile Phase in eine beheizte Kartusche aus Keramik oder Quarz gesprüht wird. Obwohl diese Kartuschen auf Temperaturen von bis zu 450 °C gebracht werden, liegt die effektive Temperatur im Dampfraum nur bei 120–150 °C. Selbst diese relativ gemäßigten Temperaturen führen zu einer Pyrolyse thermolabiler Substanzen wie z. B. von Zuckern oder Peptiden. Häufig werden auch Wasser oder $CO_2$ eliminiert (Steroide, Carbonsäuren).

Der Vorteil dieser beiden Ionisierungsarten gegenüber Elektrospray liegt in der geringen Interferenz mit der Probenmatrix.

### 4.9.3.2 „Verlorene" LC-MS-Peaks

Nehmen wir an, Ihre Probenaufgabe funktioniert problemlos, z. B. mit einem automatischen Probengeber. Ihre Injektion sollte entsprechend der Probenmenge und vorangegangenen Messungen eines reinen Standards ein Signal bestimmter Höhe ergeben. Moderne LC-MS-Geräte benötigen hierfür Substanzmengen im Pikogramm- bis Nanogrammbereich, je nach Gerätetyp (QQQ, QTOF etc.) und Betriebsart (Scan, SIM, MRM etc.). Nehmen wir ebenfalls an, dass Sie einen Injektionspeak im UV- oder MS-Signal sehen – als Beweis, dass die Probe auf die HPLC-Säule transferiert wurde. Überraschenderweise ist jedoch Ihr erwartetes MS-Signal „verschwunden". Es gibt drei typische Ursachen für das Verschwinden eines MS-Signals in Elektrospray.

*Der pH-Wert der mobilen Phase liegt an der Grenze des optimalen Bereiches:* Um eine gute chromatografische Trennung zu erreichen wird der pH-Wert oft suboptimal für die nachfolgende Ionisierung in Elektrospray eingestellt. Ferner ist es möglich, dass sich der pH-Wert der mobilen Phase über längere Zeit verändert. Man muss nur einmal den pH-Wert einer 0,1 %igen wässrigen ameisensauren Lösung unmittelbar nach der Herstellung und nach einigen Tagen messen. Die meisten HPLC-Vorratsflaschen sind gegen die Laboratmosphäre offen und führen zu einem schleichenden Anwachsen des pH-Wertes in dem eben beschriebenen Beispiel. Noch instabiler ist der basische pH-Wert einer wässrigen Lösung von Ammoniumhydroxid, wie sie für Negativ-Elektrospray gebräuchlich ist. Eine Verschiebung des pH-Werts kann leicht kompensiert werden, indem man post-column frische Lösungen von Säure oder Base hinzuaddiert.

*Ionenpaarreagenzien im HPLC-System:* Ionenpaarbildner sind Gift für die Elektrospray-Ionisation. Die im Elektrosprayprozess eigentlich freizusetzenden Analytionen werden im Ionenpaar blockiert und resultieren deshalb nicht in einem MS-Signal. Falls Sie eine Ionenpaarchromatografie nicht vermeiden können, so vermeiden Sie zumindest den Gebrauch starker Ionenpaarbildner. Wählen Sie stattdessen Ionenpaarreagenzien in so schwacher Form wie möglich – z. B. perfluorierte organische Säuren oder aliphatische Amine. Noch besser eignet sich der Wechsel zu APCI als Ionisierungsmethode. In Elektrospray kann auch die unbeabsichtigte Gegenwart von Ionepaarbildnern zu einer 100 %igen Auslöschung Ihres MS-Signals führen. Ein typisches Beispiel wurde bereits in Abb. 4.6 mit dem negativen Einfluss von TFA auf das Signal des LSD-Metaboliten LAMPA beschrieben. Unabhängig vom pH-Wert unterdrückt TFA das LAMPA-Signal vollständig. Wie man sieht, ist es selbst bei minimalen Unterschieden in der Molekülstruktur sehr schwierig, eine Tendenz zur Bildung von Ionenpaaren vorherzusehen.

Sogar minimale Rückstände von Ionenpaarreagenzien in Lösemittelflaschen, Kapillaren, Vakuumentgaser oder der chromatografischen Säule haben einen negativen Einfluss auf die Ionisierung in Elektrospray. Falls unklar, so reden Sie bitte mit Ihren Kollegen, ob zufällig Ionenpaarbildner in das gemeinsam genutzte HPLC-System gelangt sein könnten („… ich habe nur 0,0001 %igen TFA-Puffer benutzt …"). Falls dies passiert sein sollte, tauschen Sie alle kontaminierten Verbindungsleitungen, Flaschen, Säulen, und umgehen Sie ggf. das Modul mit dem schlimmsten Memory-Effekt – den Vakuumentgaser –, und spülen Sie das System einige Stunden oder gar Tage (!) mit einer Lösung eines flüchtigen Gegenions. Wenn Ihnen das Kontaminans bekannt ist, monitoren Sie den Abfall seines Signals (z. B. $m/z$ 113 für das TFA-Anion und $m/z$ 102 für das Triethylaminkation).

*Ionensuppression durch die Probenmatrix oder Verunreinigungen der Probe:* Die Interferenz der Ionisation eines Analyts mit einer Störkomponente wird allgemein als „Ionensuppression" bezeichnet, auch wenn das Signal verstärkt anstatt abgeschwächt werden sollte. Am empfindlichsten auf solche Suppressionseffekte reagiert Elektrospray, weniger häufig APCI oder APPI. Diese Interferenz koeluierender Verbindungen ist ein komplexer Vorgang und wird an späterer Stelle noch eingehend diskutiert.

### 4.9.3.3 Wie sauber muss eine LC-MS-Ionenquelle sein?

Die Anwender von LC-MS mit einiger Erfahrung in GC-MS neigen dazu, die Ionenquelle und die Ionenoptik zu reinigen, bevor sie eine längere und wichtige Probenserie starten. Natürlich wird man maximale Signalintensitäten in den Atmosphärendruck-LC-MS-Techniken erreichen, nachdem man alle Rückstände von den Oberflächen der Ionenquelle entfernt hat. Doch dies wird nicht von langer Dauer sein. Die elektrischen Felder, die erforderlich sind, um die Analytionen zu bilden und zu transportieren, werden vom Verschmutzungsgrad durch

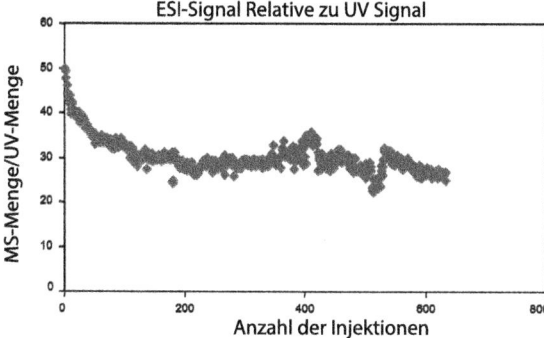

**Abb. 4.13** Abfall der Signalintensität nach extremer Matrixbelastung einer Ionenquelle.

nicht flüchtige Probeninhaltsstoffe beeinflusst. Andererseits wissen erfahrene LC-MS-Anwender, dass sich die Langzeitstabilität eines LC-MS-Systems verbessert, nachdem man die Ionenquelle leicht mit Probenmatrix belegt hat. Dies ist besonders dann von Bedeutung, wenn man mittels externer Standards quantifizieren muss. Mit den gebräuchlichsten Ionenquellen genügen 10–20 Injektionen einer Matrixprobe, um – nach einem anfänglichen exponentiellen Abfall – einen annähernd konstanten Analytrespons zu erreichen (Abb. 4.13).

Nach einer langen Serie stark matrixbelasteter Proben wird der Respons signifikant abnehmen. Das ist u. a. stark von Gerätetyp und Fabrikat abhängig. Die Regionen der Ionenquelle, die bei Atmosphärendruck arbeiten, kann man leicht durch Spülen mit entsprechenden Lösemitteln regenerieren. Wenn dadurch die Signalstärke nicht zurückgewonnen werden kann, so ist mit hoher Wahrscheinlichkeit die Ionenoptik erheblich verschmutzt (Ionentransferkapillare, Skimmer, Konus, ion guide etc.).

Bevor Sie nun Ihr LS-MS-System belüften, um die im Vakuum liegenden Bauteile zu reinigen, möchte ich Ihnen einen Trick beschreiben, mit dem Sie Ihr System zumindest für einige Messungen „wiederbeleben" können. Häufig verursachen Schichten von Verunreinigungen eine elektrostatische Aufladung von Teilen der Ionenoptik (Skimmer, Konus) oder eine unerwünschte Verzögerung beim Anlegen der Betriebsspannungen. Wechselt man die Polarität für einige Minuten, so werden alle mit Gleichspannung betriebenen Elemente im Ionenpfad entladen. Sie können diesen Vorgang z. B. in ihre Akquisitionsmethode aufnehmen, um die Standzeit Ihres Gerätes zu verlängern. Fügen Sie einfach einen Polaritätswechsel am Ende jedes chromatografischen Laufs ein, während Sie z. B. ihre chromatografische Säule reäquilibrieren. Allerdings versagt diese Prozedur der „Wiederbelebung" bei Elementen der Ionenoptik, die mit Wechselspannung betrieben werden (Quadrupol, Hexapol, Oktopol). Sind diese Bauteile kontaminiert, so müssen Sie leider das LC-MS-System zur Reinigung belüften.

Die beste Vorbeugung vor vorzeitiger Verschmutzung und gegen häufiges Reinigen ist die Umleitung des Eluenten in den Abfall für alle Retentionszeitbereiche, die nicht von Interesse sind, z. B. das Totvolumen zu Beginn des Laufs. Die nicht flüchtigen polaren Probenbestandteile (Salze!) eluieren am Anfang des Chromatogramms. Benutzen Sie deshalb konsequent die in den meisten LC-MS-Systemen vorhandenen „Diverter"-Ventile.

### 4.9.3.4 Ionensuppression

Die Interferenz koeluierender Komponenten mit der Ionisation der Analyte ist die häufigste Ursache für einen ungenügenden Respons und schlechte Reproduzierbarkeit in LC-MS. Der Begriff „Ionensuppression" wurde in den 90er-Jahren eingeführt und beschreibt das Phänomen nur zum Teil, da auch eine Signalerhöhung auftreten kann. Besonders „gefährdet" sind Methoden mit nur geringer Probenaufarbeitung und/oder unzureichender chromatografischer Trennung.

Nachweismethoden, die nur einzelne Ionen oder MS/MS-Übergänge aufzeichnen (SIM, MRM), sind quasi blind gegenüber koeluierenden Substanzen. Im Gegensatz dazu erlaubt die Aufnahme kompletter Massenspektren, eine massive Koelution zu erkennen und Gegenmaßnahmen zu ergreifen.

Nachdem die anfängliche Euphorie hinsichtlich der hohen Selektivität LC-MS-basierender Methoden abgeflaut war, ist eine gewisse Desillusionierung eingetreten. Man hat sehr schnell erkannt, dass in der MS-Detektion nicht erfasste Substanzen nicht unbedingt „inaktiv" sind. Die Ionensuppression ereignet sich ausschließlich in der Ionenquelle und ist somit unabhängig von der nachgeschalteten Selektivität der MS(/MS)-Detektion. Ionensuppression passiert in allen Ionisationsmodi – ESI, APCI und APPI. Die Stärke des Effektes kann jedoch vom Design der Ionenquelle abhängen.

Suchen Sie bitte die Ursache nicht nur in Ihrer Probe, denn Matrixeffekte können auch von exogenem Material verursacht werden. Insbesondere in Gradientenmethoden reichern sich organische Inhaltsstoffe, die in der mobilen Phase gelöst sind oder die aus Teilen Ihres HPLC-Systems ausbluten, auf der HPLC-Säule an. Im Gradienten eluieren sie dann zusammen mit Ihren Analyten und können deren Signale massiv beeinflussen. Unglücklicherweise sind „HPLC-grade"-Lösemittel nicht unbedingt für LC-MS geeignet. Es ist höchst ratsam, die Lösemittel verschiedener Hersteller zu testen, ebenso wie verschiedene Chargen derselben Spezifikation. Wählen Sie dann die Charge mit dem niedrigsten organischen Untergrundsignal. LC-MS-Systeme entdecken ebenfalls sofort, ob Sie die Vorratsgefäße der mobilen Phase mit Phthalaten aus Kunststoffkappen oder Tensiden aus der Laborspülmaschine kontaminiert haben.

Der Matrixeffekt kann durch verschiedene Effekte hervorgerufen werden: behinderte Freisetzung der Analytionen in Elektrospray z. B. durch Alkali oder Phosphat, Bildung von Mizellen durch Tenside, Bildung von Ionenpaaren oder gar durch Ausfällung der Analyte. Im Rahmen der Methodenentwicklung ist es wichtig, dass Ionensuppression bzw. Matrixeffekte erkannt und beseitigt werden.

Um einen Matrixeffekt zu evaluieren stehen verschiedene experimentelle Ansätze zur Verfügung. Am einfachsten ist es, einen „Lösemittelstandard" mit einem „Matrix-Spike" zu vergleichen. Abbildung 4.14 beschreibt die erforderlichen Schritte [6].

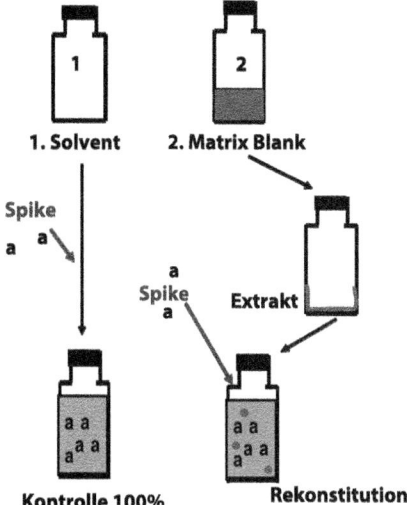

**Abb. 4.14** Vergleich eines Lösemittelstandards mit einem Matrix-Spike.

Im Idealfall ist die Probenmatrix ohne Einfluss auf das Analytsignal. Es wird empfohlen, mit Matrix-Blanks verschiedenen Ursprungs zu testen, um Zufallsergebnisse auszuschließen. Üblich ist auch der Gebrauch von gepoolten Blanks als Bezugspunkt. Das in Abb. 4.14 gezeigte Vorgehen kann mit geringem Aufwand erweitert werden, um zusätzlich die Methodenwiederfindung und die Extraktionsausbeute zu bestimmen. Die erforderlichen Schritte sind in Abb. 4.15 beschrieben.

Der Vergleich der Schritte 1 und 3, Lösemittelstandard ohne Extraktion gegen den extrahierten/rekonstituierten Matrix-Spike ergibt die Wiederfindung der Methode. Mit den Schritten 1 und 2 wird der Matrixeffekt bestimmt. Um die Extraktionsausbeute zu ermitteln werden die Schritte 2 und 3 miteinander verglichen.

Zur Optimierung der LC-MS-Parameter hat es sich bewährt, die Analyte kontinuierlich in die Ionenquelle einzuleiten. Diese Spritzeninfusion erzeugt ein konstantes Analytsignal. Um Ionisierungsbedingungen zu schaffen, die identisch zu den Bedingungen der LC-MS-Messung sind, infundiert man den Analyt über ein T-Stück nach der Trennsäule in den Eluenten (s. Abb. 4.16).

Mit diesem experimentellen Setup ist es recht leicht, den Matrixeffekt zu evaluieren. Anstatt den Analyt in die mobile Phase zu infundieren, erfolgt dies bei gleichzeitiger chromatografischer Trennung eines Matrix-Blanks. Ohne einen Matrixeffekt ergäbe sich ein über die Chromatografie hinweg konstantes Analytsignal. Hat nun die Probenmatrix einen Einfluss auf die Signalstärke, so erkennt man in bestimmten Retentionszeitbereichen eine Abschwächung oder Verstärkung. Unsere Analyte sollten in Bereichen ohne Matrixeffekt eluieren. Abbildung 4.17 zeigt das Ergebnis eines derartigen Experiments.

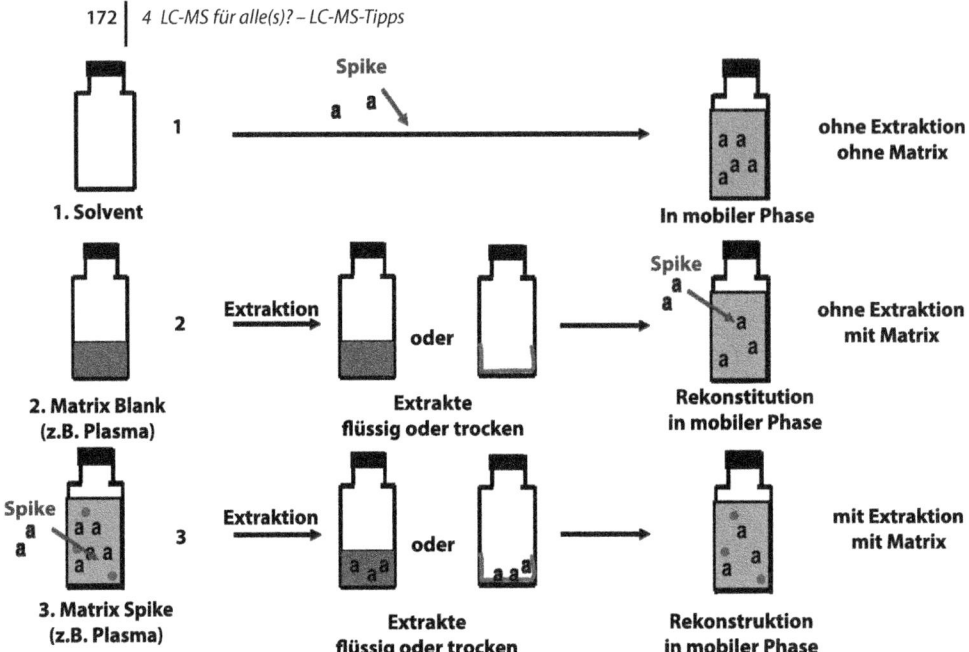

Abb. 4.15 Erweiterte Evaluierung des Matrixeffektes.

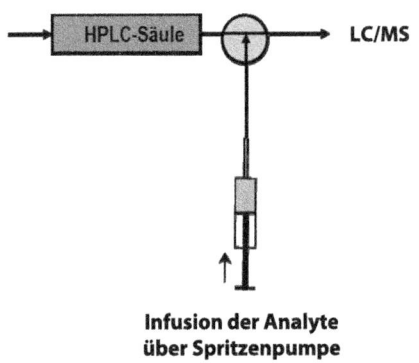

Abb. 4.16 Methodenoptimierung mittels Infusion des Analyten.

Welchen Ansatz Sie auch wählen um die Ionensuppression bzw. den Matrixeffekt zu evaluieren, die Konsequenz wird eine Variation Ihrer analytischen Methode sein. Der vermutlich einfachste Schritt ist die Veränderung Ihres chromatografischen Systems. Verändern Sie die Steilheit des Gradienten und/oder wechseln Sie die Zusammensetzung der mobilen Phase (Methanol versus Acetonitril etc.). Möglicherweise müssen Sie Ihre Extraktionsmethode ändern (SPE versus flüssig/flüssig). Versuchen Sie auch eine andere Ionisierungsart zu verwenden. Matrixeffekte sind üblicherweise geringer in APCI/APPI als in ESI. Falls Sie Zugang zu Instrumenten mit unterschiedlichem Ionenquellendesign haben, so wechseln Sie auf ein anderes LC-MS-System. Soweit es die Verfügbarkeit erlaubt, verwen-

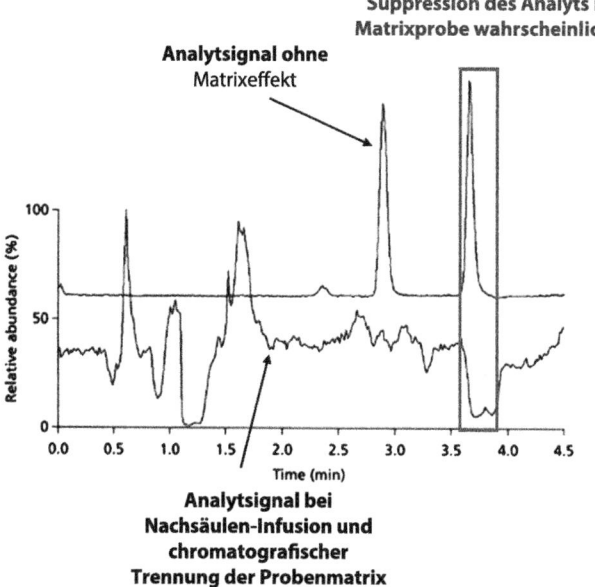

**Abb. 4.17** Untersuchung des Matrixeffektes mittels Infusion des Analyts.

den Sie isotopenmarkierte interne Standards zur Methodenkalibrierung. Vorteile hierbei sind die identischen Extraktionsausbeuten wie die Ihrer Analyte, dieselben Ionisationsausbeuten und chromatografischen Retentionszeiten ($^{13}$C ist besser als $^2$H). Falls ein Matrixeffekt auftritt, so wirkt er sich in gleichem Maße auf die Analyte und die internen Standards aus.

### 4.9.3.5 Ammoniumfluorid – ein ungewöhnlicher Pufferzusatz

Flüchtige Ammoniumsalze organischer Säuren sind die typischen Pufferzusätze in LC-MS. Neben Ammoniumformiat und -acetat als „Klassikern" ist Ammoniumfluorid eine Art Geheimtipp – insbesondere in Elektrospray-LC-MS. Entgegen üblichen Pufferkonzentrationen von 5–10 mmol/L genügen bei Ammoniumfluorid bereits zehnfach geringere Konzentrationen. In ESI+ hilft Ammoniumfluorid, die Bildung von Natriumaddukten zu verringern. Insbesondere in MS/MS-Methoden ist es wichtig, Alkaliaddukte zu vermeiden, geht doch die positive Ladung mit der Eliminierung des Alkakations dem Restmolekül und dessen Fragmenten verloren. Auch in ESI– ist der Zusatz von Ammoniumfluorid hilfreich. So wird z. B. der Respons für organische Säuren oder Zuckerphosphate verstärkt. Auch andere in ESI– zu messende Verbindungsklassen (z. B. Steroide) profitieren von der Zugabe von Ammoniumfluorid zum üblichen Puffersystem. Sollte in ESI– jedoch das erwartete anionische Signal hierdurch verringert worden sein, so haben sich sehr wahrscheinlich Fluoridaddukte gebildet. Ein Beispiel hierfür sind Oligonukleotide.

## 4.10
## Noch mehr Hilfe

Was können Sie sonst noch tun, um LC-MS erfolgreich anwenden zu können? Lesen Sie die Handbücher zu Ihrem LC-MS-System. Hierin wird detailliert beschrieben, wie Sie Methodenparameter eingeben, optimieren, tunen. In der Regel liefern die Hersteller Methoden mit dem Gerät aus, die sich gut als Ausgangspunkt für Ihre Methodenentwicklung eignen.

Sparen Sie nicht am falschen Ende. Besuchen Sie eine Schulung Ihres Geräteherstellers. Dort werden Ihnen die Gerätefunktionen sowie die Eigenarten Ihres LC-MS-Systems vermittelt. Ein „classroom training" führt Sie mit Gleichgesinnten zusammen. Pflegen Sie den Erfahrungsaustausch mit Ihren Mitstreitern auch nach dem Trainingskurs. Sollten Sie Defizite theoretischer Art haben, so gibt es herstellerunabhängige Schulungsangebote, die Sie mit den Grundlagen von LC-MS vertraut machen.

Bevor Sie das Rad neu erfinden, sollten Sie Fachkollegen oder einen Applikationschemiker Ihres Lieferanten fragen. Ein Applikationschemiker wird täglich mit den unterschiedlichsten analytischen Fragestellungen konfrontiert und kann Ihnen i. d. R. weiterhelfen. Auch bei der Fehlersuche ist er ein wichtiger Ansprechpartner.

Lesen Sie Literatur. Mit den internetbasierten Suchdiensten ist es heute schnell und einfach möglich, die passende Information zu finden. Auf den Internetseiten der LC-MS-Hersteller finden Sie eine Vielfalt von Applikationsbeispielen. Methoden, die mit dem von Ihnen benutzten Gerätetyp publiziert wurden, lassen sich problemlos übertragen. Bitte bedenken Sie aber, dass die verschiedenen Hersteller Geräte auf sehr unterschiedliche Weise realisieren – so können ESI-Sprayer orthogonale oder Off-axis-Geometrie aufweisen, die Wärmezufuhr über beheizten Stickstoff oder eine beheizte Transferkapillare erfolgen u. v. m. Das Erhöhen einer „cone voltage" bewirkt dasselbe wie ein höherer Wert einer „Fragmentorspannung", nämlich eine vermehrte Fragmentierung der Molekülionen. Jedoch unterscheiden sich die Absolutwerte der einzustellenden Spannungen beträchtlich. Dies ist nur ein Beispiel dafür, wie verschiedene Wege (Parameter) zum selben Ziel (Massenspektrum) führen.

Die – wie die Amerikaner sagen – „take home message" ist die, dass LC-MS(/MS) im Prinzip einfach ist. Der Teufel liegt im Detail der zur Ionisation führenden Chemie und des Fragmentierungsverhaltens der Analyte. Geben Sie nicht vorzeitig auf – auch die sogenannten „Experten" haben fünf Jahre benötigt, um die Erfahrung von fünf Jahren zu sammeln.

## Literatur

1. Fenn, J.B., Mann, M., Meng, C.K., Wong, S.F. und Whitehouse, C.M. (1989) Electrospray ionization for mass spectrometry of large biomolecules. *Science*, **246**(4926), 64–71.
2. Nohmi, T. und Fenn, J.B. (1992) Electrospray mass spectrometry of poly(ethylene glycols) with molecular weights up to five million. *J. Am. Chem. Soc.*, **114** (9), 3241–3246.
3. Labowsky, M.J., Whitehouse, C.M. und Fenn, J.B. (1993) Three-dimensional deconvolution of multiply charged spectra. *Rapid Commun. Mass Spectrom.*, **7**, 71.
4. Fenn, J.B. (1993) Ion Formation from Charged Droplets: Roles of Geometry, Energy and Time. *J. Am. Soc. Mass Spectrom.*, **4**, 524.
5. Bruins, A.P. (1991) Mass Spectrometry with Ion Sources Operating at Atmospheric Pressure. *Mass Spectrom. Rev.*, **10**, 53–77.
6. Choi, B.K., Hercules, D.M., and Gusev, A.I. (2001) Effect of liquid chromatography separation of complex matrices on liquid chromatography–tandem mass spectrometry signal suppression. *J. Chromatography A*, **907** (1–2), 337.
7. Niessen, W.M.A. und Tinke, A.P. (1995) Liquid Chromatography-Mass Spectrometry. General Principles and Instrumentation, *J. Chromatogr. A*, **703**, 37–57.
8. Tomer, K.B., Moseley, M.A., Deterding, L.J. und Parker, C.E. (1994) Capillary liquid chromatography mass spectrometry. *Mass Spectrom. Rev.*, **13**, 431–457.
9. Wachs, T., Conboy, J.C., Garicia, F. und Henion, J.D. (1991) Liquid Chromatography-Mass Spectrometry and Related Techniques via Atmospheric Pressure Ionization. *J. Chromatogr. Sci.*, **29**, 357–366.

### Internet

10. www.spectroscopynow.com.
11. www.asms.org.
12. www.dgms.de.
13. www.lcms.com.
14. www.ionsource.com.
15. masspec.scripps.edu.

**Teil III**
**Anwender berichten**

# 5
## Ein praktisches Beispiel aus der Ionenchromatografie
*A. Muller und A. Hofmann*

Bei der LC-MS-Kopplung müssen im Vergleich mit der LC-UV-Kopplung einige wichtige Veränderungen an den LC-Konditionen vorgenommen werden, um die Kompatibilität mit der massenspektrometrischen Detektion zu gewährleisten. Es werden häufig Wasser-Methanol- oder Wasser-Acetonitril-Gradienten für die Umkehrphasenchromatografie bei der LC-MS-Kopplung verwendet. Bei der Einstellung des pH-Werts ist darauf zu achten, dass am besten nur flüchtige Puffersysteme verwendet werden, um eine Kontamination des Massenspektrometers zu verhindern. So können z. B. Ameisensäure oder Essigsäure im sauren und Ammoniak im basischen pH-Bereich verwendet werden. Bei Proben mit höherem Salzgehalt kann der LC-Fluss nach der Chromatografiesäule für die ersten Minuten über ein Schaltventil in den Abfall gelenkt werden, um das Massenspektrometer nicht mit Salzen zu kontaminieren. Als Alternative für die Analyse von salzhaltigen Proben kann auch ein zweidimensionales LC-System mit einer Anreicherungssäule verwendet werden. Bei komplexen biologischen Proben ist mit einem verringerten Signal-zu-Rauschen-Verhältnis aufgrund von Matrixeffekten zu rechnen. Es ist sehr empfehlenswert, Standards mit schweren Isotopen zur Probe zu geben, um sowohl Extraktionsverluste als auch Matrixeffekte quantifizieren zu können. Häufig werden $^2$H, $^{13}$C und $^{15}$N für die Isotopenmarkierung verwendet. Eine Markierung mit $^{13}$C oder $^{15}$N hat den Vorteil, dass im Gegensatz zu $^2$H keine Verschiebung der Retentionszeit auftritt.

Die Flussraten von LC-Systemen für die MS Kopplung reichen von nL/min bis hin zu einigen mL/min. Das am besten geeignete LC-System kann abhängig von Faktoren wie der notwendigen Sensitivität und der gewünschten Analysedauer der Methode ausgewählt werden. Da die Intensität des massenspektrometrischen Signals konzentrationsabhängig ist, werden Nano-LC-Systeme vor allem dann verwendet, wenn eine höchstmögliche Sensitivität der Methode wichtig ist. Dies ist häufig beim Nachweis niedrig konzentrierter endogener Moleküle der Fall, wie z. B. im Bereich der Proteomforschung. Die Chromatografiesäulen besitzen dabei oft einen nur 75 μm oder noch geringeren Innendurchmesser. Die lange Analysedauer der Nano-LC-Methoden von u. U. bis über 1 h wird für die hohe Sensitivität der Methode in Kauf genommen. Für den Nachweis und die Quantifizierung von höherkonzentrierten Substanzen werden meist höhere Flussraten verwendet. Im U(H)PLC-Bereich finden häufig Chromatografiesäulen mit 1 und 2,1 mm Innendurchmesser Anwendung und die Analyse kann in wenigen Minuten durchgeführt werden.

Abhängig von den Eigenschaften des Analyten und von der Flussrate können unterschiedliche Ionisationsmethoden gewählt werden. Die ESI (electro spray ionization) ist für ein breites Spektrum von Analyten und Flussraten geeignet. Polare und auch unpolare Analyten lassen sich sehr gut mit ESI massenspektrometrisch analysieren. Neben ESI stehen die APCI (atmospheric pressure chemical ionization) und APPI (atmospheric pressure photo ionization) zur Verfügung, die vor allem für die Analyse von sehr unpolaren Substanzen zur Anwendung kommen – Details s. Abschn. 1.1. In der Regel müssen mit steigenden Flussraten die Temperatur und die Menge der Trockengase in der Ionenquelle gesteigert werden, um eine vollständige Verdampfung der Lösungsmittel gewährleisten zu können. In den Gebrauchsanweisungen der Ionenquellen werden häufig Parameter für unterschiedliche Lösungsmittelflussraten vorgeschlagen. Diese Parameter stellen i. d. R. einen guten Ausgangspunkt für die eigene Optimierung da. Neben den von den Lösungsmittelflussraten abhängigen Parametern müssen auch noch die substanzabhängigen Parameter der Ionenquelle und des Massenspektrometers optimiert werden. Hierbei kann eine Stammlösung der zu analysierenden Substanz direkt per Spritzenpumpe in das Massenspektrometer infundiert werden, um alle Einstellungen für ein maximales Signal-zu-Rauschen-Verhältnis optimieren zu können. Durch das Zusammenführen des Flusses aus der Spritzenpumpe und der LC über ein T-Stück kann man sehr ähnliche Bedingungen zur späteren Analyse simulieren und so die bestmöglichen fluss- und substanzabhängigen Parameter der Ionenquelle und des Massenspektrometers finden. Da bei der direkten Infusion relativ hohe Konzentrationen verwendet werden müssen, sollte man sicherstellen, dass durch ausreichendes Waschen das Hintergrundsignal des Analyten gering genug für anschließende Analysen ist. Die kurze Analysedauer bei U(H)PLC-Systemen und die schnelle Scanfrequenz von modernen Massenspektrometern ermöglichen auch zahlreiche unterschiedliche Parameter direkt innerhalb einer LC-MS-Analyse zu variieren. Durch ein direktes Variieren der Parameter während der LC-MS-Analyse können weniger konzentrierte Lösungen verwendet werden. Viele Schritte der Optimierung können von der Gerätesoftware oder geräteunabhängiger Software automatisiert werden. Jedoch sollte immer kritisch überprüft werden, ob die von der Software gefundenen Parameter auch plausibel sind. Um eine möglichst hohe Empfindlichkeit zu erreichen, ist bei Massenspektrometern in den letzten Jahren ein Trend hin zu vergrößerten Einlassöffnungen zu beobachten. Da nicht nur mehr Ionen, sondern auch mehr Neutralteilchen über eine größere Einlassöffnung in das Massenspektrometer gelangen, sind starke Vorvakuum- und Turbopumpen notwendig. Darüber hinaus wurden bei einigen Massenspektrometern auch Änderungen an der Geometrie der Ionenoptik vorgenommen, wie z. B. StepWave™ oder iFunnel, sodass geladene Moleküle noch effizienter von Neutralteilchen abgelenkt werden können. Die erhöhte Ionentransmission führt zu einem erhöhten Signal-zu-Rauschen-Verhältnis, robusteren MS-Methoden und einer vereinfachten Optimierung der Geräteparameter.

Massenspektrometer unterscheiden sich abhängig vom verwendeten Massenanalysator deutlich in ihren Eigenschaften wie Massengenauigkeit, Massenauflösung, Scangeschwindigkeit und Sensitivität. Je nach Anwendung sind unterschiedliche Eigenschaften von besonderer Bedeutung. Massenbestimmungen in wenig komplexen Proben können mit einfachen Massenanalysatoren wie einem einfachen Quadrupol, einer Ionenfalle oder einem TOF (time of flight)-Instrument durchgeführt werden. Für die Analyse von komplexeren biologischen Proben werden i. d. R. Hybridinstrumente verwendet. Hybridinstrumente kombinieren verschiedene Massenanalysatoren miteinander. Für die Identifikation von unbekannten Substanzen werden häufig Hybridgeräte mit hoher Massengenauigkeit und Massenauflösung wie z. B. ein Q-TOF, ein TOF-TOF, ein Ionenfalle-Orbitrap oder ein Quadrupol-Orbitrap verwendet. Für die Quantifizierung werden häufig dreifache Quadrupol-Massenspektrometer mit hoher Scangeschwindigkeit und exzellenter Sensitivität verwendet. Ein dreifaches Quadrupol-Instrument besteht aus drei hintereinander angeordneten Quadrupolen (Abb. 5.1a). Der erste Quadrupol dient als Massenfilter, der das ionisierte Analytmolekül herausfiltert. Das intakte ionisierte Analytmolekül wird auch Vorläuferion genannt. Im zweiten Quadrupol wird das Vorläuferion dann durch eine kollisionsinduzierte Dissoziation fragmentiert. Ein spezifisches Fragmention des Analyten wird abschließend im dritten Quadrupol herausgefiltert. Das zweifache Filtern im ersten und dritten Quadrupol verleiht den dreifachen Quadrupol-Massenspektrometern eine exzellente Sensitivität und eine sehr hohe Selektivität.

Zum Beispiel lassen sich zwei Isomere der Hydroxyeicosatetraensäure (HETE) nur schwer chromatografisch trennen, und die einfache Massenbestimmung führt zu überlappenden Peaks (Abb. 5.1c). Bei der Verwendung von spezifischen Fragmentionen lassen sich die beiden Isomere jedoch problemlos massenspektrometrisch mittels eines dreifachen Quadrupol-Massenspektrometers auflösen [1].

Für polare Moleküle können Ionenpaarbildner wie z. B. Trifluoressigsäure im Sauren und Triethylamin im Basischen für die Trennung mittels Umkehrphasenchromatografie verwendet werden. Bei der Verwendung von Ionenpaarbildnern ist jedoch generell mit einem verringerten Signal-zu-Rauschen-Verhältnis und zudem bei der Polarisationsumkehr mit hohen Hintergrundsignalen von Trifluoressigsäure bzw. Triethylamin zu rechnen. Eine weitere Möglichkeit um sehr polare Moleküle zu trennen, ist die Ionenchromatografie. Die Ionenchromatografie (IC) ist eine zuverlässige Lösung um geladene Moleküle zu trennen, die auf Umkehrphasen nicht retardiert werden. Die Trennung erfolgt bei der Ionenchromatografie abhängig von der Ladung und der Größe der Analyte. Die stationäre Phase der IC basiert auf einer Polymermatrix, wodurch die Chromatografiesäulen, im Gegensatz zu Kieselgelsäulen, eine hervorragende Stabilität im alkalischen pH-Bereich besitzen. Für die Anionen-Austauschchromatografie wird häufig ein Gradient von Kaliumhydroxid verwendet, und die Elutionskraft ist direkt abhängig von der Konzentration der Hydroxidionen. Bei der Kationen-

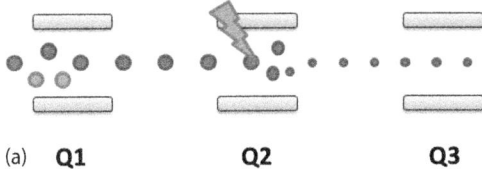
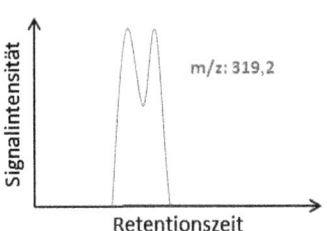
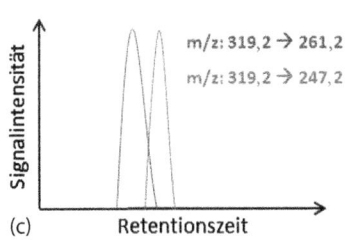

**Abb. 5.1** (a) Schematische Darstellung der Quadrupole eines Dreifach-Quadrupol-Massenspektrometers. Zur vereinfachten Darstellung sind jeweils nur zwei der vier Elektroden der Quadrupole gezeigt. Im ersten Quadrupol (Q1) wird das Vorläuferion herausgefiltert, im Q2 wird das Vorläuferion durch kollisionsinduzierte Dissoziation fragmentiert, und im Q3 werden dann spezifische Fragmentionen herausgefiltert. (b) Isomere der Hydroxyeicosatetraensäure (HETE). (c) Schematische Darstellung der massenspektrometrischen Auflösung von HETE-Isomeren. Reproduziert mit freundlicher Genehmigung von Novartis.

Austauschchromatografie werden Eluenten wie z. B. Methansulfonsäure verwendet.

Nachfolgend ist ein praktisches Beispiel der LC-MS-Kopplung einer Anionen-Austauschchromatografie mit einem dreifachen Quadrupol beschrieben. Mit einem IC-System wird zuerst ein KOH-Gradient im Eluentengenerator erzeugt. Die Analyte werden auf der IC-Säule getrennt, und anschließend werden die Kaliumionen im elektrochemischen Suppressor gegen Hydroniumionen $H_3O^+$ ausgetauscht. Ein konventioneller Detektor in der Ionenchromatografie ist der Leitfähigkeitsdetektor, der die elektrische Leitfähigkeit der Flüssigkeit misst. Die Leitfähigkeit ist direkt proportional zur Konzentration der gelösten Ionen. Die Messung der Leitfähigkeit ist vergleichsweise wenig empfindlich für biologische Anwendungen wie z. B. im Bereich Metabolomik. Außerdem ist die Leitfähigkeitsmessung auch nicht selektiv, sodass Analyte mit gleicher Retentionszeit nicht unterschieden werden können. Ein Massenspektrometer hingegen erlaubt eine sehr empfindliche und selektive Detektion. Ohne elektrochemischen Suppressor in der IC-Anlage würden die Kaliumionen zu einer starken Unterdrückung der Ionisation in der ESI-Quelle führen und das Massenspektrometer stark kontaminieren. Mit Suppressor jedoch wird eine wässrige Lösung mit geringer Salzkonzentration und einer Leitfähigkeit von einigen Mikrosiemens erzeugt, die massenspektrometrisch analysiert werden kann. Um die Effizienz der negativen

Ionisation der Analyte zu erhöhen, ist es ratsam über ein T-Stück kurz vor dem Massenspektrometer ein organisches Lösungsmittel wie z. B. Methanol hinzuzugeben. Bei der hier beschriebenen Analyse wurde ein Dionex ICS-3000 IC-System mit einer ESI-Ionenquelle und einem AB SCIEX QTrap 5500 Massenspektrometer gekoppelt. Das dreifache Quadrupol-Massenspektrometer ermöglicht eine sehr sensitive und spezifische Detektion der Analyte.

### Konditionen der Ionenchromatografie

| | |
|---|---|
| Eluent Generator | EGC III KOH |
| Vorsäule | Ion Pac AG20 2 × 50 mm |
| Analytische Säule | Ion Pac AS20 2 × 250 mm |
| Säulentemperatur | 35 °C |
| IC-Pumpe | Isokratisch, 250 µL/min |
| Suppressorstrom | 62 mA |
| Volumen der Probenschleife | 2 µL |
| Flussrate Methanol | 50 µL/min |

### Gradientengenerator

| Zeit (min) | [OH$^-$] (mM) |
|---|---|
| 0 | 10 |
| 7,5 | 45 |
| 17,5 | 48 |
| 18,5 | 100 |
| 22,5 | 100 |
| 22,6 | 10 |
| 25 | 10 |

### SRM-Übergänge

| Verbindung | Q1 (m/z) | Q2 (m/z) |
|---|---|---|
| 3-Hydroxybutansäure | 103,14 | 58,9 |
| Hippursäure | 178,08 | 134,1 |
| 3-(3-Hydroxyphenyl)propansäure | 165,02 | 105,9 |
| p-Kresolsulfat | 186,84 | 106,9 |

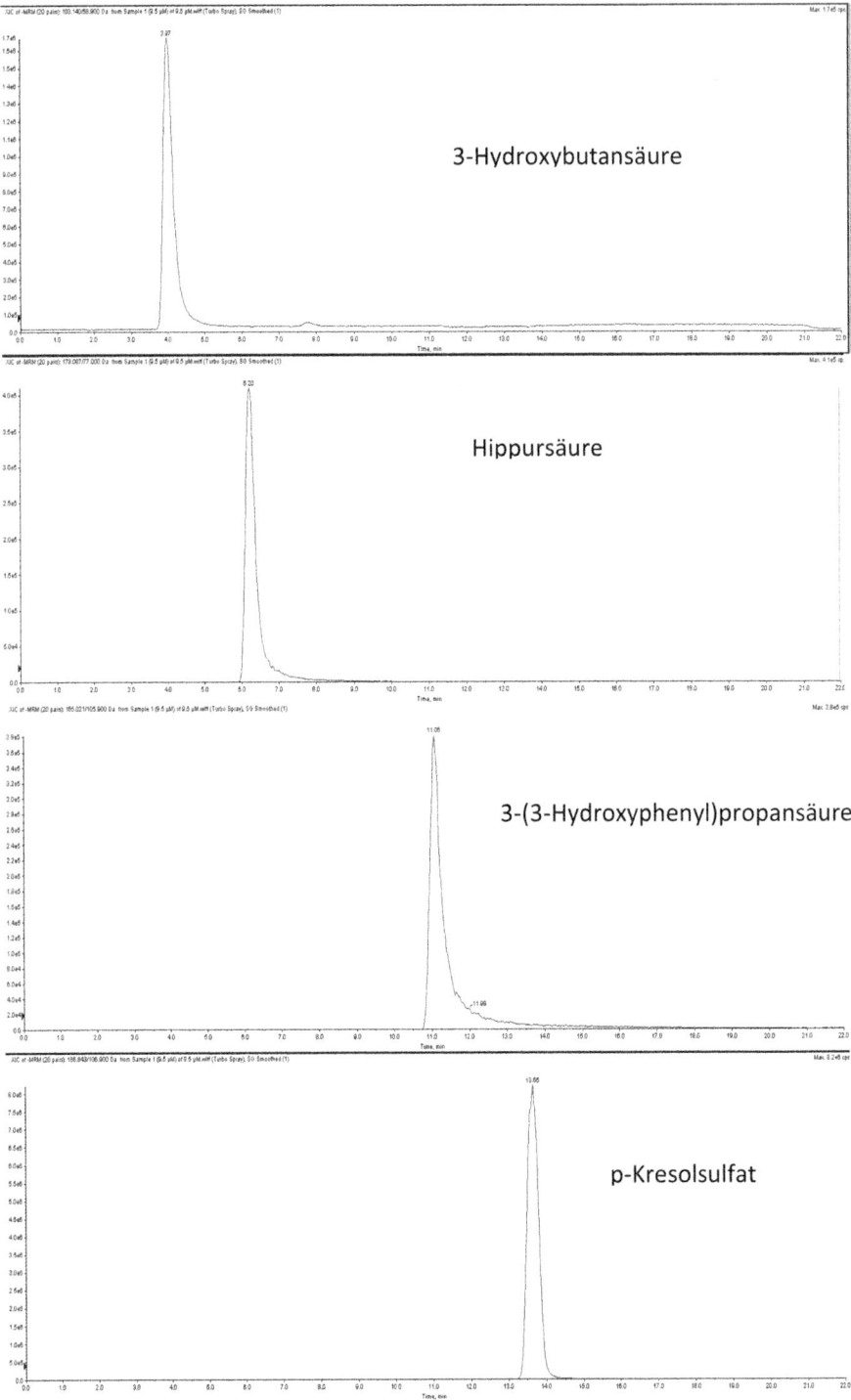

**Abb. 5.2** Chromatogramme der Trennung von vier polaren Molekülen mittels IC und Detektion mithilfe eines dreifachen Quadrupol-Massenspektrometers. Reproduziert mit freundlicher Genehmigung von Novartis.

## Literatur

1 Dumlao, D.S., Buczynski, M.W., Norris, P.C., Harkewicz, R., und Dennis, E.A. (2011) High-throughput lipidomic analysis of fatty acid derived eicosanoids and N-acylethanolamines. *Biochim Biophys Acta*, **1811**(11), 724–736, doi:10.1016/j.bbalip.2011.06.005.

# 6
# Problemlösungen mittels HPLC-MS aus der Praxis für die Praxis
*E. Fleischer*

## 6.1
### Einführung und Aufgabenstellungen

Die LC-MS-Kopplung hat sich im Rahmen unserer Tätigkeiten als ein geeignetes Tool erwiesen und führte zu einer breiten Palette an Anwendungen: Vorarbeiten der Strukturaufklärung, Stabilitätsprüfungen, Zersetzungsstudien, Produktentstehungsverfolgung, Reaktionskinetik, Formulierungsüberprüfungen.

Eine besondere Rolle für den Erfolg in den unterschiedlichsten Aufgabenstellungen kam der Probenvorbereitung zu, ferner der richtigen Auswahl von Säulen und Eluenten.

In all diesen Aufgaben sind eine sehr genaue Beobachtung, Geduld und nicht zuletzt Fantasie notwendig, um die richtigen Rückschlüsse und anschließend die bestmöglichen Handlungen zu tätigen. Falsche Interpretationen von richtigen Informationen oder das Ignorieren von kleinen Details wirken sich in diesem Bereich besonders zeitraubend aus.

Folgendes Beispiel dazu: Ein Zersetzungsprodukt mit der Masse $(M - H) = 272,1$ hatte während der Methodenentwicklung für die Synthese eine fast identische Retentionszeit zu der des gewünschten Syntheseproduktes selbst. Das Verhalten des Zersetzungsproduktes kann, unter Annahme von Fragmentierung im MS, während der Methodenentwicklung zu dem Eindruck führen, dass das gewünschte Produkt bei der Synthese entstanden ist. Tatsächlich aber handelt es sich um das Zersetzungsprodukt mit nur Spuren von gewünschtem Produkt. Strukturbedingt ionisiert jene Komponente sowohl im ESI+ als auch ESI– sehr gut. Bisweilen ist es sinnvoll, Messungen sowohl bei positiver als auch bei negativer Spannung durchzuführen. Diese Praxis kann zu einer verbesserten Strukturaufklärung beitragen. In Abb. 6.1a ist das Chromatogramm einer Verunreinigung im Rahmen einer Stabilitätsuntersuchung nach 40 min im ESI+ und in Abb. 6.1b im ESI-Modus zu sehen. Nur im ESI+ Modus ist eine entstandene Komponente bei 2,33 min zu sehen.

Mit der spezifischen Softwarefunktion „display mass" (oder auch „extract mass") ist es möglich, Massenfragmente oder Störsignale (z. B. aus verunreinigten Eluenten) von neu entstandenen Molekülmassen eindeutig zu unterscheiden.

*Das HPLC-MS-Buch für Anwender*, 1. Auflage. Stavros Kromidas (Hrsg.).
© 2017 WILEY-VCH Verlag GmbH & Co. KGaA. Published 2017 by WILEY-VCH Verlag GmbH & Co. KGaA.

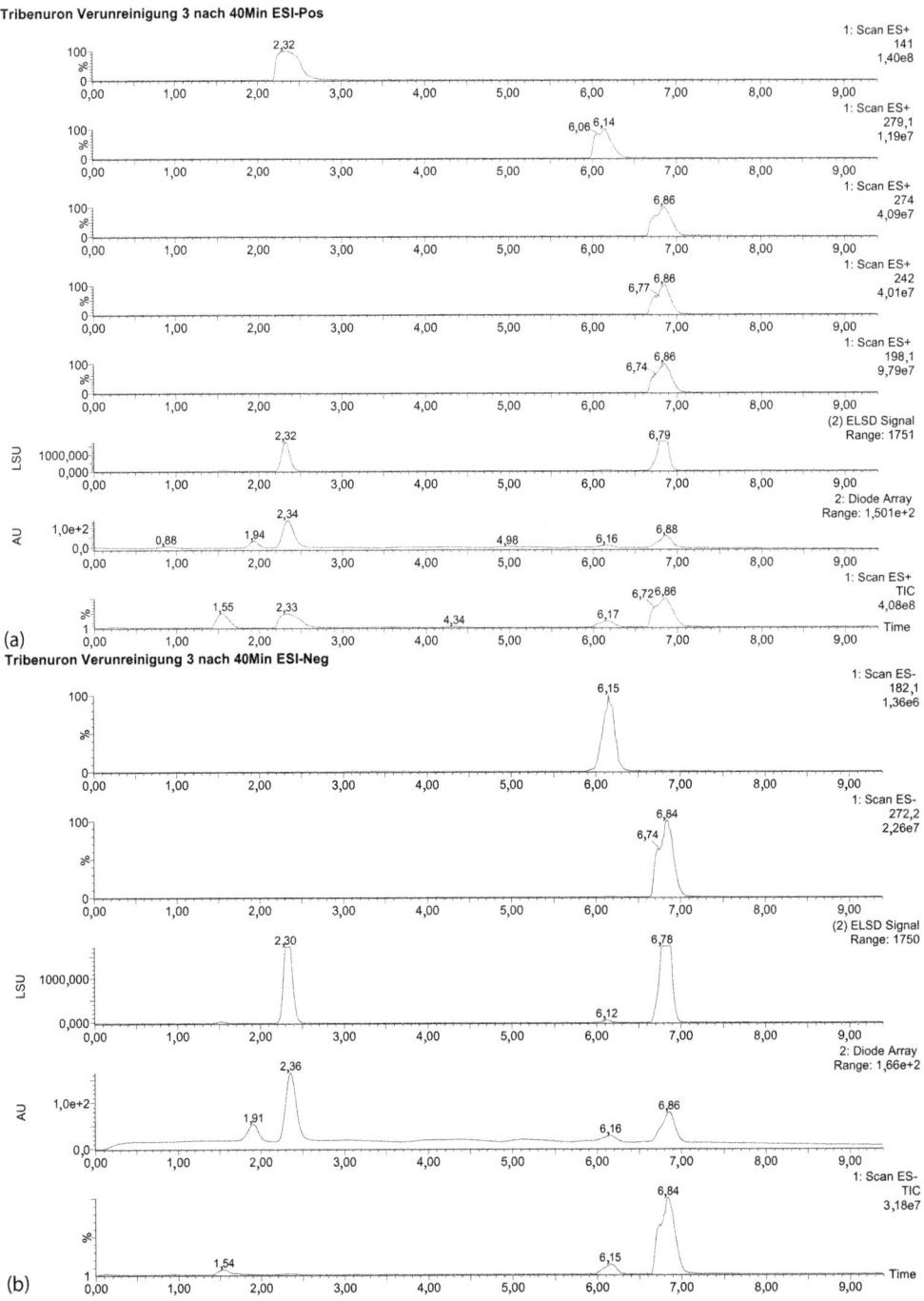

**Abb. 6.1** Die „falsche" Wahl des Ionisierungsmodus kann zu falschen Schlussfolgerungen im Rahmen von Stabilitätsstudien führen, Details s. Text. Reproduziert mit freundlicher Genehmigung von MCC.

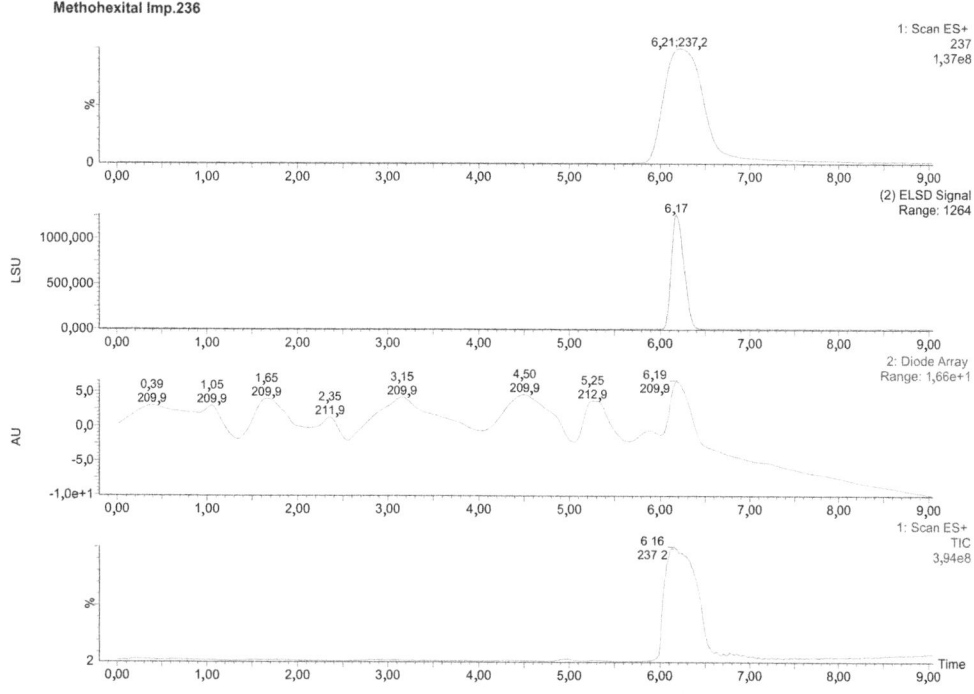

**Abb. 6.2** Der Vergleich von Chromatogrammen mit MS-, DAD- und ELSD-Detektion maximiert die Informationsdichte und erhöht die Sicherheit bezüglich Aussagen zur Struktur und Reinheit. Hier: Methohexital Imp. 236. Reproduziert mit freundlicher Genehmigung von MCC.

Als Detektion kamen in unseren unterschiedlichen Arbeiten dominierend die Elektrospray-Ionisation (ESI), aber auch API (atmospheric pressure ionization) und MALDI (matrixunterstützte Laserdesorptionsionisation) zur Anwendung; in Spezialfällen, wie z. B. im Falle von Enoxaparin, meistens in Verbindung mit einem DAD und einem ELSD (evaporative light scattering detector).

Obwohl die Lichtstreudetektion nicht standardmäßig eingesetzt wird, kann die Kombination MS-DAD-ELSD (mithilfe eines „T"-Splitters waren parallele Messungen möglich) zu einer wesentlichen Erleichterung der Detektion, Strukturaufklärung und Beseitigung von Ambiguitäten beitragen, s. Abb. 6.2 und 6.3.

Verwendung fanden hauptsächlich HPLC-Säulen mit partikulärem Material (Partikelgrößen zwischen 3–5 μm), aber auch Chromolithperformance als monolithisches Material. Die Säulendurchmesser lagen zwischen 2,1–4,6 mm, die Säulenlängen zwischen 50–150 mm, und die Flussraten betrugen 0,5–1,2 mL/min. Die hohe Durchlässigkeit und Porosität im Falle des Chromolithmaterials ergibt einen niedrigen Gegendruck. Entsprechend ist es möglich, mit höheren Flussraten als bei Partikelsäulen ohne Beeinträchtigung der Trenneffizienz zu arbeiten. Als besonders gut geeignet erwies sich Chromolith für die Trennung von recht polaren Molekülen ab 500 g/mol. Zum Beispiel konnten Coenzym A und dessen Derivate ausschließlich mit Chromolithsäulen getrennt werden. Solche Moleküle

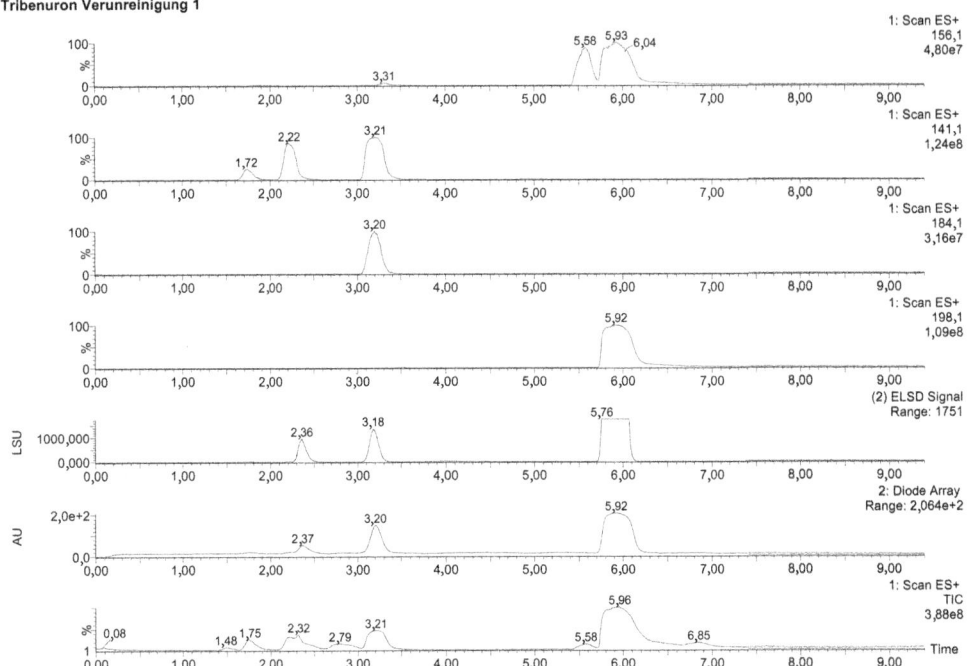

**Abb. 6.3** Der Vergleich von Chromatogrammen mit MS-, DAD- und ELSD-Detektion maximiert die Informationsdichte und erhöht die Sicherheit bezüglich Aussagen zur Struktur und Reinheit. Hier: Tribenuron Verunreinigung 1. Reproduziert mit freundlicher Genehmigung von MCC.

bleiben auf partikulären Phasen „hängen" und können auch mit 100 % organischen Eluenten und über einen längeren Zeitraum nur schwer heruntergespült werden. Als weitere Anwendung der Chromolithsäulen wäre die Analytik kosmetischer Wirkstoffe wie z. B. Glycerophospholipide und Phosphatidylcholinderivate zu nennen.

Circa 98 % aller Aufgaben (analytisch und präparativ) im Bereich der medizinischen und der pharmazeutischen Chemie konnten mit vier Säulen gelöst werden: Atlantis T3 und XBridge BEH C18 von Waters sowie Chromolith/Onyx von Merck bzw. Phenomenex.

Besonders empfehlenswert für die Methodenentwicklung, da sehr robust und mit breitem Anwendungsspektrum sowohl im polaren als auch im unpolaren Bereich, und praktisch pH-unabhängig einsetzbar ist die CSH-XSelect-Säule von Waters. Für die Elution wurden lineare Gradienten mit Acetonitril und 0,1 % Ameisensäure bzw. 0,1 % Ammoniak eingesetzt.

**Wichtige Beobachtungen:**
Bei präparativen Trennungen kommt es vor, dass Verbindungen bereits in den Kapillaren auskristallisieren und die Leitungen verstopfen. Falls die Natur der Ver-

bindungen und die Trennbedingungen es zulassen, wird in solchen Fällen empfohlen, als organischen Eluenten eine Mischung von Acetonitril/Methanol 1 : 1 zu verwenden. Überhaupt der Art der Probenaufgabe kommt in den meisten Fällen eine wichtige Bedeutung zu. Zweifelsohne ergeben sich bei verdünnten Probenlösungen weniger Probleme mit der Löslichkeit, und man erzielt häufig auch eine bessere Trennung. Ein großes Volumen an verdünnter Lösung kann jedoch in Abhängigkeit der Molekülpolarität zu Peakverbreiterungen führen. In Fällen von schwerlöslichen Verbindungen oder Verbindungen mit hoher Kristallbildungstendenz ist die Aufgabe einer verdünnten Probenlösung sinnvoll, oder man verwendet alternativ die „Sandwich"-Injektion: Hier werden jeweils ca. 50 µL DMSO vor und nach der Probenaufnahme aufgezogen und zusammen mit der Probe injiziert, um eine Ausfällung zu verhindern. Eine Anreicherung der Probe mit DMSO ist ebenfalls denkbar. Mit der „At-column-dilution"-Methode hat man den Vorteil, die Säule im Falle von schwerlöslichen und lipophilen Verbindungen höher beladen zu können: Die Probenaufgabe auf die HPLC-Säule erfolgt mittels einer gesonderten HPLC-Pumpe und einer Ventilschaltung. Die Pumpe transferiert die Probe mit einem hohen organischen Anteil von 80–100 % und geringem Fluss auf die Säule. Anschließend wird wieder auf den Eluenten mit niedrigem organischem Anteil und höherem Fluss umgeschaltet und chromatografiert.

## 6.2 Fallbeispiel 1

### 6.2.1 Aufklärung der Methohexitalverunreinigungen und Zersetzungsprodukte

**Methohexital** ist ein Wirkstoff aus der Reihe der Barbiturate ohne schmerzstillende Wirkung. Es wird als Anästhesiemittel eingesetzt und besitzt eine molare Masse von MW = 262,3 g/mol.

### 6.2.2 Probenvorbereitung

Um mittels präparativer HPLC-MS-Methoden eine für NMR-Untersuchungen ausreichende Menge der zu untersuchenden Verbindungen isolieren zu können, wurde der Wirkstoff unterschiedlichen, optimierten Degradationen unterzogen. Die Optimierung der Degradationsmethoden erfolgte durch die kontinuierliche Anpassung der Methoden anhand der Beobachtungswerte.

Die Hauptdegradationsmassen (Verunreinigungen) sind:

$M + H = 281,2$

$M + H = 238,2$  (Spuren)

$M + H = 237,2$

$M + H = 180,2$

**Verunreinigung mit M + H = 281,2**

Genaue Untersuchungen in drei Teilbereichen der entsprechenden TIC-Spur (total ion chromatogram) und Massenspektren haben gezeigt, dass die Verunreinigung M + H = 281,2 sich weiter zu den Verunreinigungen M + H = 237,2 g/mol und M + H = 180,2 g/mol zersetzt. Man muss damit rechnen, dass sich die meisten Verunreinigungen nach oder während der präparativen Trennung und Aufarbeitung (Neutralisierung, Eindampfen, Gefriertrocknung etc.) weiter zersetzen.

Weil man im Regelfall nur über geringe Mengen an den mühsam gewonnenen Verunreinigungen verfügt, ist es sehr ratsam, im Vorfeld nach Ermittlung der optimalen Entstehungs- und Trennbedingungen (analytisch und präparativ) nur einen minimalen Anteil der zu trennenden Lösung für Stabilitätsüberprüfungen zu verwenden. So kann man sich sehr viel Arbeitsaufwand ersparen und die Stabilität der entsprechenden Verunreinigungen bei unterschiedlichen Bedingungen testen. Gegebenenfalls muss man die Trennbedingungen so ändern, dass die Stabilität der Verunreinigung erhalten bleibt, z. B. Trennung unter neutralen oder basischen Bedingungen.

Eine solche Änderung muss nicht immer aufwendig sein und erfolgt stets im ersten Schritt auf der analytischen Säule. Der Aufwand hängt, außer von der Trennmatrix, stark vom Grad der Trennkomplexität der gewünschten Verunreinigung(en) ab. Unter den neuen Trennbedingungen könnten die gewünschten Verbindungen (Verunreinigungen) allerdings mit den zusätzlich vorhandenen Verbindungen koeluieren.

Bei der Übertragung auf die entsprechende präparative Säule muss jeder Handgriff genau „sitzen". Auch eine lebenslange Erfahrung auf dem Gebiet entlastet nicht von der Erarbeitung jeweiliger Erfahrungswerte bezogen auf die gegebene Situation. Man muss immer wieder individuell und spezifisch für jede Aufgabe ein „Gefühl" für das vorliegende Projekt bekommen. Auch wenn hohe strukturelle Ähnlichkeiten mit vorhergehenden Aufgabenstellungen vorliegen, können Verbindungen sich ganz anders verhalten als erwartet.

Manchmal hat man sehr schwer zu behandelnde Trennmatrizes wie z. B. PEG, welches über den gesamten Säulenbereich „schmiert" – und dies unabhängig vom Säulentyp. In solchen Fällen ist es ratsam, im ersten präparativen Reinigungsschritt mit MeOH als organischem Eluenten zu arbeiten, auch wenn die Trennung nicht optimal ausfällt. Als Startbedingung sollte man den höchstmöglichen Anteil an MeOH wählen, bei dem noch die gewünschte Trennung der Verunreinigung stattfindet. Durch diesen Schritt entfernt man mindestens 95 % des störenden PEG und kann im zweiten präparativen Schritt (nach Eindampfen/Gefriertrocknung und Wiederaufnahme in Lösung) mit Acetonitril als organischem Eluenten die nahezu perfekte präparative Trennung erzielen. Eine sehr aufmerksame und saubere Arbeitsweise ist dabei unbedingt notwendig, ebenso die Verwendung von qualitativ hochwertigen „Gradient-grade"-Lösemitteln. Eine Probe sollte in möglichst hohem Wasseranteil gelöst und möglichst konzentriert aufgegeben werden; s. dazu auch die Ausführungen weiter oben. Eine Probe mit guter Wasserlöslichkeit sollte in 100 % Wasser gelöst werden.

**Verunreinigung mit M + H = 237,2**

Die Verunreinigung mit M + H = 237,2 degradiert weiter in die Zersetzungsmassen:

$$M + H = 180,14$$

und

$$M + H = 299,16$$

**Verunreinigung mit M + H = 180,2**

Die Verunreinigung mit M + H = 180,2 degradiert weiter in die Zersetzungsmassen:

$$M + H = 196,15$$

und

$$M + H = 212,16$$

Die weiter unten genannten drei Verunreinigungen konnten durch präparative HPLC-MS-Methoden sauber isoliert und mittels NMR charakterisiert und bestätigt werden.

$$M + H = 281,2 \, g/mol$$
$$M + H = 237,2 \, g/mol$$
$$M + H = 180,2 \, g/mol$$

## 6.3
## Fallbeispiel 2

### 6.3.1
### Oligomerentrennung aus Caprolactam, Mehrkomponententrennung von Verunreinigungen im Grammbereich

Man kann vor der Aufgabe stehen, dass die zu trennende Probe mehrere gewünschte Verunreinigungen enthält und diese zudem in einer relativ niedrigen Konzentration vorliegen.

Im vorliegenden Fallbeispiel handelte es sich um eine Caprolactamprobe, welche direkt einer Produktion entnommen war. Aus der Probe sollten sechs Verunreinigungen in einer Menge von ca. 1 g herausgetrennt werden, wobei der Anteil der Verunreinigungen nur zwischen 0,1 und 0,4 % lag.

Bei den Verunreinigungen handelte es sich um folgende Oligomere:

| | |
|---|---|
| Caprolactamdimer: | M + H = 227,1 g/mol |
| Caprolactamtrimer: | M + H = 340,1 g/mol |
| Caprolactamtetramer: | M + H = 453,2 g/mol |
| Caprolactampentamer: | M + H = 566,3 g/mol |
| Caprolactamhexamer: | M + H = 679,4 g/mol |
| Caprolactamheptamer: | M + H = 792,4 g/mol |

Eine direkte Trennung kann sich in solchen Fällen mit strukturell ähnlichen Verunreinigungen aufgrund von Koelution leicht sehr problematisch gestalten. Zudem werden die Signale der Verunreinigungen durch die hohe Produktkonzentration (Caprolactamhauptkomponente) regelrecht „erschlagen". Eine Synthese der einzelnen Verunreinigungen ist nicht wirtschaftlich.

In solchen Fällen kann sich eine selektive Fällung als sehr vorteilhaft erweisen, bei welcher die Hauptkomponente, das Caprolactammonomer abgereichert wird.

Voraussetzung sind hier viel Fingerspitzengefühl, kreatives Spielen mit unterschiedlichen Lösemittelgemischen, genaue Beobachtung des Probenverhaltens und möglichst intuitives Vorgehen.

Nach drei Tagen intensiven Testens wurde eine ternäre Lösemittelmischung gefunden, welche die Hauptkomponente Caprolactam nahezu vollständig selektiv fällen konnte und die sechs gesuchten Verunreinigungen in Lösung hielt. Die Hauptkomponente wurde vollständig aus der Lösung entfernt.

Die analytische und präparative Methodenentwicklung für die Trennung der sechs Verunreinigungen konnte nach Eindampfen der Lösung erfolgen. Die Übertragung der analytischen Methode auf die präparative Trennung erfolgte reibungslos, nicht zuletzt wegen der hohen Stabilität der Oligomere unter den gewählten Trennbedingungen.

## 6.4
**Fallbeispiel 3**

### 6.4.1
**Herstellung und Isolierung von Bis-Nalbuphin aus Nalbuphin**

Nalbuphin (–)-17-(Cyclobutylmethyl)-4,5$\alpha$-epoxymorphinan-3,6$\alpha$,14-Triol ist ein semisynthetisches Opoid mit schmerzlindernder Wirkung und einer molaren Masse von 357,44 g/mol. Es findet Verwendung in der prä- und postoperativen Behandlung und wird als Hydrochlorid in Injektionslösungen eingesetzt.

Während der Lagerung wurde eine Degradation des Nalbuphins zum entsprechenden 2,2'-Dimer (Bis-Balbuphin) in Spuren beobachtet, welches eine molare Masse von 712,87 g/mol aufweist.

Die Degradation ist das Ergebnis einer Oxidation der phenolischen Gruppe mit anschließender Kondensation zum Dimer (Bis-Nalbuphen). Das Dimer reagiert empfindlich sowohl in sauren als auch neutralen und basischen Lösungen. Lichteinstrahlung über einen längeren Zeitraum sowie Temperaturen über 40 °C führen ebenfalls zur Zersetzung.

Die Aufgabe bestand in der Herstellung und sauberen Isolierung von Bis-Nalbuphin aus Nalbuphin in ausreichender Menge (100–200 mg) für die weitere Verwendung als Referenzstandard. Im ersten Schritt musste eine geeignete oxidative Methode gefunden werden, welche ausreichende Mengen des gewünschten Produktes für die präparative Trennung liefern konnte.

Die relativ trivial anmutende Synthese stellte sich während der Methodenentwicklung als viel komplexer heraus, als zu erwarten war. Die Entstehung des gewünschten Dimers steht im Gleichgewicht mit dem Edukt Nalbuphin, und eine zwanghafte Verschiebung des Gleichgewichts in Richtung Dimerbildung ist gleichzeitig verbunden mit Zersetzungsreaktionen des gewünschten Produktes.

In solchen Fällen kann Zeit eine sehr wichtige Rolle spielen, ähnlich wie bei der Kristallisierung mancher hartnäckiger Verbindungen. Zeitspannen bis zu zwei Wochen oder mehr müssen u. U. hingenommen werden. Voraussetzung ist, dass man die richtigen Synthese- bzw. Entstehungsbedingungen findet. Tägliche Reaktionskontrollen können sehr gute Hinweise über die erfolgreichsten Parameter liefern. Parallelansätze mit Variation von lediglich einem Parameter führen zu einer wesentlichen Zeitverkürzung bei der Findung der optimalen Methode.

Sehr gut geeignet für solche (und andere) Parallelansätze sind 10 mL-Mikrowellenvials von Biotage, versehen mit druckstabilen Sicherheitskappen und PTFE-Septum, in Aluminiumblöcken mit entsprechenden Kavitäten (Genevac-Blöcke). In solchen Vials kann man sehr gut auch unter Druck, Temperatur als auch Inertgas bei Beachtung der nötigen Vorsichtsmaßnahmen arbeiten.

Für die analytischen Reaktionskontrollen und die Methodenentwicklung kamen im vorliegenden Fall die Waters-Säulen Atlantis 3 µm, 100 mm und XSelect CSH 3,5 µm, 100 mm zum Einsatz.

Der Säulenwechsel führte zur Edukt-Produkt-Inversion bezüglich Retention; ein Phänomen, welches auch im Falle einer pH-Änderung bei der identischen Säule vorkommen kann.

Eine genaue Voraussage darüber, welche Säule sich in diesem Fall am besten eignet, kann man nicht treffen. Testen unterschiedlicher Säulen und Eluentengradienten ist fast immer die beste Möglichkeit zur Findung der optimalen Bedingungen, weil die Verbindungen sich meistens anders verhalten als erwartet.

Nalbuphine_Meth.2 ist eine optimierte oxidative Synthesemethode mit einer Inkubationszeit von einer Woche bei Raumtemperatur, s. Abb. 6.4. Für die Optimierung der Methode wurde ebenfalls eine Woche benötigt.

In allen Chromatogrammen spielt die ELS-Detektion eine wichtige Rolle für die Wahrnehmung der Edukt-Produkt-Verhältnisse, s. Abb. 6.4.

Nach kurzer Aufarbeitung der Reaktionslösung (Filtration, Kaltemidampfen und erneute Aufnahme in Wasser/MeOH) erfolgte die präparative Trennung mit MeOH und einem Zusatz von 0,05 % Ameisensäure im Wasser.

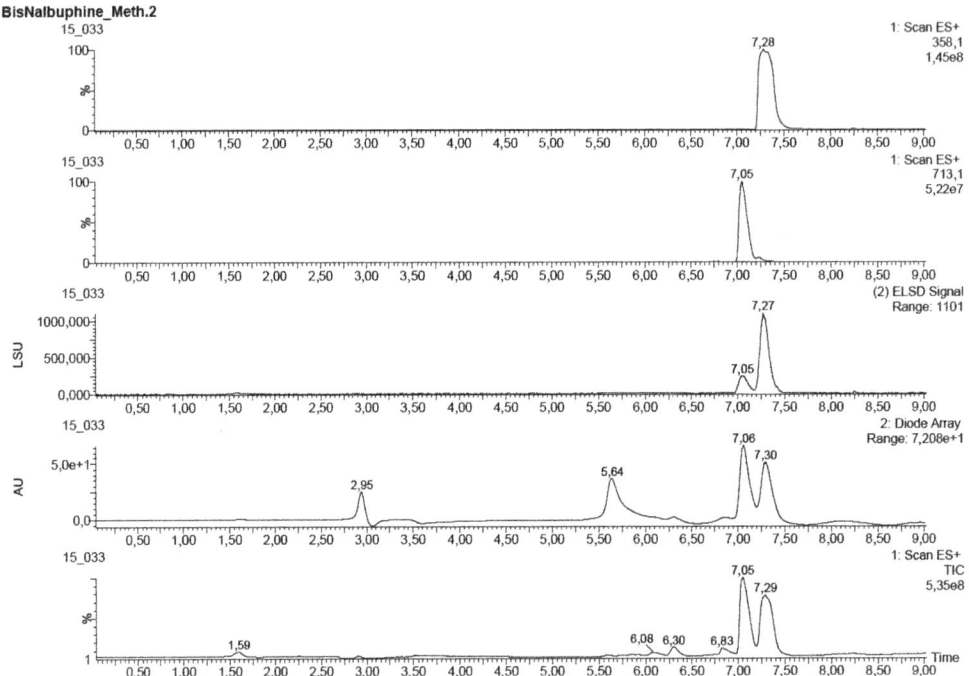

**Abb. 6.4** Chromatogramm einer Komponente nach optimierter Synthese; vgl. die Chromatogramme an den drei Detektoren (DAD, ELSD, MS-TIC). Reproduziert mit freundlicher Genehmigung von MCC.

Die präparativ getrennten Fraktionen wurden sofort tiefgefroren, um einer Degradation vorzubeugen, bis sich die gesamte zu reinigende Reaktionslösung verbraucht hat.

Die Gefriertrocknung erfolgte nach Zusammenführung aller Produktfraktionen.

Meistens kommt es zu Fehleinschätzungen bezüglich des Zeitaufwandes und Ressourceneinsatzes, wenn es sich um die saubere Herstellung von wenig bekannten Verbindungen (meistens Verunreinigungen) handelt. Die wichtigsten Aspekte sind:

- die Stabilität der gewünschten Verbindung, zu welcher es selten genaue Angaben und Literatur gibt;
- die Verbindung zeigt ein völlig anderes Stabilitätsverhalten im analytischen Lauf als im präparativen. Auch nach mühsamer Optimierung von Reaktion und Analytik können noch immer bei der Übertragung auf die präparative Reinigungsmethode, selbst unter identischen Bedingungen unangenehme Überraschungen auftreten.

Wenn veränderte Bedingungen angewendet werden müssen, sind eventuell andere präparative Säulen nötig, welche u. U. teuer eingekauft werden müssen.

## 6.5
**Fallbeispiel 4**

### 6.5.1
**Isolierung und Aufklärung von Dopaminverunreinigungen**

Dopamin (MW = 153,2) ist ein Neurotransmitter aus der Gruppe der Katecholamine und wird u. a. zur Behandlung der Parkinson-Krankheit verwendet. Es wird hauptsächlich intravenös in Form von wässriger Dopaminhydrochloridlösung verabreicht.

Während der Lagerung von Dopaminhydrochloridlösung sind drei Verunreinigungen in Konzentrationen zwischen 0,2–0,5 % aufgefallen, welche es zu isolieren und aufzuklären galt, s. Abb. 6.5. Im ersten Schritt, nach Optimierung der analytischen Methode, konnten die drei Verunreinigungen mit unterschiedlichen Säulen gut aufgetrennt werden. Es folgte die Entnahme von 3 × 2 mL Rohlösung für Stabilitätsuntersuchungen der drei Verunreinigungen unter sauren (pH = 3), basischen (pH = 10) und neutralen Bedingungen bei 40 °C sowie anschließend die Aufkonzentrierung der ursprünglichen Lösung mittels Gefriertrocknung. Nach Filtration über einen 0,45- und 0,2 μm-Spritzenfilter wurde die konzentrierte, klare Lösung für die präparative Trennung vorbereitet.

Es galt wie in allen Fällen, die zu trennende Lösung so konzentriert wie möglich aufzugeben. Gleichzeitig sollte die maximale Trennkapazität der präparativen Säule für das vorliegende Projekt getestet werden, um möglichst viel an Verunreinigungen pro Zeiteinheit trennen zu können.

Die Massen der präparativ isolierten Verunreinigungen sind:

a) M + H = 327,29 g/mol
b) M + H = 327,29 g/mol
c) M + H = 309,27 g/mol

Es war sehr wichtig, so viel Informationen wie möglich über die Herstellungsmethode, die verwendeten Edukte bzw. Reagenzien sowie über die galenischen Zusatzstoffe zu erhalten. Manche der galenischen Zusatzstoffe werden auch zur Stabilisierung der Lösung bzw. des Wirkstoffs verwendet. Verunreinigungen können mit der Zeit entstehen aufgrund von Zersetzungsprozessen des Wirkstoffs, katalysiert durch die Lagerungsbedingungen, die Lagerungsform und die Zusatzstoffe oder auch durch Interaktionen mit den Zusatzstoffen.

In diesem spezifischen Fall konnte festgestellt werden, dass der Wirkstoff Dopamin mit dem Zusatzstoff Zitronensäure unter Amidbildung zu den beiden Regioisomeren (Positions- oder Stellungsisomere, Verunreinigung 1 und 2) reagiert hat. Beide können durch Zyklisierung zum Imid (Verunreinigung 3) weiterreagieren. Die genaue Struktur der drei Reaktionsprodukte konnte durch NMR-Untersuchungen aufgeklärt werden.

Die Information, dass Zitronensäure als Stabilisatorzusatz in der wässrigen Dopaminhydrochloridlösung verwendet wurde, war sehr hilfreich für die Aufstel-

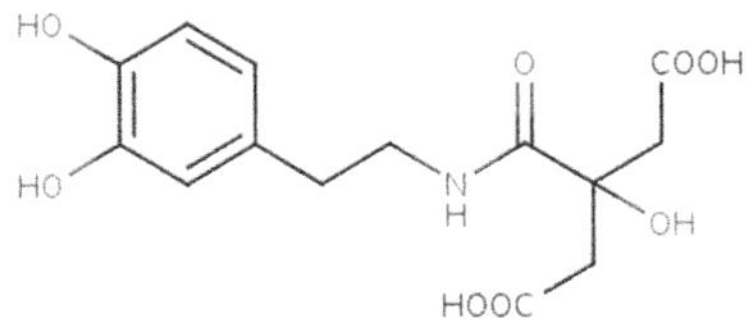

Dopamin-Verunreinigung 1; MW = 327,2

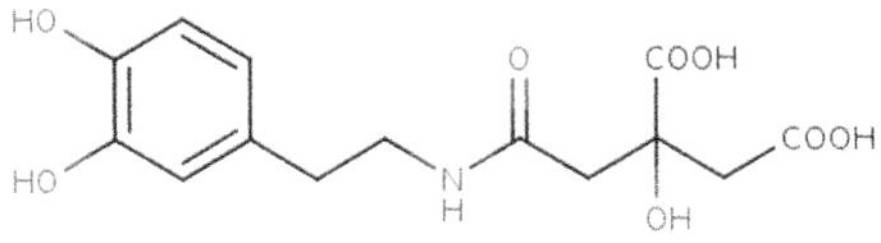

Dopamin-Verunreinigung 2; MW = 327,2

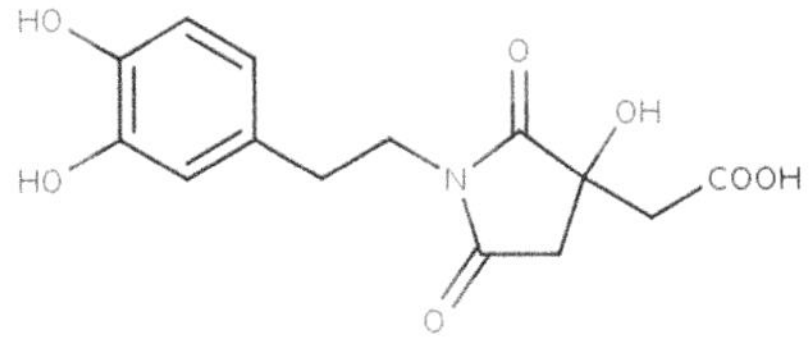

Dopamin-Verunreinigung 3; MW = 309,2

**Abb. 6.5** Strukturen der Dopaminverunreinigungen. Reproduziert mit freundlicher Genehmigung von MCC.

lung von potenziellen Strukturbeispielen (Strukturvorschlägen) anhand der detektierten Massen und Fragmente.

Um die austauschbaren Protonen in den Verunreinigungen gut beobachten zu können, ist es empfehlenswert die NMR-Messungen in DMSO_d6 durchzuführen. Verdünnt man die Probe anschließend mit der dreifachen Menge Wasser, lässt sich DMSO_d6 mittels Gefriertrocknung vollständig entfernen und die Verunreinigung als Feststoff fast vollständig wiedergewinnen. Dieses Verfahren funktioniert natürlich nicht bei wasserdampfflüchtigen Verbindungen.

# 7
# LC-MS aus Sicht eines Wartungsingenieurs
*O. Müller*

## 7.1
### Einleitung und historischer Abriss

In diesem Beitrag geht es um die tägliche Arbeit mit einem LC-Massenspektrometer. Vor ca. 20–25 Jahren wurden bereits GC-MS in der Routine eingesetzt. Ein LC-MS war noch etwas ungewohnt Neues, obschon bereits in den 1970er-Jahren Versuche unternommen wurden, LC mit MS zu koppeln [1]. Erst Ende der 1980er-Jahre gab es die ersten für Routineanwendungen nutzbaren Geräte. Die Schwierigkeit bestand immer darin, Ionen in die Gasphase zu überführen und im Analysator bei einem Druck von einigen Millionstel Millibar zu messen. Wenn man sich vor Augen hält, dass ein Mol Wasser mit 18 g ein Volumen von 22,4 L unter Atmosphärendruck erzeugt, dann kann man sich vorstellen wie sich dieses Volumen bei einem Druck im Analysatorvakuum ausdehnt. Kleinste Tröpfchen Flüssigkeit würden bei der Verdampfung im Hochvakuum den Druck enorm ansteigen lassen. Theoretisch betrachtet wäre in diesem Fall die Transmission unmöglich. LC-MS-Entwickler gingen früher immer davon aus, dass die freie Weglänge, die ein Ion im Vakuum fliegt, ausreichend groß sein muss, um unbeschadet am Detektor anzukommen. Die Länge des Ionenpfads kann hierbei 1 m und mehr betragen. Aufgrund dieser Ansicht waren die Eintrittsöffnungen mit < 0,1 mm sehr klein bemessen. Erst später zeigte sich in Versuchen, dass Ionen unter bestimmten Bedingungen auch sehr gut in einem höheren Druckbereich transmittiert werden [2]. Diese Entdeckung führte zu differenziell gepumpten Vorkammern und der Möglichkeit, große Einlassquerschnitte zu verwenden. Viele Verbesserungen über die letzten Gerätegenerationen beruhen auf Änderungen an diesen Baugruppen. Früher reichte vielfach ein einfacher Hexapol aus – heute verwendet man vorwiegend einen Stapel scheibenförmiger Linsen, die von einer Elektronik gesteuert werden. Diese kann z. B. einen DC-Puls mit 0,1–10 V hinzufügen, der zeitversetzt von Scheibe zu Scheibe springt und die Ionen wie ein Förderband aus der Zelle schiebt. Es ist auch möglich, die Ionen an einer Stelle zu sammeln und synchronisiert mit dem scannenden Quadrupol auszustoßen.

*Das HPLC-MS-Buch für Anwender*, 1. Auflage. Stavros Kromidas (Hrsg.).
© 2017 WILEY-VCH Verlag GmbH & Co. KGaA. Published 2017 by WILEY-VCH Verlag GmbH & Co. KGaA.

## 7.2
**Spraytechniken**

In den Anfängen der LC-MS-Technik sprühte man die mobile Phase auf ein Band oder eine Scheibe. Diese drehte sich über eine beheizte Stelle, wo die Flüssigkeit verdampfte. Darüber befand sich eine kleine Einlassöffnung. Heute findet die Verdampfung der Flüssigkeit in einer separaten Sprühkammer statt, die dem MS-Eingang vorgeschaltet ist. Eine Weiterentwicklung war das Thermospray. Die mobile Phase wird mit heißem Stickstoff verdampft. Eine deutliche Verbesserung brachte das Elektrospray. Hier wird ein konstantes elektrisches Potenzial zwischen Kapillare und Ioneneinlass angelegt. Wie das Potenzial angelegt wird, ist verschieden. Bei Agilent-Geräten sind der Sprayer geerdet und der Spraykäfig und der Ioneneinlass geladen. Andersherum ist es bei Waters-Geräten. Hier ist die Kapillare im Sprayer geladen, und der Ioneneingang hat eine vergleichsweise geringe Cone-Spannung. Bei der Variante der geladenen Kapillare kommt es gelegentlich vor, dass durch die Leitfähigkeit der mobilen Phase eine Spannung zurückläuft. Es besteht die Gefahr, dass man einen elektrischen Schlag bekommt. Aus diesem Grund ist in der Sprayprobe ein Widerstand mit ca. 30 MΩ verbaut. Berührt man aus Versehen die geladene Sprayprobe, fällt ein Großteil der Spannung über diesen Widerstand ab. In der Nähe der Ionenquelle sind Kontaktklemmen zur Erdung angebracht. Alle Ionenquellen haben aus Sicherheitsgründen mechanische oder berührungslose Schalter, die alle Hochspannungen ausschalten, wenn man das Quellengehäuse öffnet.

Beim Elektrospray laden sich durch die angelegte Spannung die Tröpfchen auf und schrumpfen durch die Verdampfung des Lösungsmittels mit heißem Stickstoff. Die Anzahl Ladungen im Tröpfchen bleibt jedoch gleich. Das System versucht die Ladungen wieder auf Abstand zu halten, was durch eine Vergrößerung der Oberfläche geschieht. Aus einem Tröpfchen werden zwei kleinere, und diese teilen sich weiter. Es gelangen dadurch deutlich mehr Ionen in die Gasphase. Elektrospray eignet sich für Moleküle, die bereits als Ion in Lösung vorliegen. Sind die Moleküle unpolar, kann man diese mit der APCI-Technik ionisieren. Hierbei fließt ein konstanter Strom über eine Nadel. An der Spitze findet eine Koronaentladung statt, die Gas- und Lösungsmittelmoleküle ionisiert. Diese übertragen dann ihre Ladung auf die Analytmoleküle. Allen API-Techniken ist es zumindest gemeinsam, dass die mobile Phase durch eine Kapillare austritt und mit kaltem Stickstoff pneumatisch versprüht wird. Dieses ist wichtig, da sonst die mobile Phase in der Kapillare sieden könnte. Dem kalten Spray fügt man von außen einen beheizten Stickstoffstrom bei. Es ist darauf zu achten, dass alle Dichtungen in diesem Bereich gut abdichten und die Kapillare ca. 0,5–1,0 mm aus der Sprayerspitze herausguckt. Einige Quellen ermöglichen die Justierung des Sprayers in mehreren Richtungen. Bei der Erhöhung des HPLC-Flusses ist der Sprayer weiter weg vom Einlass zu positionieren. Wenn die Sprührichtung direkt auf den Einlass gerichtet wird, nimmt das Messsignal zu, doch die Verschmutzung gleichermaßen.

Die mobile Phase wird unter Atmosphärendruck versprüht. Überschüssiges Spray gelangt durch Öffnungen in eine Kondensatsammelflasche und von dort zum Abzug. Bei einigen SCIEX-Geräten gibt es eine Besonderheit: Dort wird mit einer Venturi-Röhre überschüssiges Gas aus der Quelle abgesaugt. Allen Geräten ist gemeinsam, dass nur ein kleiner Teil des Sprays ins MS gelangt (ca. 5–10 %). Die Größe der Eintrittsöffnung bestimmt die angesaugte Gasmenge. Bei einem MS mit Z-Spray-Quelle und einer sample cone von 0,36 mm-Bohrung wurde am Ausgang der Ölpumpe eine Gasmenge von ca. 40 L/h gemessen.

## 7.3
## Durchgang durch den Ionenpfad

Die Ionen werden durch ein Potenzial- sowie Druckgefälle weiter zum Analysator geleitet. Im Eingangsbereich wird den Ionen Stickstoff entgegengeblasen um solvent cluster zu entfernen. Der Ioneneinlass hat immer die gleiche Polarität wie das zu messende Ion und stößt die Ionen ab. Das mag zunächst paradox klingen, doch wenn es andersherum wäre, würden die Ionen von den Oberflächen angezogen und wären für die Analyse verloren. Wenn die Ionen erst einmal eingesaugt sind, werden sie durch die abstoßende Wirkung zu einem Strahl gebündelt. Dies erklärt auch einen bekannten Effekt, den man bei vielen Ionenquellen beobachtet: Erhöht man die Spannung am Einlass, fragmentieren die Ionen. Hierbei werden sie zur Mitte des Durchgangs gestoßen und kollidieren mit anderen Molekülen. Die Bedingungen sind ähnlich wie in einer Kollisionszelle. Der Aufbau des Ioneneinlasses ist bei Herstellern aus patentrechtlichen Gründen verschieden. Generell saugt das MS das Spray über einen Konus oder Kapillare an. Danach folgen weitere konische Linsen, sogenannte Skimmer. Diese separieren Ionen von nicht geladenen Molekülen. Skimmer werden mit Gleichspannung aufgeladen. Sie lassen die Ionen passieren und leiten ungeladene Moleküle Richtung Vorpumpe ab. Der Weg führt weiter über eine Ionenbrücke in die nächste Kammer. Die Ionenbrücke befindet sich meistens in der Nähe der ersten Turbomolekularpumpe. Diese ist je nach Bauart ein Quadru-, Hexa-, Oktapol oder lens stack. Die Stäbe bzw. Scheiben werden mit einer Radiofrequenz zwischen 0,8 und 2 MHz betrieben. Die Amplitudenhöhe erhöht sich mit der zu scannenden Masse und liegt zwischen 50–500 V. Wenn Ionen durch Kollisionen an Geschwindigkeit verlieren, kann eine zusätzliche Gleichspannung diese beschleunigen. Die Aufgabe dieser Brücke ist es, die geladen Ionen vom restlichen Gas zu separieren und Richtung Analysator weiterzuleiten. Hinter der Ionenbrücke folgt meistens eine Öffnung, die als Restriktor wirkt und die Vakuumbereiche voneinander trennt. Bei Waters-Geräten ist das eine Kappe mit einem Loch. Diese Kappe ist dort immer mit einem Federkontakt geerdet. Im Quattro Premier verwendet man hier einen elektrisch leitfähigen O-Ring.

## 7.4
**Der Analysator**

Im nächsten Schritt schauen wir uns den Analysator an. Hier befinden sich die Quadrupole, Kollisionszellen und der Detektor. Die Ionen aus der Ionenbrücke fliegen in den ersten Quadrupol hinein. Die Triebkraft war hier das Druck- und Potenzialgefälle. Da es im Analysator nur einen Druckbereich gibt, kann hier kein Druckgefälle zur Transmission beitragen. Wie bei der Ionenbrücke lassen sich die Ionen mit einer DC-Spannung beschleunigen. Quadrupole arbeiten mit einer Frequenz von 0,8–1,2 MHz. Die Amplitude steigt bei einem Scan mit der aufzulösenden Masse linear an und beträgt ca. 6 kV Peak-to-Peak bei 2000 $m/z$. Ein Quadrupolpaar bekommt eine positive und das andere eine negative auflösende DC-Spannung zugeordnet. Diese beträgt ca. 1/12 der RF-Peak-to-Peak-Spannung. Alle Geräte haben die Möglichkeit, diese Quadrupolpolarität per Software oder auf der Platine umzuschalten. Das kann hilfreich sein, wenn eines der Stabpaare verschmutzt ist und man mit dem anderen bessere Signale erhält.

Ionen lassen sich im Quadrupol beschleunigen, wenn man die DC-Spannung in beiden Polaritäten um (0,5–2 V) verringert. Dieser Parameter wird auch als Ionenenergie bezeichnet. Ein Quadrupol, der nur mit reiner RF-Spannung betrieben wird, arbeitet wie eine Ionenbrücke und leitet Ionen über einen weiten Bereich durch. Hierzu ein kleines Beispiel: Nehmen wir einmal an, ein Quadrupol filtert eine Masse von 500 $m/z$, und wir setzen den DC-Spannungsanteil auf null. Dann würde sich der Transmissionsbereich auf 80–500 % erweitern. Es könnten Massen zwischen 400–2500 $m/z$ durchgeleitet werden. Diese Eigenschaft macht man sich bei QTOF-Geräten zunutze, um gewisse Intensitäten in einem Spektrum zu beeinflussen.

Den Quadrupolen wird oft ein kleiner Quadrupol, ein sogenannter Prefilter vorgeschaltet. Dieser wird mit einer kleinen auflösenden DC-Spannung von 5–10 V beaufschlagt und lässt einen Bereich von einigen Hundert Dalton passieren. Ein Großteil aller Ionen wird gefiltert und gelangt nicht mehr zum Quadrupol. Dadurch wird einer frühzeitigen Kontamination der Quadrupolstäbe vorgebeugt. In MS/MS-Geräten folgt nach dem ersten Quadrupol die Kollisionszelle. Diese ist ein mit Inertgas gefüllter Behälter, der von jeder Seite mit einer Scheibe (entrance/exit) verschlossen ist. In der Scheibe befindet sich ein kleines Loch mit ca. 2–3 mm Durchmesser, durch das der Ionenstrahl geht. Im Inneren der Zelle befindet sich eine Ionenbrücke. An den Stäben bzw. Scheiben wird eine Gleichspannung angelegt, die dafür sorgt, dass die Ionen aus ihrer Flugbahn auslenken. Wenn die angelegte RF-Spannung gegenüber der Kollisionsspannung größer ist, dann bewegen sich die Ionen wieder Richtung Zellmitte. Hierbei kollidieren sie mit dem Inertgas und zerbrechen in kleinere Ionen. Durch den Gasdruck von ca. $3 \times 10^{-3}$ mbar verlangsamen sich die Ionen. Damit diese nicht stecken bleiben, wird oft ein Potenzialgefälle zwischen Entrance- und Exit-Platte angelegt, welche die Ionen beschleunigt. Es gibt auch Zellen bei denen die Stäbe konisch zum Ausgang hin angeordnet sind. Diese nennt man linear beschleunigende Zelle (SCIEX LINAC). Diese Beschleunigung funktioniert natürlich immer, unabhängig ob sich

Gas in der Zelle befindet oder nicht. Wenn man hier mit dem zweiten Quadrupol ein Spektrum aufnehmen möchte, muss man immer einen minimalen Gasdruck zur Dämpfung in der Zelle haben, sonst fliegen die Ionen einfach viel zu schnell in den Quadrupol, und die Spektren sind schlecht aufgelöst. Gerade bei den Kollisionszellen hat sich in den letzten Jahren viel getan. Mit der Verwendung von Säulen mit kleinen Partikelgrößen werden die Peaks immer schmäler und die Zeit, die zur Messung zur Verfügung steht, kürzer. Mittlerweile sind Messzeiten von < 10 ms pro Kanal möglich. Ältere Geräte mit einfachen Zellen benötigen mindestens 50 ms pro Kanal. In der Praxis funktioniert dann alles gut, solange das Gerät perfekt arbeitet. Eine kleine Störung kann aber schon dazu führen, dass sich die Reproduzierbarkeit verschlechtert. Oft sind dann nur einige Analyte in einer Methode betroffen. Das macht es sehr schwer, die genaue Ursache zu finden, da von der elektronischen Seite kein Fehler feststellbar ist. In diesem Fall könnte man die Verweildauer der betroffenen Kanäle erhöhen, den Kollisionszelldruck oder die Spannungen an der Entrance-/Exit-Platte verändern. Manchmal wird das Ergebnis wieder besser, wenn am zweiten Quadrupol die Ionenenergie etwas erhöht wird. Die Ursache kann aber auch auf der LC-Seite liegen. Aus diesem Grund nimmt man einfach eine Spritzenpumpe und injiziert einen Standardmix direkt. Wenn die Kanäle gerade Linien ohne Einbrüche ergeben, ist das MS o. k., und es liegt eine andere Ursache vor.

Die Detektion der Ionen erfolgt durch Aufprall an einer entgegengesetzt geladenen Dynode, die bis zu 10 kV aufgeladen ist. Elektronen werden aus der polierten Metalloberfläche herausgeschlagen und bei einigen Detektoren durch eine Ringelektrode fokussiert. Als Detektor eignet sich ein Elektronenmultiplier oder ein Konversionsdetektor. Bei der Konversion werden die Elektronen auf einen positiv geladenen Phosphorschirm geleitet und der entstehende Lichtblitz von einem Fotomultiplier gemessen.

## 7.5
## Wartung

Wir wollen uns nun mit den Auswirkungen von Verschmutzungen während des Messbetriebs befassen. Im Gegensatz zu einer HPLC ist ein MS ein Gerät, welches während des Betriebs verschmutzt. Die im Spray enthaltenen Moleküle schlagen sich auf den Oberflächen nieder. Wenn man eine sehr hochkonzentrierte Lösung über einen längeren Zeitraum versprüht, dann ist das Gerät für kleine Konzentrationen „blind". Im Laufe von ein paar Stunden baut sich der chemische Background langsam wieder ab. Aus diesem Grund sind die Interfaces beheizt. Durch die Hitze reinigen sich die Oberflächen selbständig. Anorganische Salze, z. B. Phosphatpuffer, lassen sich nur durch manuelle Reinigung entfernen und sollten in LC-MS-Applikationen nicht verwendet werden. Wenn die Verschmutzung zu stark wird, können sich die Oberflächen elektrostatisch aufladen und den Ionenstrahl ablenken. Diesen Effekt nennt man charging, er ist immer mit einer Signalerniedrigung bzw. einem Signalverlust verbunden. Man kann ihn daran erkennen, dass sich das Signal kurzzeitig verbessert, wenn man die ESI-Polarität wechselt. Hierbei wird der Schmutz entladen. In diesem Fall hilft nur eins: Putzen! Anhand der rein äußerlich sichtbaren Verschmutzung kann man nicht unbedingt auf charging schließen. Manchmal funktioniert ein MS noch bestens, trotz deutlich sichtbarer Verschmutzung. Metallisch glänzende Oberflächen können auch charging hervorrufen. Hierzu möchte ich zwei Beispiele geben.

Im ersten Fall wurde ein frisch gewartetes MS mit NaI-CsI-Lösung kalibriert und anschließend für eine Woche stillgelegt. Nach Wiederinbetriebnahme war kein Signal vorhanden. Nach Reinigung der sample cone wurde die volle Empfindlichkeit wiederhergestellt.

Im zweiten Fall wurde bei einer Routinewartung ein Hexapol in einen Messzylinder aus Kunststoff getan und mit Methanol im Ultraschallbad gereinigt. Nach dem Einbau war das Signal um den Faktor 1000 schwächer. Vermutlich haben sich Bestandteile aus dem Kunststoff gelöst und auf den Stäben niedergeschlagen. Selbst eine weitere Reinigung in einem Becherglas mit frischem Methanol/Acetonitril brachte keine Verbesserung. Die Stäbe mussten ausgebaut und mit Mikroschleifpapier geschliffen werden. Die Oberfläche wurde dann mit einem in Methanol getränkten Wattebausch gereinigt. Es kann vorkommen, dass ein MS nach der Wartung eine geringere Empfindlichkeit hat und sich erst nach einiger Zeit das Signal verbessert. Bauteile „backen" im Vakuum aus, wobei anhaftende Moleküle abdampfen. Es wird immer wieder gefragt, wie man Bauteile reinigt, denn davon hängt die Performance der Maschine ab. Hierbei sollte man folgende Strategien anwenden.

a) Verschmutzte Bauteile aus Edelstahl reinigt man mechanisch vor, indem man sich eine Suspension aus feinem Aluminiumoxidpulver in Wasser herstellt und mit einem Wattestäbchen reibt. Wenn kein $Al_2O_3$-Pulver zur Verfügung steht, kann auch ein Edelstahlreiniger wie Stahlfix verwendet werden. Anschließend wird unter warmem fließendem Leitungswasser gründlich nachgewaschen und mit einem trockenen Wattestäbchen auf Rückstände geprüft. Sollte sich die Watte grau/schwarz färben ist noch nicht ausreichend gespült worden.

Vorsicht! Vergoldete sogenannte inerte Oberflächen sind sehr empfindlich. Hier ist eine mechanische Reinigung nur sehr vorsichtig auszuführen. Die Goldschicht ist oft nur wenige Mikrometer dick und reibt sich leicht ab. Aus diesem Grund an einer unkritischen Stelle ausprobieren, wo der Ionenstrahl nicht direkt durchgeht. Einfach ein Wattestäbchen mit Methanol befeuchten und leicht aufdrücken.

Eine weitere Möglichkeit, diese empfindlichen Bauteile zu reinigen, ist die Verwendung eines Heißdampfreinigers. Diese Geräte gibt es für kleines Geld im Fachhandel. Wenn man immer wieder Probleme mit charging an bestimmten Linsen/Skimmern hat, kann man diese mit einem feinen Schleifpapier, Edelstahlwolle oder einem Glasfaserstift leicht aufrauen. Die Entrance- und Exit-Platten von Kollisionszellen werden von einigen Herstellern in dieser Weise vorbehandelt.

Hinweis: Die Stäbe der Hexapole und Kollisionszellen von älteren Waters-Geräten bestehen aus Edelstahl. Sie können ausgebaut und mit Mikroschleifpapier (Scotch 3M 12 Micron Lapping Film, www.Schleifartikel.com) geschliffen werden. Beim Zusammenbau können die Stäbe in beliebiger Reihenfolge montiert werden.

b) Nach der mechanischen Vorreinigung erfolgt eine chemische Reinigung. Bauteile aus Edelstahl oder PEEK überstehen eine Behandlung in 5 % wässriger Ameisensäure unbeschadet. Ist an dem Bauteil eine elektronische Platine, welche nicht demontiert werden kann, wird eine schwächere 1 % wässrige Lösung angewendet. Die Zugabe von fünf Tropfen Spülmittelkonzentrat pro Liter erhöht den Reinigungseffekt. Der Vorteil der Ameisensäure ist, dass sie reduzierend auf oxidierte (angelaufene) Metalloberflächen wirkt und keine Rückstande hinterlässt.

Andere Verunreinigungen werden von alkalischen Reinigern bestens entfernt. In der Praxis ist Mucasol Universalreiniger ein erprobtes Mittel. Dieses ist ein Reinigungskonzentrat, welches als 1 % wässrige Lösung angewendet wird. Zu dieser Gruppe zählen auch spezielle Reinigungsflüssigkeiten wie die Waters MS Cleaning Solution 186006846. Nach einer Behandlung spült man die Bauteile gründlich mit destilliertem Wasser ab.

c) Wenn ein Ultraschallbad verwendet wird, ist darauf zu achten, dass alle Bauteile vollständig in der Flüssigkeit untertauchen und frei im Gefäß hängen. Zur Befestigung kann man alte Edelstahlkapillaren verwenden. Besonders empfindlich sind Oktapole aus Agilent-Geräten. Die feinen Lötstellen könnten sich durch eine längere Ultraschallbehandlung lösen. Statt der Ultraschallbehandlung diese Bauteile für eine halbe Stunde in ein Becherglas mit Mucasol-Lösung baden und anschließend mit Heißdampf reinigen.

d) Damit die Bauteile frei von weiteren Verunreinigungen sind, wird abschließend eine Mischung aus Methanol/Acetonitril 1 : 2 verwendet. Reste dieser Lösungsmittelmischung lassen sich gut abblasen, ohne Laufnasen zurückzulassen. Die trockenen Bauteile legt man auf ein fusselfreies Tuch oder Alufolie und überdeckt diese zum Schutz vor Staubpartikeln. Vor dem Einbau sollten die Bauteile nochmal abgeblasen werden. Je nach Bauart und der verwendeten Materialien können Teile des Ionenpfads auch in Aceton oder Isopropanol gereinigt werden. Vorsicht ist geboten, wenn an dem Bauteil eine elektronische Platine hängt oder dieses verklebt ist. In diesem Fall kein Aceton verwenden, nur Isopropanol!

Die Abb. 7.1–7.4 zeigen Beispiele für starke Verschmutzungen.

Anwender fragen immer, wie man einen Quadrupol reinigt. Allgemein ist bekannt, dass es sich hierbei um ein äußerst sensibles Bauteil handelt. Die Quadrupolstäbe haben eine sehr hohe Oberflächengüte und sind präzise ausgerichtet. Ein Haar oder Fingerabdruck kann zu einer Fehlfunktion führen. Grundsätzlich sollte man mit diesem Bauteil sehr vorsichtig umgehen. Es ist untersagt, die Schrauben, mit denen die Stäbe befestigt sind, zu lösen oder das Bauteil zu zerlegen.

Nach einigen Jahren Betrieb sieht man an einem Stabpaar dunkle tropfenförmige Schatten. Diese Verunreinigung nennt man ionburn (Abb. 7.5).

**Abb. 7.1** Micromass Quattro Ultima Pt, Verschmutzung nach dem ersten Ionentunnel.

**Abb. 7.2** Micromass Quattro Ultima Pt, Verschmutzung nach dem zweiten Ionentunnel.

Hierbei handelt es sich um Rückstände vom Ionenstrahl, die sich elektrisch aufladen können und Störungen verursachen. Man kann diese Flecken oft ganz einfach mit einem in Methanol getränkten Wattestäbchen entfernen. Die Materialien, aus denen ein Quadrupol besteht, sind verschieden. Er kann z. B. aus Quarz

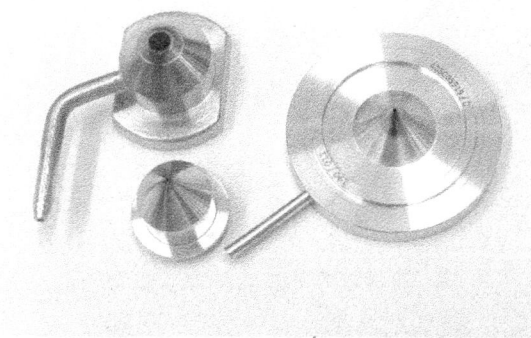

**Abb. 7.3** Schwarze Schatten zeigen Verschmutzungen an Komponenten des Ionenblocks.

**Abb. 7.4** Micromass Quattro Premier XE, extrem korrodierte Ionenquelle.

oder Keramik bestehen, welche mit einem dünnen Goldfilm überzogen ist. Weitverbreitet ist auch die Verwendung eines speziell mit Molybdän legierten Edelstahls. Sollten die Rückstände tiefer ins Metall eingebrannt sein, kann man diese Stellen mit Diamantpaste polieren.

Als Hilfsmittel zur Reinigung der empfindlichen Oberflächen verwendet man Schaumstoffsticks (foamtips), die auch zur Reinigung von Elektronikbauteilen verwendet werden. Diese befeuchtet man leicht mit Lösungsmittel. Ist der Quadrupol sehr verdreckt, ist es ggf. notwendig, diesen komplett in einer Reinigungsflüssigkeit einzutauchen. Falls sich noch elektronische Bauteile wie Kondensatoren oder Widerstände am Quadrupol befinden, sind diese vorher zu demontieren. Den Quadrupol badet man für 30 min in einer warmen Mucasol-Lösung, wäscht mit destilliertem Wasser und taucht Ihn dann für 15 min in Methanol/Acetonitril 1 : 2. In der Regel übersteht ein Quadrupol die Behandlung in einem Ultraschallbad. Trotzdem sollte man sehr vorsichtig sein und diese Behandlung nur als allerletzte Maßnahme in Betracht ziehen. Es ist nicht auszuschließen, dass sich

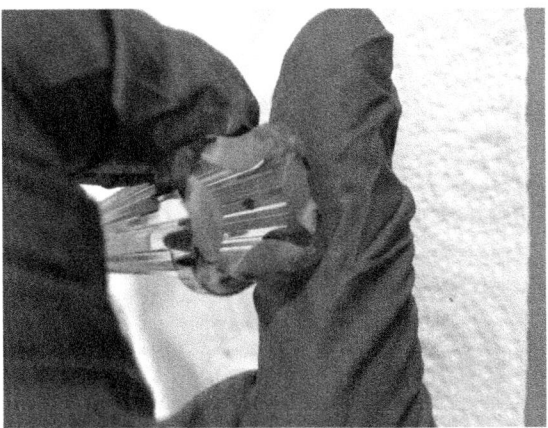

**Abb. 7.5** Agilent MSD, ionburn auf einem hyperbolisch geformten Quarzquadrupol.

Beschichtungen lösen oder Schrauben lockern. Die Stäbe sollten bei allen Reinigungsarbeiten nicht am Boden oder an Seitenwänden von Reinigungsgefäßen anstoßen. Während der Arbeiten sind Handschuhe zu tragen. Der Arbeitsplatz sollte sauber und aufgeräumt sein. Wenn man diese Grundregeln beachtet, kann man sich an die Reinigung wagen.

Hinweis: Beim Einbau des Quadrupols sollten die Anschlussdrähte einen Mindestabstand von 10 mm zu anderen Bauteilen haben. Wurde die Verlegung der Drähte geändert oder der Radiofrequenzgenerator starken Erschütterungen ausgesetzt, kann es ggf. erforderlich sein die Abstimmung des Quadrupol-RF-Systems zu prüfen. Diese Prozedur wird auch Optimierung der RF-Resonanz oder RF dip genannt. Ist der Schwingkreis verstellt, könnte sich der RF-Generator durch Überhitzung abschalten. Ein Symptom wäre, dass ab einem bestimmten m/z-Wert das Spektrum wie abgeschnitten erscheint. Die zur Transmission notwendige Hochspannung wäre dann unzureichend. Bei Waters-Geräten arbeitet der Quadrupol mit einer konstanten Frequenz. Durch das Alignment wird der Schwingkreis, bestehend aus Verstärker, Spule und Kapazität des Quadrupols optimiert. Hierzu befindet sich in der Spule des RF-Generators eine Gewindestange mit verschiebbaren Metallplatten. Bei Agilent-Geräten wird der Schwingkreis über die Änderung der Quadrupolfrequenz abgestimmt.

Nach dem Einbau des gereinigten Quadrupols prüft man die spektrale Auflösung und Signalstärke. Sind die Isotopenmuster gut aufgelöst und die Massenpeaks symmetrisch, d. h. frei von Buckeln? In einigen Fällen bringt der Wechsel der DC-Polarität eine zusätzliche Verbesserung. Ist alles in Ordnung, sollte abschließend eine Massenkalibrierung durchgeführt werden.

Reinigung des Detektors: Molekülionen werden von der Detektordynode angezogen. Diese besteht aus einem zylinderförmigen Metallkörper, der mit entgegengesetzter Ionenpolarität geladen ist. Im Betrieb liegt eine Beschleunigungsspannung zwischen 5–10 kV an. Beim Aufprall werden Elektronen aus dem Metall geschlagen. Die polierte Oberfläche begünstigt hierbei die Austrittsarbeit. Man sollte die Oberfläche nicht verkratzen, sondern nur mit einem methanolgetränkten Wattestäbchen sehr vorsichtig abwischen. Ist die Oberfläche durch eine lange Standzeit des Gerätes angelaufen, bietet sich die Behandlung mit verdünnter Ameisensäure an. Elektronenmultiplierröhrchen, die bereits an Empfindlichkeit nachgelassen haben, kann man für 15 s in Isopropanol eintauchen und mit Stickstoff abblasen. Diesen Vorgang wiederholt man drei Mal. Vor dem Einschalten des Multipliers in operate mode sollte er für mindestens 2 h im Analysatorvakuum trocknen.

Konversionsdynodendetektoren funktionieren nach einem anderen Prinzip und sind weitgehend wartungsfrei. In einigen Bauvarianten folgt der Dynode eine Ringelektrode. Diese hat die Aufgabe Elektronen zu einem Strahl zu bündeln. Beide werden einfach abgewischt oder in Isopropanol getaucht. Das nächste Bauteil ist der Phosphorschirm. Er ist sehr empfindlich und besteht aus einer transparenten Folie, die mit einer Phosphorverbindung beschichtet ist. Treffen Elektronen auf diesem Schirm, leuchten die Stellen auf. Diese Schicht darf nicht nass werden. Darum kann man diese nur sehr vorsichtig mit geringem Stickstoffdruck abblasen.

Der Fotomultipier ist dafür zuständig, die Photonen vom Phosphorschirm zu detektieren und in ein elektrisches Signal umzuwandeln. Dieses Bauteil ist meistens in einem Glaskolben eingegossen und wartungsfrei. Als Daumenregel gilt: Je weiter ein Bauteil vom Ioneneinlass entfernt ist, umso geringer der Verschmutzungsgrad.

In den oben gezeigten Abb. 7.1–7.4 ist die samplecone (Ioneneinlass) alle ein bis zwei Wochen zu reinigen, der Ionenblock und folgende RF-Linsen jährlich und alle weiteren Bauteile nach Bedarf.

Hilfe! Worst-Case-Szenario: Durch unglückliche Umstände hat die HPLC die Ionenquelle geflutet und Flüssigkeit eingesaugt. Die waagerechte Linie markiert die Höhe, auf der sich die Einlassöffnung befindet. Man kann den Füllstand anhand der Spuren am Deckel gut erkennen (siehe Abb. 7.6).

**Abb. 7.6** Micromass Quattro Micro-Ionenquelle.

**Abb. 7.7** Rostiges Öl-Wasser-Gemisch aus der Vorpumpe.

Erstaunlicherweise waren Ionenblock und Hexapol nur leicht verkrustet. Die Turbopumpe hatte keinen Schaden genommen. Die Hauptmenge der Flüssigkeit wurde von der Vorpumpe im Ionenblock abgesaugt. Hierdurch stieg das Füllvolumen der Vorpumpe an, bis diese den Überschuss durch den Ölnebelfilter ausstieß. In der Pumpe befand sich ein rostbraunes Öl-Wasser-Gemisch, welches bereits die gusseisernen Bauteile im Pumpeninnern angegriffen hatte (siehe Abb. 7.7). Nach der Zerlegung der Ölpumpe, einem Ölwechsel und Reinigung des Ionenblocks lief das Gerät wieder einwandfrei.

**Literatur**

1 McFadden, LCMS (1980) Systems and applications. *J. Chromatogr. Sci.*, **18**, 97.

2 Douglas & French (1990) Mass Spectrometer method and improved ion transmission, Patent US4963736A, MDS Inc.

**Teil IV**
**Hersteller berichten**

# 8
# Agilent Massenspektrometrie, Vergangenheit, Gegenwart und Zukunft

*T. L. Sheehan und F. Mandel*

Den relativ hohen Kosten von Massenspektrometern (MS) zum Trotz haben die Selektivität von MS (Ionisationsprozess, massenspektrometrische Auflösung, eindeutige $m/z$-Ionen aus MS- oder MS/MS-Prozessen) und die qualitative Information von MS (Molekülion, Muster von Fragmentionen, akkurate Masse) die Entwicklung stetig vorangetrieben, wie auch die Einbeziehung von MS in weite Bereiche analytischer Anwendungen. MS ist der „Goldstandard" in vielen Laboratorien und wird als endgültige Informationsquelle von internationalen Aufsichtsbehörden und Gerichten anerkannt. Obwohl es durchaus erfolgreiche MS-Anwendungen mit direkter Probenaufgabe gibt, wird MS meist durch chromatografische Trennmethoden wie Gaschromatografie (GC) und Flüssigchromatografie ergänzt. Betrachtet man die Anwendungsbereiche für LC und GC, so stellt man fest, dass es deutlich mehr LC- als GC-kompatible Moleküle gibt. Allerdings bedeutete die LC-MS-Kopplung eine viel größere Herausforderung als die Realisierung einer GC-MS-Kopplung.

GC war grundsätzlich kompatibler mit den Vakuumanforderungen von MS. Das galt besonders, als die Ära der High-Performance-Kapillarsäulen aus inertem fused silica mit geringem Bluten der quervernetzten Phasen in Verbindung mit elektronischer Flusskontrolle begann. Die Standardisierung der EI-Ionisationsbedingungen führte zu Spektrenbibliotheken mit hohem Informationsgehalt für Tausende Verbindungen, und die steigende Rechenleistung der Computer erlaubte ausgefeilte Suchalgorithmen um den Analytiker von der lästigen Spektreninterpretation zu befreien. In den 1980er-Jahren wurde GC-MS zu einem robusten Routinewerkzeug, das quantitative und qualitative Informationen hoher Qualität im Bereich Umweltanalytik, Toxikologie, Aromastoffe, Lebensmittelsicherheit und zu industriellen Fragestellungen lieferte.

Die Möglichkeit der Derivatisierung erweiterte den Anwendungsbereich von GC, aber trotzdem kann GC-MS niemals die grundsätzliche Einschränkung durch die erforderliche Flüchtigkeit der Analyten in Einspritzblock und Trennsäule umgehen. Als Ergebnis dessen suchten viele MS-Labore nach LC-MS-Lösungen mit vergleichbarer Performance, Einfachheit und Robustheit. Zahlreiche Forschungsgruppen stellten sich der Herausforderung einer LC-MS-Kopplung und schufen Interfaces wie Direct Liquid Introduction, Corona Discharge,

Moving Belt, Particle Beam und Thermospray, aber keine dieser Techniken konnte die Erwartungen hinsichtlich Qualität und Robustheit erfüllen. Mit der Einführung der ersten kommerziellen APCI-Ionenquelle im Jahre 1989 begann eine Revolution in LC-MS, aber es dauerte nochmals bis zur Kommerzialisierung von Elektrospray-Ionisation (ESI) im darauffolgenden Jahr, bis das überwältigende Wachstum von LC-MS begann.

Beide Ionisationstechniken bei Atmosphärendruck (atmospheric pressure ionization, API) haben jedoch auch Einschränkungen. Die Ionen-Molekül-Reaktionen in APCI lassen sich nicht auf alle Substanzklassen anwenden. ESI hingegen eignete sich für ein breiteres Spektrum an Substanzen, und es erweiterte auch den effektiven Massenbereich für Makromoleküle durch die Möglichkeit der Bildung von Mehrfachladungen; jedoch sind einige LC-Trennungsmethoden (komplexe Umkehrphasen-, Normalphasen-, Ionentauscher-, Größenausschlusschromatografie) inkompatibel mit ESI, z. B. aufgrund von komplizierten ternären oder quaternären Gradienten, nicht flüchtigen Puffern und Zusätzen zur mobilen Phase (z. B. Nonylamine), die den ESI-Respons reduzieren. Trotz dieser Einschränkungen machten die API-Techniken LC-MS zu einer robusten Realität und sorgten zusätzlich für die Entwicklung komplementärer Technologien sowohl in der LC (Kapillar- und Nano-LC) als auch der MS (Quadrupol-MS/MS, TOF, Q-TOF und diverse Ionenfallen). Im Rahmen dieser Überwindung unüberwindlich scheinender Hindernisse erfuhr LC-MS einen Sturm an weiteren Entwicklungsschritten und ist inzwischen zu einem Hauptbestandteil jeglicher Routineanalytik geworden.

Trotz dieses großen Erfolges können wir nicht bei der Weiterentwicklung dieser Technologien pausieren. Bei aller Begeisterung über LC-MS ist mehr Aufmerksamkeit auf die wissenschaftliche Grundlage und das „Engineering" der Massenspektrometrie gefordert. Die einfachen Erfolge mögen errungen sein, aber es gibt noch immer genügend Möglichkeiten, den Anwendungsbereich von LC-MS zu erweitern und die Produktivität von LC-MS-Laboren zu erhöhen. Produktivität oder die Optimierung der Arbeitsabläufe sind für viele Labore ein wichtiger Aspekt geworden. Vor 25 Jahren mag man in Sachen LC-MS diskutiert haben, ob die geforderte Nachweisempfindlichkeit (method detection limit, MDL) erreicht werden kann. Heute liegt die MS-Empfindlichkeit oft weit unter dem geforderten MDL. Hieraus resultiert, dass dieser Überschuss an Empfindlichkeit eines modernen Massenspektrometers verwendet werden kann, um z. B. Kosten zu reduzieren – Aufarbeitung geringerer Probenmengen, längere Standzeiten der Trennsäulen und weniger Wartungsaufwand aufgrund der Tatsache, dass man weniger Probe zu injizieren braucht. Dies wiederum eröffnet neue Möglichkeiten der automatisierten Online-Probenvorbereitung. Man wird weiterhin das Ziel einer gesteigerten Empfindlichkeit verfolgen, aber das Hauptaugenmerk wird vermehrt auf einen ganzheitlichen Ansatz in Sachen Workflow und Produktivität gerichtet sein.

Die mit LC-MS verbundenen Kosten sind ein weiterer Gesichtspunkt – sowohl der Kaufpreis als auch die laufenden Kosten. Betrachtet man das Verhältnis Preis/Leistung, so ist LC-MS heute deutlich preiswerter als vor zehn Jahren – insbesondere unter Berücksichtigung der Inflationsrate. Aber LC-MS-Systeme sind noch immer hochpreisige Analysengeräte. MS-Systeme haben sicher nicht die Zuverlässigkeit und den Preisverfall kommerzieller Elektronik (z. B. Flachbildschirme, Mobiltelefone) erreicht, aber Agilent weiß um die Notwendigkeit, die Wartungskosten und die Ausfallrate stetig zu senken sowie den Kaufpreis anzupassen, damit diese Systeme in kleinere Budgets passen. Wir glauben, dass die Leistungsfähigkeit und die Möglichkeiten von MS wachsen werden, wobei der Trend des „cost of ownership" nach unten zeigen wird.

Während die reine Empfindlichkeit immer wieder als der primäre Parameter hinsichtlich Performance angesehen wird, ist die Selektivität annähernd gleich wichtig. Bei der Analyse komplexer Matrixproben wird die niederauflösende MS (Single-Quadrupol) abgelöst durch selektivere MS/MS- oder hochauflösende MS-Systeme. Die gesteigerte Selektivität erhöht die Sicherheit der qualitativen und quantitativen Ergebnisse, und sie erlaubt – vergleichbar zur Empfindlichkeit – Änderungen in den Arbeitsabläufen. Bei richtiger Anwendung kann man durch höhere Selektivität Zeit und Betriebskosten einsparen (schnellere Trennungen, verringerte Probenvorbereitung). Bei Fortschreiten der technischen Entwicklung wird MS/MS mit niederauflösenden Systemen ein Plateau erreichen. Die deutlich wichtigere Evolution kann man derzeit seit der Einführung kostengünstiger hochauflösender MS- und MS/MS-Systeme beobachten. Falls diese hochauflösenden Systeme dieselben Vorteile der akkuraten Massenbestimmung liefern sollten wie ihre teureren Gegenstücke, dann könnte sich die Zukunft hochaufgelöster MS dramatisch verändern. Die Evolution könnte auch Technologien wie Ionenmobilitäts-MS (IMS) etablieren. IMS ist zurzeit noch in den Händen der „early adopters", aber die durch IMS verfügbare zusätzliche Dimension wird der Selektivität des MS-Nachweises eine neue Qualität verleihen, die mit Geräten ohne die Möglichkeit der Ionenmobilität unerreicht bleiben wird.

Bei all den Diskussionen bezüglich der Zukunft von LC-MS sollte man die LC nicht außer Acht lassen. Die verringerten Flussraten der mobilen Phase unter Verwendung von kleineren Säulendurchmessern hat die Robustheit der MS-Kopplung erhöht, und Nano-LC hat einen deutlichen Zuwachs an Nachweisempfindlichkeit für Anwendungen mit kleinsten Probenmengen gebracht. Obwohl 2-D-LC bisher nur bedingt erfolgreich war, schaffen Fortschritte im Design der LC-Hardware sowie der Gerätesteuerung realistische Aussichten auf einen routinemäßigen Einsatz von 2-D-LC-MS. Im Zusammenhang mit LC-ESI-MS bietet 2-D-LC-MS mehr als nur die zusätzliche Selektivität der beiden Trennungen; so kann z. B. die zweite Dimension die Verwendung ESI-inkompatibler mobiler Phasen in der ersten Dimension ermöglichen. Die Analytiker werden die Vorteile neuer stationärer Phasen nutzen können, ohne ESI-Respons verlieren zu müssen.

Bei aller Aufmerksamkeit der Hardware gegenüber sollten wir nicht die Leistungsfähigkeit von Computern und Software vergessen. Wo verbringen die Analytiker ihre meiste Zeit? An der PC-Workstation. Wie können Analytiker Information aus komplexen Datensätzen gewinnen? Mit besserer MS-Software. Software hat bereits die Welt der Massenspektrometrie verändert, und Agilent ist sich bewusst, dass sich dieser Trend fortsetzen wird. Dekonvolution, principle component analysis, die Verknüpfung von MS-Daten mit biologischen Stoffwechselzyklen, die Extraktion von substanzbezogenen Details aus hochaufgelösten Datensätzen und weitere Berechnungen werden ebenso automatisiert sein wie heute das Prozessieren von Peakflächen oder die Suche in Spektrenbibliotheken. Ergebnisabhängige Logik wird Arbeitsabläufe ohne den Eingriff von außen steuern können. Es wird möglich sein, große Datenmengen aus hochaufgelösten Messungen ohne Informationsverlust zu komprimieren. Isobare Interferenzen und die Sättigung des Signals werden in Zukunft durch die Wahl ungestörter Signale automatisch umgangen. Unter dem Strich wird die Massenspektrometrie noch häufiger angewandt werden in den Bereichen Pharma, Biopharma, klinischen Applikationen, Toxikologie, Lebensmittel- und Umweltanalytik sowie vielen weiteren Anwendungsgebieten. Auch wird mehr Zeit zur Verfügung stehen für Aufgaben, die noch immer des menschlichen Eingriffs bedürfen – und all dies mit immer höherer Datenqualität.

# 9
## Hersteller berichten – SCIEX
*D. Schleuder*

SCIEX (**SCI**entific **EX**change) wurde in den 70er-Jahren von drei kanadischen Wissenschaftlern in Toronto mit dem Ziel gegründet, hochspezialisierte Instrumente zu entwickeln, welche später u. a. in der amerikanischen NASA Viking Sonde zur Erkundung des Mars eingesetzt wurden. 1981 wurde das erste Massenspektrometer (TAGA 6000) in einem mobilen Bus eingesetzt, um während der Fahrt Schadstoffe in der Luft quantitativ zu erfassen. Etwa acht Jahre vergingen, bis SCIEX (damals PE SCIEX) sein erstes kommerziell erhältliches Massenspektrometer auf der Pittcon vorstellte. Zu diesem Zeitpunkt war man durch eine aktuelle Markterhebung der festen Überzeugung, dass der weltweit geschätzte Bedarf an Massenspektrometern bei nicht mehr als 100 MS-Geräten liegen würde – bis heute sind es mittlerweile Zehntausende mit steigender Tendenz.

Die Massenspektrometrie heutzutage ist ohne eine Kopplung mit der Flüssigchromatografie (LC) nahezu undenkbar. Beide Technologien haben sich in den letzten Jahren parallel weiterentwickelt und ergänzen sich gegenseitig, sodass mittlerweile verschiedenste, speziell an die steigenden Marktanforderungen angepasste Arbeitsabläufe realisiert werden können. Als Ionisierungstechniken kommen heute normalerweise Elektrospray-Ionisierung (ESI) oder chemische Ionisierung bei Atmosphärendruck (APCI) zum Einsatz. Die LC-Flussraten liegen bei sogenannten Hochflussanwendungen etwa zwischen 200 µL/min und 2 mL/min, während Nano-LC-MS-Systeme mit Flussraten zwischen 200 und 1000 nL/min arbeiten (s. Kap. 3). Analytische Labore, z. B. aus dem Lebensmittel-, Pharma-, Umwelt- und forensischen Bereich nutzen ihre LC-MS-Geräte im Allgemeinen in der Routine bei Hochfluss. Allerdings muss das überschüssige Lösungsmittel aus der LC vor Eintritt der Ionen in das Massenspektrometer entfernt werden. Bei früheren SCIEX-Geräten wurden der LC-Fluss nahezu axial eingeleitet und das Lösungsmittel über einen einzigen Heizer abgetrocknet. Bei heutigen SCIEX-Geräten geschieht dies orthogonal, und es werden zwei Heizer verwendet (Turbo V™-Ionenquelle). Darüber hinaus hilft das von SCIEX patentierte „curtain gas" (ein den Ionen entgegenströmendes Stickstoffgas) bei der weiteren Desolvatisierung des Aerosols durch Stöße mit den Gasmolekülen. Die Curtain-gas-Technologie findet auch bei allen modernen SCIEX-Geräten Anwendung.

*Das HPLC-MS-Buch für Anwender*, 1. Auflage. Stavros Kromidas (Hrsg.).
© 2017 WILEY-VCH Verlag GmbH & Co. KGaA. Published 2017 by WILEY-VCH Verlag GmbH & Co. KGaA.

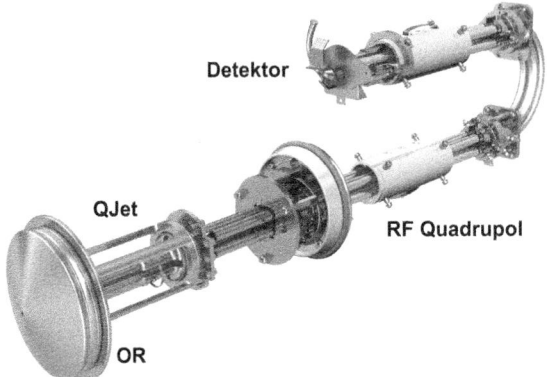

**Abb. 9.1** Ionenpfad eines QTRAP® 6500 Systems mit gebogener Kollisionszelle mit Orifice (OR), QJet (Q0) zur Weiterleitung der Ionen, RF-Quadrupolen und Detektor. Reproduziert mit freundlicher Genehmigung von SCIEX.

Häufig kommen in der Massenspektrometrie Triple-Quadrupol (QQQ)-MS/MS-Systeme zum Einsatz. Deren Stärke liegt in der Quantifizierung von z. B. Pestiziden, Mykotoxinen, Drogen, Steroiden, Pharmaprodukten und vielen anderen Substanzen im Spurenbereich. Die Matrizes reichen von Lebensmitteln und Trinkwasser über Verpackungsmaterialien bis hin zu Blutplasma, Serum oder Urin. Die Messung erfolgt dabei i. d. R. im sogenannten MRM-Modus (multiple reaction monitoring). Dabei wird nach LC-Trennung und Ionisierung der Substanz im ersten Quadrupol des MS die Vorläufermasse selektiert, diese im zweiten Quadrupol (Kollisionszelle) fragmentiert und im dritten Quadrupol ein Fragment selektiert (s. Kap. 1). Für diesen Modus wird die Kenntnis des Masse-zu-Ladungs-Verhältnisses der Vorläufermasse und der Fragmentmasse vorausgesetzt. Dies ist die zurzeit empfindlichste und schnellste LC-MS/MS-Technik zur Quantifizierung von ionisierbaren Substanzen mit exzellenter Reproduzierbarkeit und großem lineardynamischem Bereich. Ein solches QQQ mit gebogener Kollisionszelle ist beispielhaft in Abb. 9.1 dargestellt.

Mit der Entwicklung von kleinen Säulenpartikeln (sub 2 μm) und dem Trend zu immer kürzeren LC-Laufzeiten stiegen auch die Anforderungen an die LC-MS/MS-Systeme. Für den MRM-Modus wurden neue Algorithmen entwickelt, mit denen der Anwender die Option hat, die MRM-Übergänge eines Analyten mit dessen Retentionszeit zu koppeln. Dieser Algorithmus wird bei SCIEX als „scheduled" MRM (sMRM) bezeichnet. Neueste Softwareentwicklungen erlauben sogar eine dynamische Methodenanpassung, um eventuelle Instabilitäten der Retentionszeiten zu kompensieren. Dies eröffnet neben der Aufnahme von mehreren Hundert bis Tausend parallelen MRM-Spuren auch die Möglichkeit, verkürzten LC-Laufzeiten gerecht zu werden, ohne Kompromittierung der Anzahl der für eine exakte Quantifizierung notwendigen Datenpunkte. In Abb. 9.2 ist beispielhaft der Trend zu immer kürzeren Laufzeiten anhand von LC-MS/MS-Chromatogrammen dargestellt. In der Regel werden für die Analyse eines Analyten zwei MRM-Spuren gemessen: Die Signalfläche des sogenannten

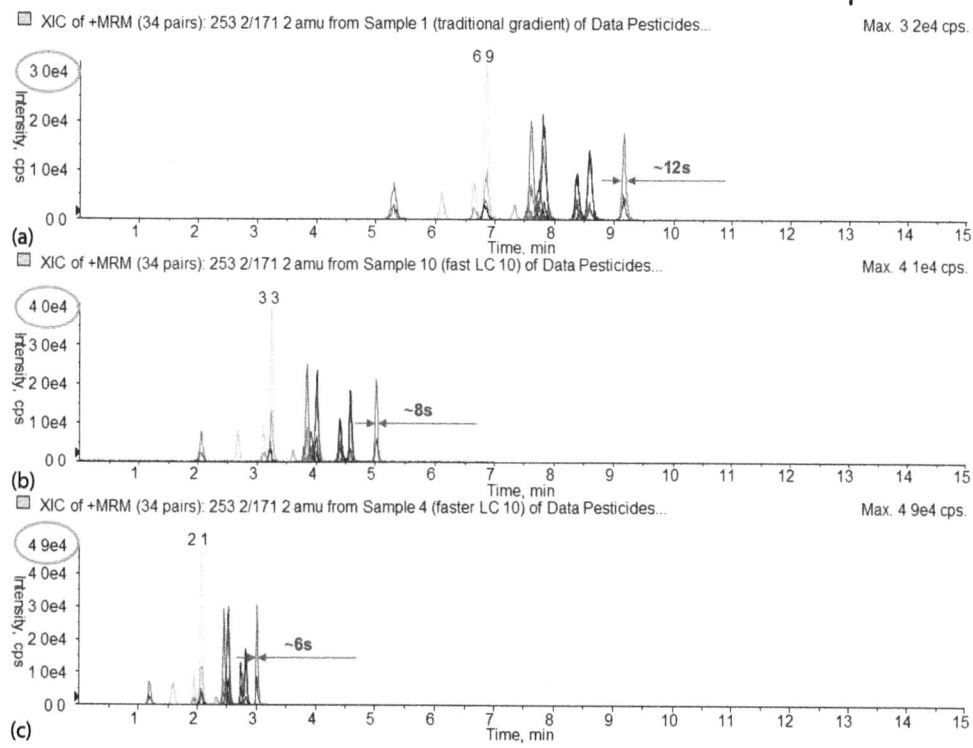

**Abb. 9.2** Gegenüberstellung von „traditionellen" (a), schnellen (b) und UHPLC-Gradienten (c). Reproduziert mit freundlicher Genehmigung von SCIEX.

quantifiers dient dabei zur Quantifizierung der Substanz. Das Signal des zweiten Signals, des qualifiers, muss hingegen ein bestimmtes Intensitätsverhältnis zum Signal des quantfiers aufweisen. Zusammen mit der Retentionszeit ist somit die zur Quantifizierung notwendige Bestätigung einer bestimmten Substanz eindeutig.

Eine Weiterentwicklung der QQQ-Systeme stellen Systeme dar, die in der Lage sind, neben den MRM-Spuren darüber hinaus auch sensitiv MS- und MS/MS-Spektren im sogenannten „Full-scan-Modus" aufzunehmen, was bei klassischen QQQ-Geräte nur bedingt möglich ist. Geräte, die die Quadrupoltechnologie mit der Full-Scan-Möglichkeit kombinieren, werden bei SCIEX als QTRAP® Systeme (lineare Ionenfalle) bezeichnet und stellen ein sogenanntes Hybridsystem dar. In IDA-Experimenten (information dependant acquisition – informationsabhängige Akquisition) können Daten zur Quantifizierung und Identifizierung parallel in einem LC-MS/MS-Lauf aufgenommen werden. Hierbei kann entweder ein MRM-Lauf oder ein Full-Scan-MS-Lauf die Aufnahme eines MS/MS-Spektrums auslösen, das zur Identifizierung bzw. Bestätigung der Substanz mithilfe von spektralen Bibliotheken herangezogen werden kann. Dies ist hilfreich, wenn es für die untersuchenden Substanzen keine eindeutigen qualifier für eine MRM-Messung gibt oder die Intensitäten nicht ausreichend sind.

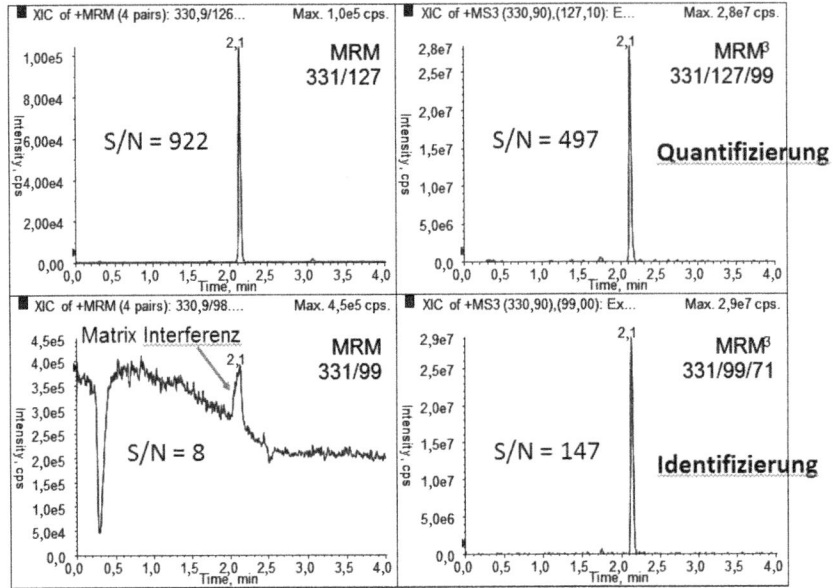

**Abb. 9.3** MRM-Übergang 331/127 kann zur Quantifizierung herangezogen werden, während der MRM-Übergang 331/99 unter Matrixinterferenzen leidet. $MRM^3$-Übergang 331/99/71 hat nahezu keine Interferenz mehr. Reproduziert mit freundlicher Genehmigung von SCIEX.

Die QTRAP®-Technologie erlaubt darüber hinaus auch eine Quantifizierung mittels MS/MS/MS ($MRM^3$), wobei ein weiterer Fragmentierungsschritt im dritten Quadrupol erfolgt. Dabei macht man sich zunutze, dass der dritte Quadrupol als lineare Ionenfalle geschaltet werden kann. Wie beim klassischen MRM-Modus wird im ersten Quadrupol ein Vorläuferion selektiert, das in der Kollisionszelle fragmentiert wird. Dann wird jedoch ein Fragment selektiv im dritten Quadrupol angereichert, bevor es erneut über resonante Anregung fragmentiert und ausgelesen wird. Die detekierten $MS^3$-Fragmente können entweder für hochselektive Quantifizierung oder aber zur Strukturaufklärung genutzt werden. Der Vorteil des $MRM^3$ gegenüber der klassischen MS/MS liegt in der Anwendung eines zusätzlichen Filters und dadurch bedingt einer höheren Selektivität. Beispielhaft sind MRM- mit $MRM^3$-Spektren in Abb. 9.3 gegenübergestellt.

Neuere Entwicklungen der LC-MS/MS-Technologie wie z. B. weitere Hybridsysteme mit einer QqTOF-Architektur (TripleTOF® und X500R) bieten nun die Möglichkeit eines qualitativen und quantitativen Screenings im Routinebetrieb. Diese Hybridtechnologie vereint die Vorteile der QQQ-Systeme mit denen der hochauflösenden „Time-of-flight" (TOF)-Analysatoren in einem einzigen Gerät und erlaubt damit neben der sehr guten Empfindlichkeit eine hohe Massengenauigkeit und einen großen lineardynamischen Bereich. Diese Systeme können sowohl im TOF-MS-Modus als auch im TOF-MS/MS-Modus betrieben werden. Im TOF-MS-Modus wird das Vorläuferion direkt ohne Fragmentierung in den TOF-Analysator überführt und seine Masse anhand seiner Flugzeit exakt be-

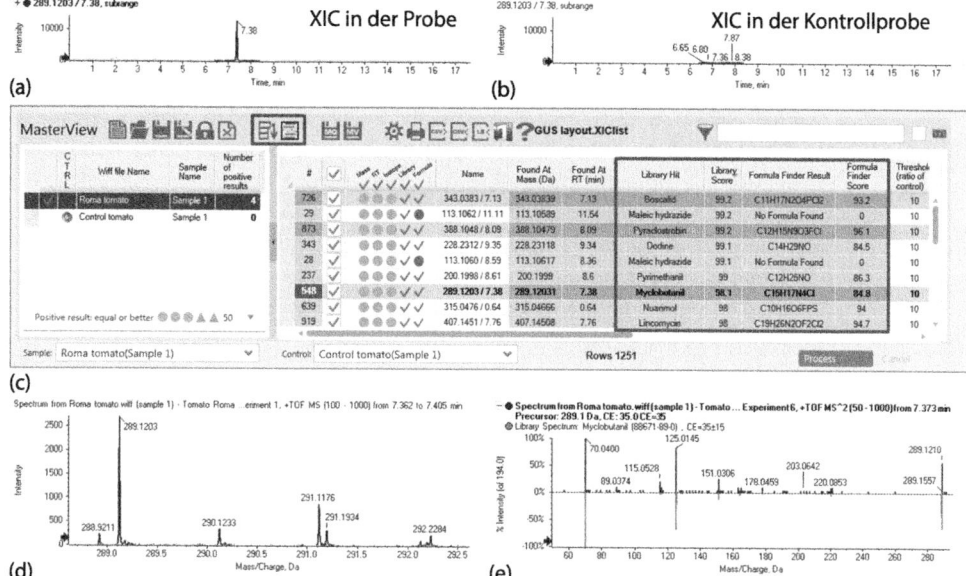

**Abb. 9.4** Extrahiertes Ionenchromatogramm (XIC) von der Probe (a) mit einem XIC aus einer Kontrollprobe verglichen (b). Dazu die Identifizierung mittels exakter Masse, Retentionszeit, Isotopenmuster, Bibliotheken und der errechneten Summenformel (c). Unten das MS-Spektrum (d) und das MS/MS-Spektrum (e) mit dem Vergleich zu einem MS/MS-Spektrum aus der Spektrenbibliothek. Reproduziert mit freundlicher Genehmigung von SCIEX.

stimmt. Im MS/MS-Modus dagegen wird das Vorläuferion im ersten Quadrupol selektiert, im zweiten Quadrupol stoßfragmentiert und danach in den TOF-Analysator überführt. Das Masse-zu-Ladungs-Verhältnis kann auch hier exakt über die Flugzeit bestimmt werden. Wie bei der QTRAP® kann hier ebenfalls eine paralle Erfassung von MS- und MS/MS-Daten im IDA-Modus erfolgen. Die so erhaltenen hochaufgelösten Datensätze können nach zwei Strategien analysiert werden: gerichtet (*targeted*) und ungerichtet (*non-targeted*). Bei der gerichteten Analyse wird ein enges Massenextraktionsfenster von kleiner 20 mDa gesetzt, um gezielt die interessierenden Analyten mit hoher Selektivität zu quantifizieren. Die exakte Masse aus den MS-Spektren und die Fragmentinformationen aus den MS/MS-Spektren erlauben zudem eine sichere Identifizierung des Zielanalyten. Bei den Chromatogrammen, die aus hochaufgelösten MS/MS-Spektren extrahiert werden, sprechen wir in Anlehnung an den MRM-Modus der QQQ-Geräte hier vom MRM$^{HR}$-Workflow. Bei der ungerichteten Analyse können die exakte Masse eines Zielmoleküls, sein Isotopenmuster und mögliche Adduktinformationen genutzt werden, um empirisch mögliche Summenformeln zu berechnen. Die exakten Massen des MS/MS-Experiments können zudem mithilfe von MS/MS-Bibliotheken zur Identifizierung oder zur Untersuchung des Fragmentierungspfads herangezogen werden, um potenzielle Strukturen einer unbekannten Verbindung zu ermitteln. In Abb. 9.4 ist dies beispielhaft dargestellt.

Ein großer Vorteil eines X500R-, oder TripleTOF®-Gerätes gegenüber der QTRAP®-Technologie liegt darin, dass zu jedem Zeitpunkt eines Chromatogramms vollständig die hochaufgelösten MS- und MS/MS-Daten abgebildet und zu einem späteren Zeitpunkt „retrospektiv" analysiert werden können. Gerade in der Umweltanalytik (wie z. B. bei den Trinkwasserversorgern) stehen damit dem Anwender alle Informationen über die Wasserprobe zur Verfügung. Nicht erwartete, organische Spurenstoffe können z. B. über Vergleiche mehrerer zeitlich oder räumlich getrennter Proben statistisch ermittelt werden. Die hochaufgelösten Daten der organischen Substanz werden anhand von Spektrenbibliotheken identifiziert und bei Vorhandensein einer Referenzsubstanz später auch quantifiziert. Dabei unterliegt die Anzahl der zu messenden Substanzen im Prinzip keiner Einschränkung.

Sowohl die QTRAP® – als auch die TripleTOF®-Technologie kann mit einer differenziellen Ionenmobilitätsspektrometriezelle („differential ion mobility spectrometry = DMS") ausgestattet werden. Die bei SCIEX als SelexION®-Technologie bekannte DMS-Technik erlaubt eine Trennung von Ionen anhand ihrer Mobilitäten in der DMS-Zelle bei Atmosphärendruck. Der Vorteil des Einsatzes dieser Zelle liegt bei der Trennung von isobaren Substanzen, Substanzen, die in der LC koeluieren, oder Substanzen, die unter hohem Untergrund leiden.

Bei beiden Ansätzen, sowohl der SelexION® – als auch der TTOF- bzw. X500R-Technologie sieht SCIEX bei zunehmender Komplexität der steigenden Marktanforderungen großes Zukunftspotenzial.

# 10
## Hersteller berichten – Thermo Fisher Scientific
*M. M. Martin*

Die traditionelle Welt der Trenntechniken hat in den letzten Jahren einen steten Wandel erlebt. Mit der Einführung der UHPLC-Technologie erfuhr die davor bereits als ausgereift eingestufte Flüssigchromatografie nochmals erhebliche Innovationsimpulse. Gleiches gilt für die Welt der Massenspektrometrie, bei der besonders die Einführung der Orbitrap-Technologie wieder Anlass für eine Neuorientierung zahlreicher Anwender gegeben hat. Die vereinten LC-MS-Systeme setzen allerdings bis heute ein professionelles Fachwissen voraus, vor allem wenn man die Ergebnisse der Analytik auch kritisch bewerten möchte. Zu erwarten steht für die Zukunft eine stärkere Differenzierung zwischen Expertensystemen auf der einen Seite, die mit maximaler Leistungsfähigkeit und individueller Anpassung auf neue Analysenprobleme die idealen Werkzeuge in Forschung und Entwicklung bleiben werden. Auf der anderen Seite wird der vermehrte Einsatz von LC-MS-Analytik auf Gebieten, in denen bislang keine Fachkenntnisse in LC und MS erforderlich waren, einfach und erfolgreich zu bedienende Analysatorensysteme für eng umrissene Fragestellungen hervorbringen. Ähnlich, wie ein Führerscheinneuling heute kein Ingenieurswissen zur Funktionsweise von Wärmekraftmaschinen mitbringen muss, werden dank vereinfachter Bedienbarkeit in spezifisch zugeschnittenen Anwendungsgebieten fachfremde Anwender zuverlässige Ergebnisse erzeugen können. Letzteres wird eine Grundvoraussetzung dafür sein, dass sich LC-MS-Technologien neue Märkte erobern können. Federführend werden hier insbesondere neben den heute schon dominanten Pharma- und Biopharmaanwendungen medizinische Applikationen in der personalisierten Medizin, im therapeutischen Wirkstoffmonitoring (*therapeutic drug monitoring, TDM*) und in klinischer Diagnostik sein. Vor der Verbreitung von LC-MS-Analytik in diesen Bereichen stehen allerdings nicht zuletzt hohe regulatorische Anforderungen, die die Zulassung von Analytiksystemen als Medizingeräte mit sich bringt.

## 10.1
### Flüssigchromatografie (LC) für LC-MS

UHPLC ist mittlerweile an breiter Front als Wachablösung für die herkömmliche HPLC akzeptiert. Insbesondere bei LC-MS-Applikationen haben sich UHPLC-Systeme als Frontend weitgehend durchgesetzt. Zum einen profitiert LC-MS-Analytik stark von den erweiterten Möglichkeiten der UHPLC: Hohe LC-Auflösung verbessert das massenspektrometrische Ergebnis, schnelle Trennungen lasten ein kostspieliges MS besser aus. Zum anderen relativieren sich die höheren Beschaffungskosten einer High-End-UHPLC-Anlage im Vergleich zum Preis eines Massenspektrometers. Durch intensive Forschungs- und Entwicklungsarbeiten der Gerätehersteller haben sich die Robustheit und Zuverlässigkeit der UHPLC-Systeme erheblich verbessert, was die Ausfallzeit eines LC-MS-Systems, bei dem mit Stillstand des UHPLC-Frontends auch das MS zwangsweise ruhen muss, erheblich verringert. Die hohen Trenndrücke und der damit verbundene Energieeintrag in das Trennsystem erforderten dabei eine Vielzahl von technologischen Innovationen, die in summa mittlerweile die Präzision von UHPLC-Trennungen auf ein zuvor ungekanntes Maß gesteigert haben. Retentionszeitpräzisionen von deutlich unter 0,01 % können heute problemlos in der Routine selbst bei Dauerlast von bis zu 1500 bar erzielt werden, während ausgeklügelte Injektionsmechanismen wie die intelligente Handhabung von Druckeinbrüchen während der Injektion (SmartInject-Technologie) durch die Thermo Scientific™ Vanquish™ UHPLC-Systeme zugleich für eine kaum nennenswerte mechanische Belastung der UHPLC-Säule unter solch anspruchsvollen Bedingungen sorgen und dadurch Säulenstandzeiten erlauben, die denen einer Niedriglast-HPLC-Trennung von 200 bar in nichts nachstehen. Moderne Fittingsysteme wie die Thermo Scientific Viper™ Fingertight Fittingtechnologie beheben eine der häufigsten Ursachen, die in der Frühzeit der UHPLC dafür sorgten, dass UHPLC-Trennungen als anfällig und knifflig zu beherrschen galten: Sie gewährleisten eine werkzeugfreie („fingertight") und bis 1500 bar drucksichere Installation der Systemfluidik und der UHPLC-Trennsäule bei Ausschluss praktisch jeglichen Totvolumens im Fittingbereich. Damit sind Leckagen auch ohne die Notwendigkeit roher Gewaltanwendung mit unhandlichen Gabelschlüsseln praktisch ausgeschlossen, und durch minimierte Außersäulenvolumina übersetzt eine heutige UHPLC-Anlage eine auf der Säule erzeugte Trennung quasi verlustfrei in ein hochwertiges LC-MS-Chromatogramm mit hervorragenden Effizienzen von über 300 000 Böden pro Meter Säulenlänge. Die Höchstdruckauslegung von UHPLC-Systemen, bei den Vanquish-Systemen auf bis zu 1500 bar, sorgt dabei dafür, dass der viel zitierte „Meter Säulenlänge" dank Verkettung von vier und mehr 250 mm-Trennsäulen keine theoretische Rechengröße bleibt, sondern sich in der Realität für ultrahochauflösende Chromatografie nutzen lässt. Neben der Massenspektrometrie ermöglichen hochoptimierte Detektionssysteme mit Lichtleiteroptik wie die Thermo Scientific LightPipe™ Technologie Spurenbestimmung mit UV-Detektion in Anwendungsbereichen, die bislang nur Spezialdetektoren zugänglich waren.

Massenspektrometrische Detektion wird künftig auch im Routinebereich mehr und mehr zum Standard werden. Dies geht unmittelbar mit der Forderung nach Chromatografie bei ESI-kompatiblen Flussraten einher. Um UHPLC-Trennmaterialien mit Sub-2 µm-Packungsteilchen auch bei Flüssen im unteren µL/min-Bereich noch im van Deemter-Optimum bzw. darüber zu betreiben, sind UHPLC-Säulen mit 1 mm Innendurchmesser ein probates Mittel. Noch leiden viele dieser Säulen daran, dass sie schwierig mit hoher Batch-zu-Batch-Reproduzierbarkeit zu packen sind. Einen robusten Herstellprozess von 1 mm-Säulen vorausgesetzt, werden diese für die LC-MS-Analytik sehr attraktiv. Instrumentell wird dies einhergehen müssen mit nochmals signifikant verkleinerten Gradientenverzögerungsvolumina (GDV). Heute übliche UHPLC-Systeme weisen immer noch mindestens ca. 100 µL GDV auf, was bei Flussraten von unter 100 µL/min schon eine merkliche Geschwindigkeitseinbuße darstellt. Förderungstechnisch ist es zugleich kaum zu bewerkstelligen, mit einer einzigen Pumpentechnologie Flüsse von wenigen Dutzend Nanolitern pro Minute (für Nano-LC) bis zu mehreren Millilitern pro Minute (für weitlumige HPLC-Säulen) pulsationsarm bei Drücken jenseits der 1000 bar bereitzustellen. Die sprichwörtliche eierlegende Wollmilchsau, die von Nano-LC-MS bis zu analytisch dimensionierter UHPLC-MS alle LC-Möglichkeiten in einem Gerät verwirklicht, wird es damit so schnell nicht geben. Es dürften sich daher auch weiterhin zwei verschiedene UHPLC-Philosophien im Markt halten: Die bislang nur dem Nano-/Cap-LC-Bereich vorbehaltenen Systeme, die bevorzugt im Bereich der Proteom- und Metabolomforschung verwendet werden und nahezu ausschließlich mit MS-Detektion zum Einsatz kommen, dürften ihren Flussbereich noch ein wenig nach oben hin ausdehnen, um jenseits des Kapillar-LC-Bereichs hochbeladbare 1 mm-Säulen für LC-MS-Applikationen mit abdecken zu können. Zugleich werden die UHPLC-Systeme des analytischen Spektrums ihre Förderraten noch in Grenzen nach unten erweitern, sodass der klassische Anwender der Small-molecule-Analysen im Pharma-, Biopharma-, Lebensmittel- und Umweltbereich das Säulenportfolio von 2,1–4,6 mm Innendurchmesser mit zusätzlicher Eignung auch für 1 mm-Säulen verwenden kann.

## 10.2
**Massenspektrometrie (MS) für LC-MS**

Wie bereits bei der Flüssigchromatografie bemerkt, wird sich Massenspektrometrie in vielen Märkten als Standarddetektionstechnologie etablieren. Technologisch allerdings steht vermutlich keine disruptive neue Entwicklung bevor. Die jüngste Einführung einer gänzlich neuen Form von Massenanalysatoren, der Orbitrap™ von Thermo Scientific, liegt nun bereits zehn Jahre zurück. Seitdem hat sie den kompletten Markt für hochauflösende Massenspektrometrie mit akkurater Massenbestimmung (engl. *high resolution/accurate mass, HRAM*) aufgerollt und zugleich für erheblichen Innovationsdruck auf älteren Konkurrenztechniken wie Flugzeitmassenspektrometrie (TOFMS) gesorgt. Mit zunehmender Verbreitung der Orbitrap-Technologie und gleichzeitig weltweit verschärften Kontrollanforderungen zum Patienten-, Umwelt- und Verbraucherschutz stoßen bereits heute HRAM-Messungen auch in Routineapplikationen vor. Es steht zu erwarten, dass dieser Trend weiter anhält, da HRAM-Daten einen deutlich höheren Informationsgehalt, damit verbunden eine höhere Sicherheit beim Identifizieren von Substanzen und eine geringere Irrtumswahrscheinlichkeit (false positives) gewährleisten. Hochauflösende MS wird dadurch sukzessive etablierte Technologien wie Quadrupol-MS (vornehmlich Triple-Quadrupol-MS) in Bedrängnis bringen. Der Orbitrap wird dabei eine Schlüsselrolle zukommen, da sie gegenüber anderen hochauflösenden Massenanalysatoren einige inhärente Vorteile aufweist. Sie ist robuster und leistungsfähiger als TOF-Technologie und skaliert dabei noch problemlos hin zu höheren Massenauflösungen. Flugrohre mit teilweise abenteuerlichen Abmessungen oder komplexen und zahlreichen Ionenreflektoren stoßen mit Mühe zu Massenauflösungen vor, die nur am unteren Ende der Orbitrap-Möglichkeiten liegen. Ein Auflösungsvermögen im Bereich von Ionenzyklotronresonanz-MS (FTICR) ist mit heutigen TOF-Techniken nicht vorstellbar, liegt jedoch in Schlagdistanz der Orbitrap, die zudem keine aufwendige und teure Infrastruktur zum Betrieb und die hohen Investitionskosten von FTICR-MS benötigt. Auf die Anfälligkeit der Massengenauigkeit von TOF-Geräten hinsichtlich Temperaturschwankungen und den damit einhergehenden höheren Kalibrieraufwand wurde an anderer Stelle bereits hingewiesen (s. Kap. 2). Vorteile bei hochauflösender MS bieten TOF-Geräte noch bei Preis und Datenaufzeichnungsrate – beides keine unüberwindlichen Hürden.

Unter dem Expansionsdruck durch hochauflösende MS-Systeme werden Triple-Quadrupol-MS-Geräte zusehends weniger Expertensysteme, sondern mehr und mehr in die Rolle eines fortgeschrittenen LC-Detektors gedrängt. Sie werden jedoch weiterhin ihre Daseinsberechtigung in der kostengünstigen, robusten Quantifizierung in komplexen Probengemischen haben. Dies erfordert jedoch künftig eine erheblich verbesserte Benutzerführung und Handhabkeit durch wenig erfahrene Anwender. Der heutige Entwicklungsstand von Triple-Quadrupol-MS ist für die meisten Anwendungen bereits sehr hoch, technologische Weiterentwicklungen bringen hier nicht automatisch einen Mehrwert für den Anwender. Heutige Triple-Quadrupol-MS sind bereits für zahlreiche Applikationen um Größenordnungen nachweisstärker, als es z. B. gesetzliche Grenzwerte oder pharmakologische Wirkschwellen erfordern. Noch niedrigere Nachweisgrenzen zahlen sich daher kaum aus, während Zugewinne an Scangeschwindigkeit bzw. kürzeren duty cycles gerade im Hinblick auf UHPLC-Trennungen Vorteile versprechen. HRAM-Messungen stehen den Quadrupolen prinzipbedingt nicht zur Verfügung. Kompaktere und robustere Quadrupolsysteme, unverwüstlich, nahezu wartungsfrei, hochintegriert in die UHPLC und über simple Benutzerinterfaces äußerst einfach zu bedienen, dafür mit Abstrichen in der Leistungsfähigkeit werden sicherlich einen Zukunftstrend ausmachen.

## 10.3
### Integrierte LC-MS-Lösungen

Es ist ein offenes Geheimnis, dass die Integration von LC, MS, Software und Verbrauchsmaterialien in eine funktionale Komplettlösung nach wie vor bei allen Geräteherstellern noch Verbesserungspotenzial aufweist. Gerade in Auftragslaboratorien für Forschung und Herstellung (CRO, CMO) oder in Kontrolleinrichtungen wird heutzutage zunehmend erwartet, dass für die sinnvolle Bedienung einer LC-MS-Anlage kein hochspezialisiertes Expertenwissen mehr erforderlich ist. In der Konsequenz gibt es bereits heute vermehrt Systemlösungen oder „Analysatoren", bei denen für dedizierte Analysenaufgaben komplette Pakete aus LC- und MS-Hardware mit fertig entwickelten Trennmethoden, definierten Trennchemikalien und maßgeschneiderten Softwarelösungen einschließlich fertig implementierter Workflows angeboten werden. Dank gebrauchsfertiger und auf die jeweilige Applikation zugeschnittener Verbrauchsmaterialien zur Probenvorbereitung, Trennsäulen, Probenbehältern, Reagenzien und Fließmitteln steigt damit die Qualität des Analysenergebnisses; es sinken der Einfluss von Benutzerfehlern, Arbeitsaufwand und Kosten pro Probe. Die Auswahl an solchen Komplettlösungen wird sich künftig weiter vergrößern. Je nach Anwendungsgebiet sind auch kompaktere, höherintegrierte Gerätedesigns denkbar – das Thermo Scientific EasySpray™ nano-LC Interface sei hier als ein Beispiel der Gegenwart genannt. Alle diese hochintegrierten und maßgeschneiderten Systeme werden allerdings eine stark beschnittene Einsatzbandbreite haben. Sie eignen sich hervorragend für Routineanwender, die einen eng umrissenen Aufgabenbereich zu bearbeiten haben. Flexibel genug für Forschung und Entwicklung werden diese spezialisierten Lösungen hingegen kaum sein, hier dürften weiter frei konfigurierbare LC-MS-Installationen als Expertensysteme die zentrale Rolle spielen.

## 10.4
### Software

Der Software kommt in allen Betrachtungen zur künftigen Entwicklung von LC-MS-Technologien eine zentrale Rolle zu, stellt sie doch die Mensch-Maschine-Schnittstelle dar und ist neben einem gefälligen Aussehen für die Bedienbarkeit eines technisch komplexen Gebildes eines (U)HPLC-MS-Systems von fundamentaler Bedeutung. In der Gegenwart wird der Markt nach wie vor von zwei unterschiedlichen Softwareperspektiven beherrscht. Zum einen gibt es Chromatografiedatensysteme (CDS), die ursprünglich für die Bedienung und Programmierung von (Flüssig- wie Gas-)Chromatografen sowie für die Aufzeichnung und Auswertung der gemessenen Daten in Form von Chromatogrammen geschrieben wurden. Diese CDS haben sich mit der Zeit zu hochprofessionellen, multi-vendor-tauglichen Datenmanagementsystemen mit globaler Netzwerkfähigkeit gemausert, die zudem alle regulatorischen Anforderungen hinsichtlich Rückverfolgbarkeit und Manipulationssicherheit erfüllen. Eine Integration von

Massenspektrometern fand in der Vergangenheit hier allerdings kaum statt; im schlimmsten Fall blieb dem Anwender nur eine Zwei-Software-Lösung zur parallelen LC- und MS-Kontrolle, mit entsprechend verdoppeltem Aufwand für Methodenprotokolle, Sequenzen, Datenauswertung und -archivierung. Zum anderen bieten die namhaften MS-Hersteller dedizierte MS-Steuer- und Auswerteprogramme an, bei denen allerdings das LC-Frontend eine sehr untergeordnete Rolle spielt. Häufig ist die in MS-Softwares eingebundene Aufzeichnung von LC-Gerätedaten im Vergleich zu CDS-Produkten stark eingeschränkt, was im Routinealltag oft nicht so sehr stört, als dass es von Anwendern als gravierender Mangel empfunden wird. Bei der Unterstützung der Fehlersuche hingegen stoßen solche Implementierungen aber schnell an ihre Grenzen. In der jüngeren Zeit haben die führenden CDS allerdings große Fortschritte in der Integration von MS-Steuerung und -Datenauswertung gemacht. Insbesondere die beiden Marktführer, Chromeleon™ 7.2 von Thermo Scientific und Empower™ von Waters, bieten mittlerweile eine stark erweiterte MS-Einbindung. Insbesondere Chromeleon unterstützt sowohl GC-MS- als auch LC-MS-Datenaufzeichnung und -auswertung, wobei auf der LC-MS-Seite mit Single-Quadrupol-, Triple-Quadrupol- und ausgewählten Orbitrap-Geräten gleich mehrere verschiedene Gerätetypen zur Auswahl stehen. Weiterhin spielt Chromeleon seine Stärken in der Erfüllung von Compliance-Anforderungen durch Zulassungsbehörden aus. GxP-Compliance ist eine Eigenschaft, die künftig sicher noch stärker nachgefragt werden wird, nicht nur im angestammten Pharmageschäft, sondern zusehends auch in anderen Verbraucherschutzbranchen wie Umwelt- oder Lebensmittelkontrollanalytik.

In der Zukunft werden die Grenzen zwischen LC-, GC- und MS-Datenhandling immer mehr verwischen. Die GC-MS-Integration hatte hier bereits vor vielen Jahren eine Vorbildfunktion, doch die LC-MS- und IC-MS-Unterstützung holen kräftig auf. Es steht zu erwarten, dass am Ende dieser Entwicklung ein vereinheitlichtes „C/MS-Datensystem" steht, in dem alle chromatografischen und massenspektrometrischen Daten einschließlich der kompletten Funktionsvielfalt der Gerätebedienung zusammengeführt sind. Gleichzeitig wird die Software mehr Eigenintelligenz zur vereinfachten Bedienung, zum verbesserten Methodentransfer und für erhöhte Ausfallsicherheit der Geräte aufweisen. Gerade die Planung der Gerätewartung und die Gewährleistung maximaler Verfügbarkeit werden dabei stark von Netzwerkanbindungen profitieren. Mittels Wartungsfernabfrage *(remote monitoring)* kann im laufenden Betrieb eine Abweichung der Betriebsparameter vom Normzustand frühzeitig erkannt und sich anbahnenden Defekten vorgebeugt werden. Im eingetretenen Schadensfall hingegen kann bereits vor dem Besuch eines Serviceingenieurs eine ausführliche Fehlerdiagnose betrieben werden, was die Einsatzdauer des Technikers vor Ort und die Servicekosten spürbar senkt. Je nach Sicherheitsvorgaben des Anwenders wird sich zudem der in der IT-Welt allgegenwärtige Trend zum Cloud-Computing auch in der Analytikwelt etablieren. Cloudsysteme zur MS-Datenaufbereitung und Spektrenabgleich sind bereits heute verfügbar (z. B. mzcloud.org, unterstützt von Thermo Fisher Scientific [1]), und es wäre nur eine logische Folge der heute branchenübergreifenden Entwicklung, den Cloudsystemen künftig mehr künstliche Intelligenz, z. B. zur Auswertung von LC-MS-Workflows zu übertragen. In einer Cloud gespeichert werden könnten auch komplette Workflows oder Analysenmethoden, die in einem Konzern standortübergreifend global verfügbar sein müssen – die AppsLab™ Library von Thermo Scientific [2] zeigt schon heute mit entsprechender Infrastruktur und einem wegweisenden Benutzerinterface eine Richtung für künftige Entwicklungen auf. Parallel wird dies allerdings auch eine erhöhte Aufmerksamkeit auf die IT-Sicherheit, insbesondere von sensiblen Firmendaten und Geschäftsgeheimnissen lenken. Firmeneigene, nach außen hin abgeschottete Cloudlösungen bieten hier einen geeigneten Ausweg. Insgesamt werden die Nutzer in der Zukunft von einer Vielzahl von Angeboten profitieren können, die die analytische Aufgabenstellung zusehends vom Laborbetrieb entkoppeln. Neben dem bereits heute etablierten netzwerkbasierten Steuern und Auswerten von C/MS-Daten rund um den Globus, bei dem ein Anwender in Europa quasi in Echtzeit auf in Asien erzeugte Daten zugreifen kann, werden Gerätesteuerung und Datenvisualisierung über Tablets oder Smartphones zur Normalität werden. Gemeinsam mit der angesprochenen Fernwartung und dem elektronischen Labormanagement wird der Analytikbetrieb mehr und mehr vom direktem Kontakt mit physischen Einrichtungen entbunden und sich stärker hin zu einem virtuellen Labor entwickeln. Mit dem Wachstum der LC-MS-Systeme hin zu Analytikinformationssystemen wird zudem eine deutlich verbesserte Einbettung in LIMS-Systeme (Labor-Informations-Management-System) einhergehen. Eine weitaus umfassendere Kenntnis über den gesamten Gang einer chemischen Analyse über Techniken und Standorte hinweg und eine verbesserte Nachverfolgbarkeit von Proben werden damit die Qualität analytischer Ergebnisse auch künftig noch weiter zu steigern vermögen.

## Literatur

1 m/z cloud Advanced Mass Spectral Database, URL: www.mzcloud.org, (zugegriffen am 10. März 2017).

2 Thermo Scientific AppsLab Library of Analytical Applications, URL: https://appslab.thermofisher.com, (zugegriffen am 10. März 2017).

# Über die Autoren

**Claudia vom Eyser**
Claudia vom Eyser hat ihr Studium der Fachrichtung Water Science an der Universität Duisburg-Essen 2011 abgeschlossen. Anschließend hat sie ihre Promotion an der Fakultät für Chemie am Lehrstuhl für Instrumentelle Analytische Chemie der Universität Duisburg-Essen durchgeführt. Seit 2011 ist sie als wissenschaftliche Mitarbeiterin am Institut für Energie- und Umwelttechnik e. V. im Bereich Umwelthygiene & Spurenstoffe tätig. Ihr Forschungsschwerpunkt umfasst die Untersuchung von Mikroschadstoffen in komplexen Umweltmatrizes mittels Flüssigkeitschromatographie-Massenspektrometrie. Daneben stehen die Entwicklung von Analysemethoden zur Probenanreicherung und Automatisierung im Fokus ihrer Arbeiten.

**Edmond Fleischer**
Chemieingenieurstudium an der Fresenius Akademie Wiesbaden/Idstein, Promotion an der Universität Mainz über Strukturwirkungsbeziehungen von synthetischen und natürlichen Substanzen in ihrer Antitumoraktivität. Nach 14 Jahren Industrieerfahrung in der pharmazeutischen Forschung Übernahme der Laborleitung bei der Firma MicroCombiChem in Wiesbaden. Hauptbetätigungsfelder sind: industrielle Aufträge zur Pharmasynthese, Isolierung und Strukturaufklärung von Wirkstoffverunreinigungen sowie universitäre Forschungsprojekte im Bereich MedChem und Formulierungen.

**Terence Hetzel**

Terence Hetzel hat sein Studium mit der Fachrichtung „Instrumentelle Analytik und Labormanagement" 2012 abgeschlossen. Anschließend begann er seine Promotion am Institut für Energie- und Umwelttechnik e. V. (IUTA) in Duisburg. Sein Forschungsschwerpunkt liegt dabei vor allem im Bereich der Weiterentwicklung und Charakterisierung miniaturisierter flüssigchromatografischer Trenntechniken in Kombination mit der massenspektrometrischen Detektion.

**Andreas Hofmann**

Andreas Hofmann hat Biochemie an der Eberhard-Karls-Universität in Tübingen, der University of Massachusetts und dem Max-Planck-Institut für Immunbiologie studiert. Seit seiner Promotion an der ETH Zürich arbeitet Andreas Hofmann als Laborleiter beim Novartis-Institut für Biomedizinische Forschung. Seine Forschungsinteressen gelten der Peptid- und Lipidquantifizierung mittels LC-MS zur Unterstützung früher Phasen der Medikamentenentwicklung.

**Stavros Kromidas**

Studium der Chemie und Promotion an der Universität des Saarlandes in Saarbrücken über die Entwicklung von chiralen Phasen für die HPLC. Verkaufsleiter Norddeutschland bei Waters, 1989 Gründung der NOVIA GmbH und Geschäftsführung bis 2001. Seit 2001 Fachbuchautor und Referent für HPLC und Validierung. Schwerpunktthemen seiner Tätigkeit in den letzten Jahren sind Vergleich und Auswahl von stationären Phasen, Gradientenoptimierung und der Einsatz von moderner HPLC/UHPLC im Alltag.

**Friedrich Mandel**

Studium der Chemie in Konstanz und an der Universität Zürich, Promotion in Physikalischer Chemie an der Universität Zürich in 1983. Mitarbeiter im akkreditierten Dopinglabor bei Prof. Donike an der Deutschen Sporthochschule Köln 1983–1987, seit 1987 bis heute bei Hewlett-Packard, respektive Agilent Technologies. Applikationschemiker seit 1989 mit Schwerpunkt Massenspektrometrie (GC-MS, LC-MS), seit 1999 Seminarleiter bei diversen MS bzw. LC-MS-Kursen.

# Über die Autoren

**Markus Martin**

Markus M. Martin ist Produktmanager LC-Systeme bei Thermo Fisher Scientific in Germering. Im Jahr 2010 ist er als Solutions Manager für LC-MS bei Dionex, nun Teil von Thermo Fisher Scientific, eingestiegen und war dort zuständig für das Marketing von UHPLC und LC-MS-Lösungen. Er wurde 2004 in analytischer Chemie von der Universität des Saarlandes für eine Untersuchung zur Kapillarelektrophorese auf Polyelektrolyten promoviert. Vor seiner Arbeit bei Thermo Fischer war Markus Martin Laborleiter bei Sanofi-Aventis und wissenschaftlicher Mitarbeiter an der Universität des Saarlandes. Der Schwerpunkt seiner Forschung lag dabei auf UHPLC-, HPLC-MS-, CE- und CE-MS-Techniken sowie der integrierten Probenaufbereitung.

**Alban Muller**

Nach dem Studium der Chemie hat Alban Muller im Jahr 2005 den Master of Sciences in Analytischen Techniken von der Universität Straßburg erhalten. 2006 ist er ins Novartis-Institut für Biomedizinische Forschung in Basel eingetreten. Er war dort zuständig für die Plattform „Analytical Sciences and Imaging" für Metabolomikstudien mithilfe gekoppelter HPLC-HRMS-Methoden.

**Oliver Müller**

Ausbildung zum Chemielaboranten (RWE-DEA), Studium der Chemie/Pharmatechnik mit Schwerpunkt analytische Chemie. Research Associate bei 4SC AG, LC-MS Field Service Engineer bei Waters GmbH. Aktuell, Gesellschafter bei Fischer Analytics GmbH.

**Christoph Portner**
Nach der Berufsausbildung zum Chemielaboranten studierte Christoph Portner Water Science und promovierte an der Carl-von-Ossietzky-Universität in Oldenburg im Bereich der analytischen Chemie über die Entwicklung von LC-MS-Methoden zum Nachweis von Mykotoxinen. Als wissenschaftlicher Mitarbeiter am Institut für Energie- und Umwelttechnik e. V. (IUTA) in Duisburg beschäftigte er sich mit der Identifizierung und Quantifizierung von Spurenstoffen, Transformationsprodukten und Metaboliten mittels LC-MS/MS und LC-HRMS, der wirkungsbezogene Analytik und dem Qualitätsmanagement. Seit 2016 arbeitet er bei der Tauw GmbH.

**Detlev Schleuder**
Studium der Chemie an der Universität Münster. Ende der Promotion im Juli 2000 in der Arbeitsgruppe Professor Franz Hillenkamp, Institut für Medizinische Physik und Biophysik im Bereich MALDI und ESI. Seit 2000 bei SCIEX (ex: Applied Biosystems, ABSCIEX). Verantwortlich für das Demolabor bei SCIEX in Darmstadt. Leiter der Support-Gruppe Lebensmittel und Umwelt.

**Oliver J. Schmitz**
Seit 2013 ist Oliver J. Schmitz Professor an der Universität Duisburg-Essen und Inhaber des Lehrstuhls für Angewandte Analytische Chemie. Im Jahr 2009 gründete er das Unternehmen iGenTraX UG mit, das neue Ionenquellen entwickelt, um Trennungstechniken mit Massenspektrometern zu koppeln. Die Forschungsgebiete von Prof. Schmitz sind die Entwicklung von Ionenquellen, Anwendung und Optimierung von LC- und GC-Geräten sowie die Kopplung dieser analytischen Techniken mit Massenspektrometern. Prof. Schmitz erhielt im Jahr 2013 den Gerhard-Hesse-Preis für Chromatografie.

**Terry Sheehan**
Terry Sheehan hat in Analytischer Chemie an der University of Georgia, USA, promoviert. Sein Interesse an Chromatografie und Massenspektrometrie entstand während seines dreijährigen Dienstes in der US Army als klinischer Chemiker/Toxikologe am Brooke Army Medical Center. Er erweiterte in den folgenden Jahrzehnten sein Wissen als Mitarbeiter von Exxon Chemicals, Varian, Dionex und Agilent. Im Rahmen der Geräteentwicklung lernte er viele GC/MS- und LC-MS-Anwendungen in den Bereichen Toxikologie, Petrochemie, Pharmazie, Umwelt- und Biotechnologie kennen.

## Über die Autoren

**Thorsten Teutenberg**
Thorsten Teutenberg hat Chemie an der Ruhr-Universität Bochum studiert und dort zum Thema „Hochtemperatur-HPLC" am Lehrstuhl für Analytische Chemie promoviert. 2004 wechselte er an das Institut für Energie- und Umwelttechnik e. V. in Duisburg als wissenschaftlicher Mitarbeiter. Seit 2012 leitet er den Bereich Forschungsanalytik und beschäftigt sich vorwiegend mit allen Aspekten der Hochtemperatur-HPLC, miniaturisierten Trenn- und Detektionstechniken sowie multidimensionalen chromatografischen Verfahren.

**Jochen Türk**
Jochen Türk hat Chemie studiert und an der Universität Duisburg-Essen auf dem Gebiet der LC-MS-Methodenentwicklung für Arzneimittelwirkstoffe promoviert. Am Institut für Energie- und Umwelttechnik e. V. (IUTA) beschäftigt er sich seit 2001 mit Fragestellungen aus den Bereichen des Arbeitsschutzes, der Umwelt-, Rückstands-, und Pharmakaanalytik mittels LC-MS, seit 2009 ist er Bereichsleiter am IUTA. Der Schwerpunkt seiner Tätigkeit liegt bei der Spurenanalytik und Substanzidentifizierung mittels LC-MS/MS und LC-HRMS sowie der Entwicklung von oxidativen Verfahren für die kommunale und industrielle Abwasserbehandlung.

**Steffen Wiese**
Steffen Wiese hat instrumentelle Analytik und Labormanagement studiert und anschließend an der Universität Duisburg-Essen, am Lehrstuhl für Instrumentelle Analytische Chemie promoviert. Seit 2007 ist er als wissenschaftlicher Mitarbeiter am Institut für Energie- und Umwelttechnik e. V. tätig. Schwerpunkt seiner Tätigkeit ist die computerunterstützte Methodenentwicklung in der Flüssigchromatografie sowie die Weiterentwicklung chromatografischer Trenn-, Kopplungs- und Detektionstechniken wie z. B. Hochtemperatur-HPLC, Kapillar- und Nano-HPLC.

# Sachverzeichnis

## A

Acetonitril 10, 90, 100, 154
Additiv 155
Agent Report Software 88
Agilent-Massenspektrometrie 15, 213
Aldehyd 65
Alkaliaddukt 165
Alkalikation 156
Alkansulfonsäure 158
Alkohol 65
All Ion Fragmentation (AIF) 135
Ambient Desorption Ionization Technique 16
Ameisensäure 50, 84, 100, 205
Amidphase 94
Ammoniumaddukt 62
Ammoniumfluorid 173
Analysator 202
Analytion 8, 9
Analytmolekül 9, 152
Anionen-Austauschchromatografie 181
Anisol 10
Arbeitszyklus 40
At-column-dilution-Methode 191
Atmosphärendruck 166, 214
– Fotoionisation (APPI) 6, 10, 149, 180
– – Artefaktbildung 4
– – Nachweisempfindlichkeit 162
– – Ionisationsquelle 3
– – dopant-assisted (DA) 6, 154
– – Ionensuppression 4
– Massenspektrometer 5
Atmospheric Pressure
– Chemical Ionization (APCI) 5, 8, 47, 149, 180
– – Additive 160
– – Nachweisempfindlichkeit 161
– Ionization (API) 149, 189
– Laser Ionization (APLI) 5, 10
– Photoionization (APPI), siehe Atmosphärendruck
Auflösungskarte 103
Außersäulenvolumen (ECV) 22, 23, 27, 31

## B

Base 48
Biochromatografie 51
Biopolymer 151
Biphenylphase 92
Bis-Nalbuphin 194
Blackbox 148
Blindgradient 55

## C

Caprolactam 193
Carbonsäure 65
Charged Residue Mechanism (CRM) 8
Charged-Aerosol-Detektion (CAD) 42
Charging-Effekt 203
Chemical Noise 58
Chlorid 63
Chromatografie 50
Chromatografiedatensystem 227
Chromatogramm 23
– Aufteilung in Perioden 132
– Qualität der Basislinie 58
Chromeleon 228
Chromolith 189
Classroom Training 174
Cloud-Computing 228
Cone-Spannung 162
Core-shell-Teilchen 104
Coulomb-Explosion 150
CSH-XSelect-Säule 190
Curtain Gas (CUR) 122, 217
Cyclophosphamid 83, 90, 97

**D**

Data
- Dependent Acquisition (DDA) 135
- Independent Acquisition (DIA) 135

Datenbank 138
Datenerfassungsrate 40
Datenmanagementsystem 227
Declustering 59
Degradationsmethode 191
Dekonvolution 215
Design of Experiments (DoE) 125
Detektion
- uniforme 41
- universelle 41

Detektionsfenster 133
Detektor
- elektrochemischer 4
- UV-Detektor 57, 63, 79
- zerstörungsfreier 44

Dewetting 87
Dimethylbenzidin 163
Dimethylformamid 154
DIN 38407-47 78
Diodenarraydetektor 43
Direktinjektion 109
Display Mass 187
Diverter-Ventil 170
Docetaxel 83, 90, 125
Dopaminverunreinigungen 197
Dopant 10, 153
Dopant-assisted Atmospheric-Pressure Photoionization (DA-APPI) 6, 10
Doppelpeak 111
Doxorubicin 83, 92, 97
Drogenscreening 136
DryLab 102
Durchflusszeit 81

**E**

Elektrochemie 42
Elektronenionisation 64
Elektronenmultiplier 203
Elektronenmultiplierröhrchen 209
Elektrospray 200
Elektrospray-Ionisation (ESI) 3, 5, 46, 12, 108, 149, 180, 189, 214
- Additive 159
- ESI-Nadel 122
- ESI-Spannung 59, 122
- Nachweisempfindlichkeit 161

Eluentenabmischung 25
Eluentenadditiv 50
Empfindlichkeit 46

Enoxaparin 189
Epirubicin 83, 92, 97
Equilibrierung 89
Essigsäure 100
Etoposid 125

**F**

Feinoptimierung 102
Festphasenextrationssäule 110
Fittingsystem 30, 224
Fließgeschwindigkeit 108
Fließinjektion (FIA) 165
Fließinjektionsanalyse (FIA) 47, 52, 59, 124
Fließmittel 48
Flow-through-needle-Prinzip 26
Flugzeitmassenanalysator 37
Flugzeitmassenspektrometrie (TOFMS) 40, 136, 225
5-Fluorouracil 83, 90, 115
Flüssigchromatografie (LC) 21, 213, 224
Flussrate 108
Fotoionisation 153
Fotoionisationdetektor (PDI) 6
Fotomultiplier 203, 209
Fragmentierung, stoßinduzierte (CID) 165
Fragmentierungsreaktion 64
FTICR-Massenspektrometer 38
Full-scan-Spektrum 137, 219

**G**

Gaschromatografie 213
Gasphase 45
Gasphasenaddukt 61, 62
Gasstrom 123
Gefriertrocknung 196
Gemcitabin 83, 90, 115
Gradientenelution 23
Gradientengenerator 183
Gradientensteigung 99
Gradientenverzögerungsvolumen (GDV) 22, 23, 225
Gradient-grade-Lösemittel 192

**H**

Hagen-Poiseuille-Gesetz 27
Heißdampfreiniger 204
Heptansulfonsäure 157
Hexapol 204
High Resolution/Accurate Mass (HRAM) 225
Hochdruckgradientenpumpe 24
Hochdurchsatzanalytik 24
Hochdurchsatztrennsäule 33
Hochdurchsatztrennung 22

Hochflussanwendung 217
HPLC-Analytik 22
HPLC-Flussrate 161
HPLC-MS-Kopplung 78
– kritische Peakpaare 80
Hybridmassenspektrometer 77
Hybridsystem 219
– QqTOF-Architektur 220
Hydroniumion 182
Hydroxyeicosatetraensäure 181
Hypercarb 115

*I*

Ifosfamid 83, 90, 97
Information Dependent Acquisition (IDA) 135
Injektionsvolumen 109, 113
In-source fragmentation 64
Interaktionschromatografie, hydrophile (HILIC) 48
Ion Evaporation Mechanism (IEM) 8
Ionburn 206
Ionenbrücke 201
Ionenchromatografie 179, 181, 183
Ionenchromatogramm, extrahiertes (EIC) 43
Ionenfalle 181
– Massenspektrometer 13, 38
– Orbitrap 181
Ionenmobilität 15
Ionenmobilitätsmassenspektrometrie (IMS) 6, 15, 16, 215
Ionenoptik 169
Ionenpaarbildner 157, 168, 181
Ionenpaarchromatografie 158
Ionenpaarreagenzien 168
Ionenquelle 3, 156, 168, 200
Ionenstrahlführung 12
Ionensuppression 12, 55, 60, 129, 147, 165, 170
– Bestimmung 11
– durch die Probenmatrix 168
Ionenzyklotronresonanz 226
Ionisation
– bei Atmosphärendruck 166
– Optimierung 166
Ionisationsmethode 5
Ionisierungsspannung 122
Ionspray 149
Irinotecan 112
Isomere 42
Isopropanol 114, 209
IT-Sicherheit 229

*K*

Kaliumhydroxid 181
Kapillare 201
Kapillarmesszellen 44
Kapillarspannung 162
Kationenaddukt 167
Kohlenstoff, grafitisierter 115
Kohlenwasserstoff, polyaromatischer (PAK) 11
Kollisionsspannung 202
Kollisionszelle 218
Konus 201
Konversionsdetektor 203
Konversionsdynodendetektor 209
Kosten 214

*L*

Labor-Informations-Management-System 229
Large-volume Injection (LVI), *siehe* Direktinjektion
Laserdesorptionsionisation, matrixunterstützte (MALDI) 189
LC-MS-Interface 148
LC-MS-Kopplung 3, 21
– Methodenentwicklung 46, 75
– Problemlösungen 187
– technische Aspekte 21
LC-MS-Setup 55
Lebensmittelanalytik 21
Lichtleitertechnik 44
Lichtstreudetektion (ELSD) 42
Linearität 162
Linear-solvent-strength (LSS)-Modell 114
Lock-Spray 38
Lösungsmittel 48, 154
– organisches 94
LTQ-Orbitrap-Massenspektrometer 14

*M*

Make-up-Fluss 106
Massenauflösung, mangelnde 68
Massenbestimmung, falsche 69
Massensignal, unbekanntes 61
Massenspektrometer 13, 35, 36, 180
– Datenraten 40
– hochauflösendes 80
– Messzyklus 36
– Tuning 52
– Zyklenzeiten 40
Massenspektrometrie (MS) 5, 21, 225
– Detektionsfähigkeit 41
– Quellenparameter 54
Massenspektrum, Fehlinterpretation 67

Massenübergänge 81
Massenzuordnung, irrtümliche 67
Matrix-Blank 171
Matrixeffekt 54, 170, 179
Matrixeffektchromatogramm 82
Matrix-Spike 170
Mehrkomponententrennung 193
Mehrphotonenionisation, resonanzverstärkte (REMPI) 11
Membranpulsationsdämpfer 25
Metabolomik 181
Metallion 66
Metering Device (MD) 26
Methanol 94
Methansulfonsäure 182
Method Scouting System 88
Methodenentwicklungskit 85
Methohexital 191
Methotrexat 101
Mikrospray 150
Mikrotropfen 7
Mikrowellenvials 195
Miniaturisierung 139
Mixed-mode-Phase 92
Multianalytmethode 81, 109
Multiple Reaction Monitoring (MRM) 36, 164
– retentionszeitunabhängiger MRM-Modus 130, 132
Muttertropfen 7
Mykotoxine 82
Myoglobin 151

**N**

Nachsäulenaddition 159, 161
Nachweisempfindlichkeit 161, 214
Nachweistechnik 151
Nalbuphin 194
Nano-HPLC-Technik 148
Nano-LC-MS-System 179, 217
Nano-LC-Quelle 53
Nanospray 151
Naphthalin 10
Nebulizer 149
Nebulizer-Gas 9
Negativ-Elektrospray 167
Neutralverlustscan 37
Niederdruckgradientenpumpe 25
Non-target Screening 77
Non-target-Analytik 15
Nozzle-skimmer Dissociation 64

**O**

Offline-SPE 121
Oligomerentrennung 193
Oligonukleotide 173
Online-SPE 117
– LC-MS/MS 118
Orbitrap 14, 38, 136, 223, 226
Oxidation
– elektrochemische in der ESI-Ionenquelle 63
– fotochemische 63

**P**

Paclitaxel 83, 90, 125
Parameter, massenspektrometrische 121
Partikel, vollporöse 104
Peakbreite 134
PEEK-Fingertight-Verschraubung 30
PEEKSil-Kapillare 140
Pestizidscreening 103, 136
Phasen, monolithische 104, 107
Phasenkollaps 87
Phosphateluente 50
Phosphatpuffer 56, 154, 156
pH-Wert 100, 167
Polaritätswechsel 129, 169
Polyether 66
Polyethylen- und Polypropylenglykole (PEG/PPG) 66
Polysiloxane (Silicone) 66
Polystyrolion 7
Positiv-Ionen-Elektrospray 166
Postcolumn-Infusion 61
Prednisolon 159
Prefilter 202
Probeninjektion 25, 34
Probenschleife 116
Probenverschleppung 32
Proteomanalytik 39
Protonaddukt 62
Pseudomolekülion 149
Pseudomolekülkation 159
Pufferrechner 102

**Q**

QTOF-System 16
QTRAP-Technologie 220
Quadrupol 181, 202
– Flugzeitmassenspektrometer 136
– Massenspektrometer 13
– Orbitrap 181
– Reinigung 205
Quality by Design (QbD) 125
Quantifier 219
Quantifizierung 129
Quasimolekülion 6

Quellenparameter 54, 123
– Optimierung 124
Quellentemperatur 123
Quellenverschmutzung 58

**R**
Raumladung 70
Reaktandgas 47, 155
Reäquilibrierungszeit 33
Reinheitssiegel 58
Restgas, gelöstes 67
Retentionsmechanismus 48
Retentionszeitfenster 132
RP-Chromatografie 83
Rückstandsanalytik 128

**S**
Safranprobe 4
Sandwich-Injektion 191
Säulenbluten 65
Säulenreäquilibrierung 33
Säulenschaltventil 107
Säulenvolumen 112
Säure, organische 48
SCIEX (SCIentific EXchange) 217
Screening
– for Unknowns 36, 37
– manuelles/teilautomatisiertes 88
– mittels LC-MS 135
– vollautomatisiertes 88
Screeningexperiment 88
Selected/Single Reaction Monitoring (SRM) 36, 164
Sheath-Gas 9
Signal, fehlendes bei Probenanalyse 57
Signalintensität 57
Signalstabilität 53
Signalunterdrückung 61
Signal-zu-Rausch-Verhältnis 103
Simulationssoftware 102
Single-Quadrupol-Massenspektrometer 39
Skimmer 201
Small-molecule-Analyse 51, 225
Soft-clipping-Phänomen 163
Software 227
Spektrenbibliothek 147, 216
Spektroskopie 42
Split-loop-Sampler 26, 32
Spraystabilität 53
Spraytechnik 200
Spurenanalytik 128
Steuersoftware 70
Stickstoff 59, 201

Stickstoffreinheit 59
Störkomponente 82
Supercritical Fluid Chromatography (SFC) 16
Suppressionseffekte 168
Suspected-target Screening 76
Systemkapillare 26

**T**
Tandem-Massenspektrometrie 83
– im Raum 36
Target Scan Time 133
Targetanalytik 16, 76, 128
Targeted Screening 36
Taylor-Konus 7
Temperatur 97
Tetrabutylammoniumbromid 157
Tetrahydrofuran 97, 154
Therapeutic Drug Monitoring (TDM) 223
Thermo Fisher Scientific 223
Thermo Scientific EasySpray nano-LC Interface 227
Thermospray 200
Time-of-flight (TOF)-Massenspektrometer 14, 151, 181, 220
– Triple-TOF-Technologie 222
Toluol 10
Totalionenstromchromatogramm 137
Totalreflexion, innere 44
Trägermaterial, chromatografisches 104
Transferkapillare 105, 150
Trennmatrix 192
Trennsäule
– geometrisches Säulenvolumen 112
– Innendurchmesser 108
– Innendurchmesserreduzierung 140
Triethylamin (TEA) 155, 181
Trifluoressigsäure (TFA) 51, 155, 157, 181
– TFA-Fix 157
Triple-Quadrupol-Massenspektrometer 13, 36, 80, 128, 218, 226
Trockengas 180
Trocknungsgas 123

**U**
UHPLC-Analytik 22, 134, 224
– Fittingsystem 30
Umkehrphasenchromatografie 48, 179
Umweltanalytik 75, 80, 222
UV-Chromatogramm 90

**V**
Vakuumentgaser 158
Vanquish UHPLC-System 26

Verbindung, perfluorierte 66
Verbindungskapillare 28
Vernebelungsgas 123, 126
Vernebelungsgasrate, mangelhaft angepasste 59
Verschmutzung/Verunreinigung 65, 169
Versuchsplanung, statistische 125
Vorläuferion 36
Vorläuferionenscan 37

## W

Wartungsfernabfrage (remote monitoring) 228
Wartungsingenieur 199
Waste-Ventil 105
Waters-System 15
Weichmacher 65

## Z

Zerfallsprodukt 36
Zersetzungsprodukt 187, 191
Zitronensäure 197
Zyklenzeit 25, 32, 134
Zytostatika 83, 125